U0197569

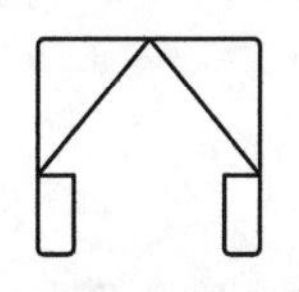

戴俭　主编

北　京　工　业　大　学
北京市历史建筑保护工程技术研究中心
木结构古建筑安全评估与灾害风险控制国家文物局重点科研基地
北京市文物局重点科研基地

文化遗产预防性保护研究系列丛书

文化遗产三维信息采集与应用基础研究

戴俭　刘科　李宁 / 著

科学出版社

北京

内 容 简 介

习近平总书记强调:“历史文化是城市的灵魂，要像爱惜自己的生命一样保护好城市历史文化遗产。”国家的文物保护工作是当今社会的“刚需”，此工作“功在当代、利在千秋”。中国优秀的古代建筑是世界文化遗产的瑰宝，蕴含着丰富而珍贵的历史文化信息。由于中国古代建筑是以木质材料为主，易腐、易燃，极易受到自然灾害和人为破坏的影响。因此，多年以来除了积极开展实物保护工作之外，如何快速、完整、准确地获取和记录保存现有这些珍贵的文物（文化遗产）信息，始终是文物保护工作者所面临的挑战。

本书是以我中心（基地）在三维激光采集及数字化信息处理与保存技术等方面现阶段的研究成果为基础编写而成的，书中的内容主要围绕文物建筑三维信息采集技术的全过程展开，旨在回应文物建筑信息获取、记录及保存等方面面临的种种最直接的技术难题。此外，基于相关研究成果和广大的行业同仁的共同努力，我中心和北京市古代建筑研究所还共同主持完成了北京市文物局委托的首部北京市地方标准——《文物建筑三维信息采集技术规程》，并于2021年正式发布。相信本书及该标准的出版发布将会有效地促进北京及国内其他地区文物建筑三维信息采集技术水平的提升，同时也将进一步助力保护事业的发展。

本书适合文化遗产保护与管理等领域的专业技术人员以及高等院校相关专业的师生参考阅读。

图书在版编目（CIP）数据

文化遗产三维信息采集与应用基础研究 / 戴俭，刘科，李宁著. —北京：科学出版社，2021.3

（文化遗产预防性保护研究系列丛书 / 戴俭主编）

ISBN 978-7-03-064119-9

Ⅰ. ①文… Ⅱ. ①戴… ②刘… ③李… Ⅲ. ①三维－激光扫描－应用－古建筑－保护－研究－中国 Ⅳ. ① TU-87

中国版本图书馆 CIP 数据核字（2019）第 295381 号

责任编辑：吴书雷 / 责任校对：邹慧卿
责任印制：张 伟 / 封面设计：张 放

科学出版社 出版
北京东黄城根北街16号
邮政编码：100717
http://www.sciencep.com

北京厚诚则铭印刷科技有限公司印刷
科学出版社发行 各地新华书店经销

*

2021年3月第 一 版 开本：720×1000 1/16
2024年8月第三次印刷 印张：16 1/2
字数：310 000

定价：188.00 元

（如有印装质量问题，我社负责调换）

前　言

中国悠久的历史及绵延不断的文化传承给我们留下了丰富的文化遗产资源。这些资源中，古建筑及其附属文物作为实体文物的代表，无论从历史印痕、样貌形式、格局形制，还是体量规模等都蕴含着丰富的历史信息和巨大的历史文化价值。中国拥有 55 项世界文化遗产，位居世界第一，而国家级、省级、市级文保单位数量更多。截至 2019 年，国务院公布的全国重点文物保护单位总计 5058 处，省级文物保护单位上万处，市、县级保护单位及未列入各级文物保护单位的不可移动文物数十万处。这些存量庞大的文物建筑也可以说是中国乃至世界文明历史的大型资料信息库，应当予以谨慎且严格的保护与保存。

中国文物建筑遍布全国多个省市，横跨数千公里，文物建筑这种量大、点多、面广的状况导致其持续保护难度很大：第一个难点是，针对这些珍贵古建筑，获取其具有精细化特征信息和建立全面完整的资料档案库的困难。这最主要的原因是，一方面是相对于我国巨量的文物存量，相对应的文物保护专业人员数量却明显偏少[1]，另一方面则是相应的快速、精准、全面获取信息技术的缺乏。第二个难点是，相对于西方石质文物，以木质材料为主的中国古建筑，其材料质地与特性决定了建筑主体保存难度大、保存时间相对短，损害与消亡的速度较快。木材易腐、易燃，抵御灾害及意外风险能力明显低于石质建筑。一旦发生自然因素损毁或人为因素破坏[2]，其在研究领域与文化领域的价值损失不可估量，且永不可逆。

自 1949 年中华人民共和国成立以来，国家和政府就十分重视文物的保护工作。早在 1950 年新中国成立之初，我国便颁布了《古文化遗址及古墓葬之调查发掘暂行办法》《关于保护古文物建筑的指示》；1953 年又颁布《关于在基本建设工程中保护历史及革命文物的指示》等一系列法令，以保护“文物建筑”“古文化遗址”“古墓葬”及“历史及革命文物”。1956 年，国务院下发《关于在农业生产建设中保护文物的通知》，1961 年 3 月 4 日，国务院公布了 180 处第一批全国重点文物保护单位。近年来随着改革开放国力的增强，文物保护的力度不断加大，然而由于以上所提及的原因，全面保护仍然面临人力、物力方面的巨大的挑战。

因此，从现阶段的实际出发，一方面应继续加强文物实体性保护，另一方面可以充分考虑利用近十年来逐渐成熟的（三维）信息新技术全面开展文物建筑实体三维数字信息采集工作。由于三维数字信息的采集技术具有全覆盖和快速、精细化获取不可移动文物（建筑）的能力，从而为快速保存记录文物建筑几何形态矢量空间信息——这一文物建筑最重要的基础信息的获取提供了可能。此采集成果不仅是对原有实体保护的有效补充，同时也可以有效避免一旦发生重大自然与人为灾害（如巴黎圣母院火灾）将一无所留的局面。三维数字信息采集技术将是加快文物信息保护的重要而有效的方法，此技术的应用将可作为原有的仅仅是实物保护方式的一种有效补充，同时通过此技术获取的文物建筑的三维信息也将为文物建筑的数字保护提供新的独具价值的广阔前景。

数百年来，古建筑测量多采用人工在现场借助直尺、卷尺等传统工具完成；近几十年，受益于现代工业测绘技术的发展，全站仪、激光测距仪等激光测绘工具也逐渐普及，实现了对建筑关键位置进行单点采集测绘。然而传统工具对于曲面信息的采集与提取难度很大，数据误差较大，新测绘工具则采集点过于稀疏，操作烦琐、人工干预性大。虽然对于历史建筑重建来说，基于法式测绘及理想目标尺寸的信息采集已可以满足需求，但对于以原真保存历史痕迹及现状为出发点的文物信息保护工作来说依然力不从心。并且，从专业角度来说，测绘专业人员与文物保护专业工作者并不完全重合，依然难以解决上文提出的几个问题。

由于文物建筑从体量上与建筑行业极为贴合，因此长久以来，文物建筑的测绘和资料保存工作都是参考建筑、规划等行业来实施的。而建筑的体量相对较大，并不需要毫米级的采集精度保证，因此从技术发展根源上看，本身传统测绘行业就无法满足文物保护的高精度原真需求。因此，在数字技术蓬勃发展，测绘精度和效率不断增长的今天，应该从别的行业借助新技术推动文物保护工作的实施。于是三维激光扫描采集技术进入了文保工作的视野。

20 世纪 90 年代中期，由于工业、影视领域对于零件精密加工制作、真实场景还原的高度需求，三维激光扫描技术开始出现。早期三维扫描技术还是通过物理探头接触物体表面获取信息，效率低且精准度受人工干扰很大，不能完全取代原有工作流程。不过，经过几十年的数字技术发展，激光扫描采集技术已经得到了飞跃发展，且已经商业、民用、普及化。该技术通过高速激光密集打点进行真实空间采集，获取物理空间尺寸，可以快速、海量采集空间点位信息。同时，出于自动化需求，其早已实现了采集非接触、数字一体化后期处理、自动化点面转换，这些特性在文物建筑数字化保护领域具有天然优势，可以完全满足文物保护工作中减少接触的原则，并通过计算机完成大量重复劳动，准确真实地记录现实状况，减少资料采集环节对于文保专业工作者的需求。因此，该技术在国际文化遗产保护界已越来越引起关注，并成功运用到不少文物建筑保护工程当中。

该技术自引入到中国古建筑测绘领域后，近十年来虽然已进行了大量文物建筑的采集与测绘工作，完成了包括故宫、长城在内的大量世界遗产、国家级重点文保单位的信息采集记录工作，但是，由于这项技术所依赖的计算机图形图像领域依然属于高速发展的新兴领域，技术、设备、流程更新换代极快，因此缺乏建立在大量实际工作经验基础上的相应行业标准。同时，相关领域专业人员依然极度缺乏，尤其是同时了解数字技术和文物保护技术的专业人员更是凤毛麟角，导致十几年来，三维激光采集技术一直缺少在整体上能够应用到文物保护工作，特别是中国古建筑保护修缮工作中的技术与方法体系，以及与之有关的针对性研究。笔者在近年来参与的多个古建筑扫描测绘工作中，发现行业中普遍存在着方法不适用、成果不实用的问题。因此，在当前文物建筑数量众多、保护人员严重缺乏的现状面前，急需具有跨专业领域知识的研究人员参与到数字化文物保护工作当中来，进行以古建保护修缮需求为目的，对三维激光扫描技术进行适宜方法、流程及应用的深入研究。

本书的主要作者戴俭，教授、博士生导师。1997 年获东南大学建筑系博士学位。曾任北京工业大学建筑与城市规划学院院长，中国建筑学会理事、北京规划学会常务理事，北京建筑工程评标委员会专家委员，《华中建筑》编委。主持过包括国家文物局“指南针计划”专项“中国古建筑精细测绘”、北京市文物局“北京文物保护建筑三维数据信息采集与存储”在内的多个大型数字化文保重点项目。

作者刘科，师从戴俭教授，博士，对数字三维技术有十五年深入研究，主持并参与了大量计算机图形处理、数字文物保护的三维采集以及数字成果转化等研究工作。

作者李宁，北京工业大学建筑系副主任、硕士生导师，同时兼任北京工业大学建筑勘察设计院有限公司副总建筑师、国家一级注册建筑师。主要学术研究方向包括：非线性建筑、参数化设计、算法生形、性能模拟、数据分析等。已出版专著三本，发表论文十余篇，主持、参与完成工程设计项目二十余项。

本书作者来自于不同领域，且在各自的领域中均有长时间的深入研究及丰富的实践工作经验。该书基于大量实际项目研究，从根源着手，对在数字文保技术领域中常被滥用和错用的三维采集精度、扫描展位布置都进行了系统、科学的研究与实验；并且，该书根据中国古建筑保护修缮的测绘及制图标准，将数字文保工作实际需求与实践相结合，整理了现阶段针对数字化文物保护工作所涉及的相关技术要点难点，以及整体实施流程，其主要内容包括：

（1）通过原理分析及实地实验，对三维激光采集技术应用于测绘领域中最重要的精度问题进行深入了解，测试影响测量精度的因素及关系，总结提高测绘精度的适宜方法。

（2）根据中国古代木构建筑测量及保护修缮制图需求，通过引入传统测量标准，在满足资料保存精度和原真性的基础上，研究系统科学的布站方案，并结合设备性能及特点制定三维古建采集适应精度采集方案。

（3）通过设计试验，验证三维数据拼接精度的影响因素，研究点云格式、抽析比率对于拼接精度的影响，以及不同主流点云平台自动拼接精度比较，验证整体控制网在三维古建筑采集中的必要性。

（4）通过试验研究各种不同格式点云数据的存储方式，了解海量数据的存储原理及压缩方式，从大量点云格式中优选出适宜存储格式和压缩方式。并利用置换贴图技术改变传统数据压缩思路，利用降维手段提高数据压缩比，针对海量数据进行有效地优化，使其适用于中国古代建筑，尤其是官式建筑的巨大规模的调用、呈现与研究应用。

（5）根据中国古建筑保护修缮刚性需求，总结、归纳现阶段三维扫描数据向AutoCAD矢量工程图转化的多种途径与方法，加强三维扫描技术在古建保护修缮领域的适用性与实用性，解决现阶段海量建筑资料保存需求。

目　　录

第1章　文保数字化技术概览

1.1　文物保护数字化的现实需求

中国是四大文明古国之一，也是这四个文明古国中唯一将文明与文化一脉相延的国家。数千年的文化积淀及广袤辽阔的地域面积使得中国文化既区别于其他文化形式特征，又有良好的土壤进行发展演变，作为中国传统文化载体的中国古代建筑就在我国本土地质地貌和水文气候的孕育下形成了独具东方特色的建筑体系。中国古建筑在世界建筑中独树一帜，其建筑风格和施工技艺影响范围遍及半个亚洲，在世界建筑历史中占有重要地位。

中国古建筑作为保存时间相对较长，表现形式多样的文化、物质载体，不仅仅代表着建筑所在地的历史文脉，也生动反映了当时的科学技术和经济发展水平。几千年来不同地域的文化艺术、传说故事、精湛技艺，以壁画、装饰、材料、结构、构件等不同的形式或多或少存留于历史建筑当中。其中蕴含的历史信息十分丰富，其科学科研价值和文化艺术价值都极为珍贵，许多研究工作者都将古建筑称为“历史的百科全书”。

随着社会生产和技术水平的发展，人们对于精神文明的需求越来越重视，而历史正是一个国家精神、文化及自我认同的起源和根基，作为承载历史的物质载体，古代建筑的保存与保护越来越受国家重视。2014 年 2 月，习近平总书记在北京考察工作时强调：“历史文化是城市的灵魂，要像爱惜自己的生命一样保护好城市历史文化遗产”[3]，并于 2014 年起国家切实加大了对于文化遗产保护方面的投入。

然而，由于一些特殊的历史问题，中国现在留下来的保存及保护的经验和方法寥寥无几，而东方建筑特有的风格和自成一派的体系，无论从建造还是维护都无法照搬西方文物建筑保护的方式方法。并且，历史留给我们的古建筑资源虽然丰富，但对于存留与保护工作来说却并不理想：

首先，从观念上来说，中国绵延数千年的历史见证了数次朝代更替、政权交接，作为象征政权征服与被征服的重要标志之一前朝建筑，往往在新政权成立后的第一个重大工程就被拆除重新建造。因此，看惯风云起伏、沧海桑田的中国人自古就有“中国建筑有不求原物长存之观念”[4]，历史上在对建筑的维修维护过程中，原构件的保留就不甚理想，在原状保存上也没有成熟的体系和标准留存。

其次，中国古代建筑有别于西方建筑，主要采用木材作为建筑主体材料，但木材易腐烂、易损毁的特性也直接导致了现今中国所存历史建筑以明清时代为主，唐宋木构建筑凤毛麟角，且不少建筑残破不堪，濒临消亡。

最后，源于西方的现代制图技术与流程并不适合中国古建筑的图纸资料绘制与保存：在西方标准工业化体系遍及全球之前，中国古代千年来无论从音符记录、文法结构、还是资料建立体系都与西方具有极大差异，甚至古代工匠直接记录在建筑构件上的信息现在大部分已无人能懂。并且，建筑关键结构复杂，节点繁多，且具备古建筑专业知识的测量人员严重缺乏，造成现阶段中国古建筑有大量基本图纸资料依然不完备，已有的图纸也不尽准确，这对于后续的保护、修缮工作以及科学的复建工作都非常不利。

因此，现阶段，除了加紧针对中国古建筑的保存技术研究外，有必要寻找新技术对现有古建筑进行快速、准确、完整的信息采集，并尽量进行高精度的痕迹保存。由于古建筑大量的研究价值都存留在历史痕迹和建筑形体本身，所以传统的建筑测量测绘及信息保存技术已经难以满足文物建筑高精度的海量信息存储需求。

而计算机和自动化技术的普及则极大地改变了信息采集的方式方法流程。非接触、快速、准确、高效、无人工参与的技术优势，令数字化技术近几年多次出现在文物保护工作当中。其准确且不受采集人员干预的自动采集技术、毫米级乃至微米级的空间几何采集能力，不同程度地契合了文物保护工作中对于文物减少接触、增加信息量的基本需求。而越来越成熟的全自动处理流程，也很好地填补了由于专业人员缺乏所造成的信息采集工作难以展开的难题，是近年来文保工作的最新、最热门的研究方向之一。这些技术也在近几年不断地出现并应用在中国古代建筑的保护修缮领域。

1.2 文物保护数字化技术内容

从技术分类来看，数字化文物保护可大致分为信息采集、信息处理与还原、信息展示等几个大方向，其主要涉及的数字化技术包括以下方面。

1.2.1　数字化信息采集技术

1.2.1.1　三维扫描技术

三维扫描是指集光、机、电和计算机技术于一体的高新技术，主要用于对物体空间外形和结构及色彩进行扫描，以获得物体表面的空间坐标。它的重要意义在于能够将实物的立体信息转换为计算机能直接处理的数字信号，为实物数字化提供了相当方便快捷的手段。三维扫描技术能实现非接触测量，并具有速度快、精度高的优点，而且其测量结果能直接与多种软件接口，这使它在CAD、CAM、CIMS等技术应用日益普及的今天很受欢迎。在发达国家的制造业中，三维扫描仪作为一种快速的立体测量设备，因其测量速度快、精度高、非接触、使用方便等优点而得到越来越多的应用。用三维扫描仪对手板，样品、模型进行扫描，可以得到其立体尺寸数据，这些数据能直接与CAD/CAM软件接口，在CAD系统中可以对数据进行调整、修补，再送到加工中心或快速成型设备上制造，可以极大地缩短产品制造周期。

三维扫描设备根据采集原理、设备便携程度等有多种分类方法。由于数字化技术不断地跨领域融合，出现了许多复合类技术产品，已经很难用单一分类进行明确划分。不过从文物保护工作角度来讲，其根本需求都是几何空间信息的存留，而不同存留内容主要的区别就是精度、数据量。因此，在本书后续的章节，会从采集原理上对三维扫描进行简单分类，并从实际应用需求的角度进行技术阐述。

1.2.1.2　近景摄影测量技术

近景摄影测量技术是近几年来最为火热且潜力最大的三维信息采集技术，其原理是借助于不同位置的物体照片的角度所造成的图像差异，寻找不同图像间共同特征点，建立空间坐标体系，然后利用后方交会与前方交会法求区内外方位元素，并解析计算出像点在实际位置的地面坐标，进而解析出被测物体的三维模型。该技术属于近年来计算机图形学热门领域中最为成熟和广泛应用的部分。相对于动辄数十万的专业采集硬件设备，这项技术的优势是对于采集设备的低要求（手机摄像头即可）及优秀的色彩表现能力。最常见的对应算法为PMVS和

SMVS，分别为通过图像建立定位匹配点，以及通过照片生成浓密点云。

但是，由于现实空间的色彩变化非常复杂，而计算机自动空间联想能力和光线适应能力都远远弱于人眼，因此常常在几何细节上产生计算错误，属于一种现阶段在微观层面上不太稳定的三维采集技术。到2019年为止，该技术主要被用来采集对细节尺寸要求不高，且视觉上需要更自然色彩表现的中小型文物信息采集。同时也常常在信息存储环节与三维激光扫描技术相结合，为高精度技术采集的几何信息提供贴图材质。

由于近景摄影测量技术操作空间要求低，设备兼容性和范适性好以及非接触、色彩效果逼真的优点，近年来被广泛应用在文物数字化采集保存工作中。并且，由于近景摄影测量技术往往嵌入了LOD多细节层次技术及流式传输技术，现阶段多用于线上文物展示的采集存储流程中。

在文保数字化应用中，由于各种技术均有其优势与短板，在近几年的大型项目中往往采用多种类型的数据采集技术协同工作，获取最真实的几何信息和色彩信息（如图1-1）。

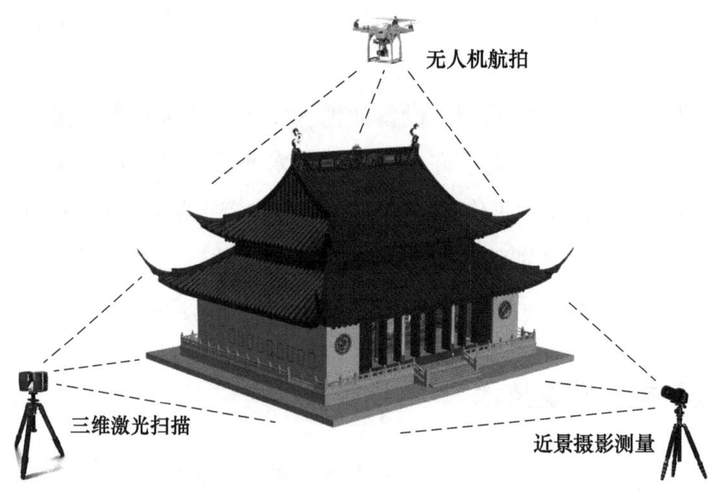

图1-1 多种数字化采集技术协同工作

1.2.2 数字化信息处理与还原技术

1.2.2.1 数字融合技术

三维扫描几何采集技术可以非接触、高速准确地获取文物的几何信息，但其色彩采集能力较弱，近景摄影测量技术可以获取高逼真度的色彩信息，但三维几何信息采集容易受到色彩变化的影像产生错误，因此数字融合技术是最近两年需求最紧迫，同时也涉及多个学科领域发展的技术方向。

数字融合技术要求将三维点云、三角面模型进行坐标匹配、尺寸空间统一、点坐标信息注册、整体框架精度保证，数据烘焙转移等多个技术融合使用，使近景摄影测量获取的三维信息及彩色信息以极少的损失保存在三维几何信息采集获取的点云或模型上，并输出为通用三维格式。近两年来该方向不断涌现新的算法和集成工具，但依然没有一体化流程系统出现。

1.2.2.2　3D打印技术

3D 打印技术（如图 1-2）包括 FDM 熔融层积成型技术和 SLA 立体平版打印技术，在文物复制中主要应用的是 SLA 立体平版打印技术。在文物复制过程中，首先是使用三维数字化技术对文物进行三维数字扫描，使用工业级的 SLA 高精度 3D 打印机将文物的三维信息输出以达到文物复制的目的。3D 打印机可以精确到 0.001 微米，从而能够精确复制出文物的细节，辅助文物保护领域的研究工作。

图 1-2　3D 打印技术

1.2.3　数字化展示技术

三维采集技术可以准确地获取现实世界的几何尺寸信息，但由于海量的成果数据也造成了其应用范围非常狭窄，通常只能从整体数据中心截取部分进行测量分析。这种高度的专业性和极为狭窄的应用场景本应产生数字化文保技术受众面极小、发展缓慢的结果。但是，由于展示应用技术的飞速发展，近 10 年来，行业发展速度反而越来越快。如果说三维高精度采集是数字化文保可以用于专业保护研究的基础，那么现阶段多种多样，几乎可以乱真的数字呈现技术则弥补乃至拓宽了高精度采集数据的应用范围场景。

2010 年前，主流民用级 CG 渲染技术多采用视觉算法模拟，算法不一，计算效率也不相同，且很难反映数字模型在不同光照环境下的不同视觉表现，因此早期的数字展示内容大多充斥着塑料感。2013 年，随着新一代次世代游戏主机发布，次世代图像处理也进入标准化阶段，为了模拟真实物体质感，基于物理的 PBR（Physically Based Rendering）渲染技术成为主流。在这个统一的渲染架构下，重头开发即时渲染引擎成为了费时费力的选择，业界资源向已经相对成熟的商业制作渲染引擎倾斜，从而赋予了普通人制作数字化展示的能力。利用现阶段次世代 GPU 强大的图形能力，三维采集技术与数字化展示技术紧密结合，数字展示手段终于摆脱了早先仅仅“形似”的状态，而像“真实”迈进。现如今，新的数字化展示手段已经包含了 PBR 渲染技术，多达数百万多边形的运算能力，复杂光照、阴影及着色器，以及基于物理的毛发、布料、骨骼、刚体、柔体系统。可以说，现阶段的数字化展示技术已经形成了一个庞大的体系，更像一个高度集成的制作、展示平台。

在高度集成的展示手段越来越标准化、统一化的同时，文物的数字化展示手段也在近 10 年中不断取得突破，基于新图像技术的 VR、AR 及 MR 展示技术及设备具有高度的原真性和丰富的互动体验，可以越来越接近于文物的原貌展现，而可以使高精度数字化采集的原真文物数据以文物的最真实的状态和我们最熟悉的样貌展现出来。高还原度，完全取自原貌的仿真系统将推动远程研究与保护的发展，使数字化文物不再只是作为研究工作者的研究内容出现，而更可以通过准确的还原使珍贵文物可以放心的以数字形式推广，提高人民大众整体文物保护意识，满足大众对于精神文明提高的信息获取需求。

数字化展示技术从展示引擎上来分，主要分为主流的两大引擎：Unity3D 和 Unreal4，从展示手段来分，可分为虚拟现实 VR、增强现实 AR 以及混合现实 MR。

Unity3D：Unity 是游戏引擎开发商实时 3D 互动内容创作和运营平台，包括游戏开发、美术、建筑、汽车设计、影视制作在内的创作者运用 Unity 实现。Unity 提供一整套软件解决方案，可用于创作、运营和变现实时互动的 2D 和 3D 内容，支持平台包括手机、平板电脑、PC、游戏主机、增强现实和虚拟现实设备。Unity3D 游戏引擎技术研讨会最早于 2010 年 5 月在韩国举行，2013 年，Unity 全球用户已经超过 150 万，全新版本的 Unity4.0 引擎已经能够支持包括 MAC OS X、安卓、IOS、Windows 等在内的十个平台发布（图 1-3）。

图 1-3　Unity3D 引擎

Unreal4：虚幻引擎游戏公司 EPIC 开发的虚幻引擎的最新版本。是一个面向次世代平台和 DirectX 12 个人电脑的完整游戏开发平台，提供了游戏开发者需要的大量核心技术、数据生成工具和基础支持。虚幻引擎具有较高的易用性和业界顶级的画面水准，支持现阶段几乎所有高级图形效果及动画系统，并可将开发内容发布在包括手机、游戏主机、主流 VR、AR、MR 设备、Html5 网页等多个平台上，具有强大的能力及广阔的发展前景（图 1-4）。

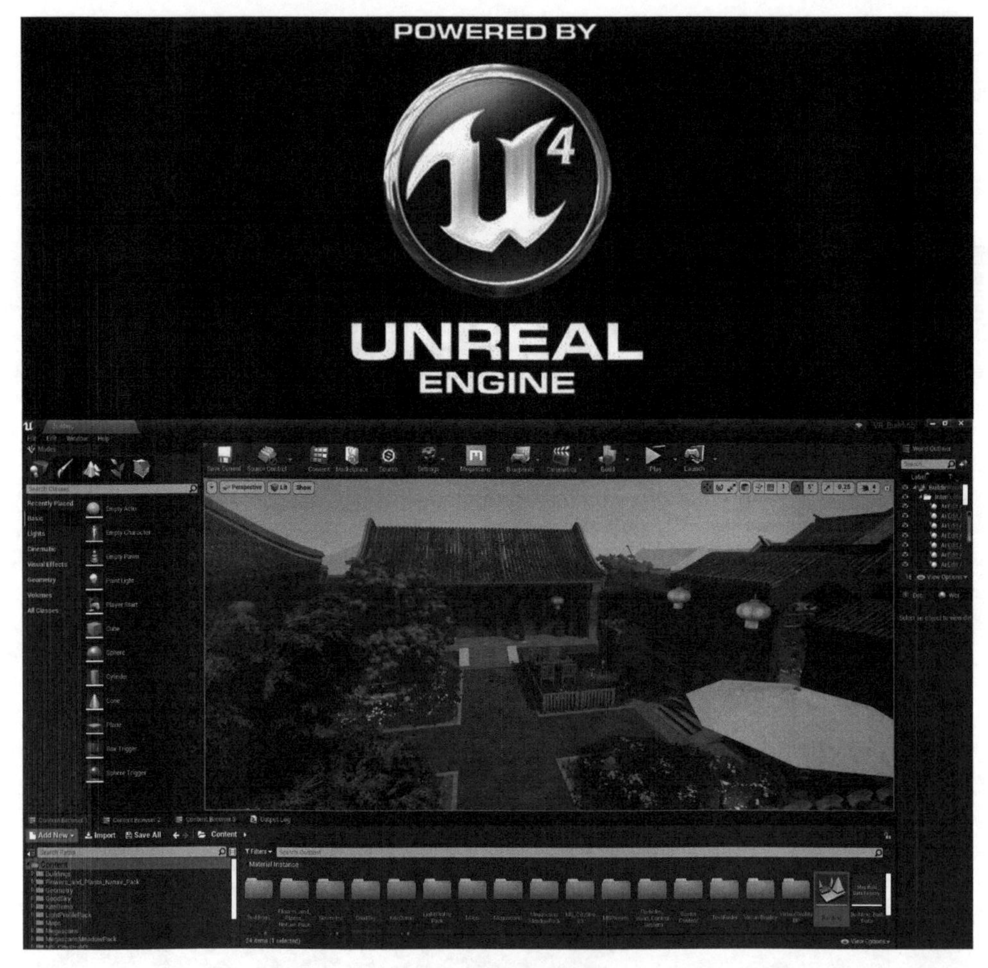

图 1-4　虚幻 4 引擎

VR 虚拟现实：虚拟现实技术（英文名称：Virtual Reality，缩写为 VR），又称灵境技术，是 20 世纪发展起来的一项全新的实用技术。虚拟现实技术囊括计算机、电子信息、仿真技术于一体，其基本实现方式是计算机模拟虚拟环境，从而给人以环境沉浸感。随着社会生产力和科学技术的不断发展，各行各业对 VR 技术的需求日益旺盛。VR 技术也取得了巨大进步，并逐步成为一个新的科学技术领域。现阶段文物数字化在虚拟现实技术上的应用主要包括沉浸式交互体验、展览展示、训练演练、博物馆数字化等方面。

AR 增强现实：增强现实（Augmented Reality）技术是一种将虚拟信息与真实世界巧妙融合的技术，广泛运用了多媒体、三维建模、实时跟踪及注册、智能交互、传感等多种技术手段，将计算机生成的文字、图像、三维模型、音乐、视频等虚拟信息模拟仿真后，应用到真实世界中，两种信息互为补充，从而实现对真实世界的“增强”。增强现实技术也被称为扩增现实，AR 增强现实技术是促使真实世界信息和虚拟世界信息内容之间综合在一起的较新技术内容，其将原本在现实世界的空间范围中比较难以进行体验的实体信息在电脑等科学技术的基础上，实施模拟仿真处理，将虚拟信息内容叠加在真实世界中加以有效应用，并且在这一过程中能够被人类感官所感知，从而实现超越现实的感官体验。真实环境和虚拟物体之间重叠之后，能够在同一个画面以及空间中同时存在。

AR 技术包含了跟踪注册、虚拟物体生成、显示、交互、合并等多个重要技术，并对延时、刷新率有较高要求，属于现阶段正在不断发展革新的技术领域。在文物数字化方面，AR 技术主要应用于虚拟文物展陈、虚拟互动、场景定位、虚拟导游等方面。

MR 混合现实：混合现实是一组技术组合，不仅提供新的观看方法，还提供新的输入方法，而且所有方法相互结合，从而推动创新。混合现实技术是虚拟现实技术的进一步发展，该技术通过在现实场景呈现虚拟场景信息，在现实世界、虚拟世界和用户之间搭起一个交互反馈的信息回路，以增强用户体验的真实感。

现阶段由于展示镜片、携带设备的续航能力、计算能力限制，混合现实技术属于刚刚起步发展阶段。真正意义的商用化设备只有微软公司的 Hololens 系列，但是其所展现出来的空间定位、手势识别、语音识别、环境识别技术有机融合，为我们展现了未来技术革命发展的前景（图 1-5）。

综上，现阶段文物保护数字化技术非常丰富，且正处于壮年期，几乎所有技术正处于日新月异的发展阶段。而这些技术又与软件算法、硬件革新，乃至电池技术的发展紧密结合，共同推动，因此具有极大的潜力，值得所有文物保护工作者加深了解。

不过，对于文物保护工作者来说，数字化技术现阶段最为成熟、与传统保

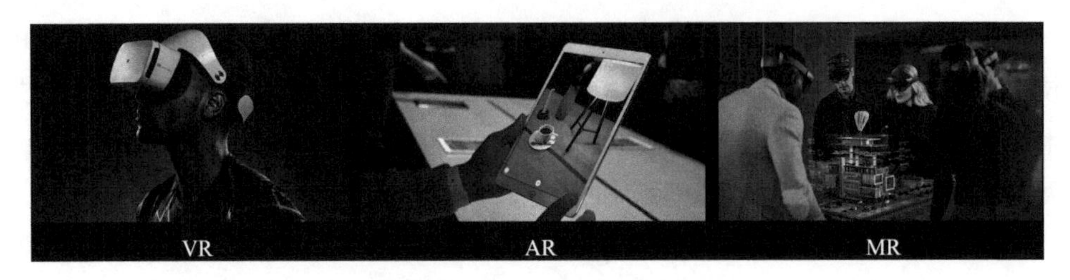

图 1-5 VR、AR 和 MR

护工作结合最紧密的，就是数字化信息采集技术。这项技术现在已经广泛地出现在文物保护工作当中，但大部分文保专业人员对它并不了解，常常陷入硬件设备销售人员的话术陷阱当中，导致购买的设备、应用的技术不适用、不实用、不好用。因此，本书将着重在数字化采集技术现阶段的最迫切需求，即如何高效率、准确地获得文物信息方面进行阐述。

1.3 三维激光采集技术概述

理论上来说，所有能从现实空间获取三维立体几何信息并捕捉至计算机的技术都是三维扫描技术，而应用在建筑、文化遗产领域的三维激光扫描仪属于三维扫描仪里的一个分支。任何技术的产生都是由需求催生而来，三维扫描仪也不例外，其最早被发明的原动力，是为了解决复杂形体的测量问题。

早期的三维扫描仪，大多是接触式的，通过复杂机械臂竿记录的移动、旋转等信息（图 1-6），计算机可以逆运算推出探头接触到物体表面时的空间坐标，这个坐标除了传统的二维平面信息外，还有一个记录深度的 Z 轴信息。正是由于记录了深度信息，使得计算机对于一个现实形体的测量，比传统图纸整整多了一个维度。而机械传导记录的精准性在不断提高，导致三维采集的精度也在不断提高，很快就被用在了工业制造领域，用于检查最终零件的加工精度。

20 世纪末，真正意义的站式三维激光扫描仪才正式出现，但激光测距技术其实早已应用在实际工程中了。现在常见的激光测距仪，就属于利用激光飞行时间来判断距离的测绘仪器，从原理上来说与今天的飞时测距，也叫时差测距类（Time of Flight-TOF）[5] 三维激光扫描仪如出一辙。自 20 世纪末，激光测量技术取得了较大的发展，由一维测距向二维、三维测距发展，并不断突破技术限制，取得了较大进步。直到 1999 年，瑞士徕卡推出了全球首台可在一秒钟内采

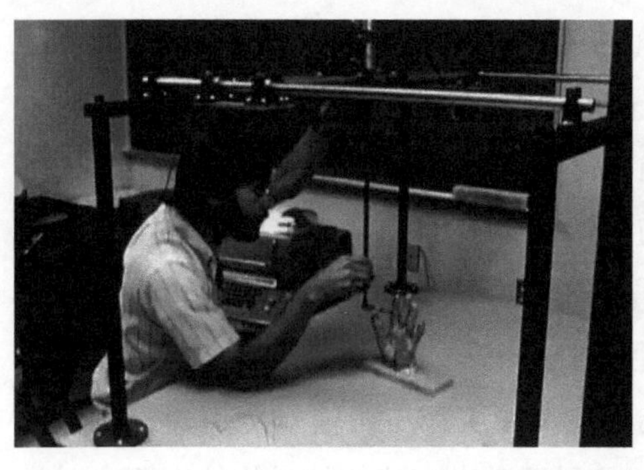

图 1-6　早期接触式三维扫描设备

集 1000 个点的三维激光扫描仪 Cyrax2500[6]，轰动业界，迅速引起了测量领域的关注，并在短时间内推广到全世界各个领域。

三维激光扫描技术之所以会引起如此巨大的反响，主要是因为在全站仪的基础上实现了自动化和批量化，极大地提高了全站仪的测绘效率，虽然精度较全站仪有所下降[7]，但非常适合获取不需要单点高精度但需要完整几何形态的建筑实体。实际上，三维扫描仪的出现本身就是因为全站仪每次单点采集的低下效率催生的高速测绘需求，一台三维扫描仪严格来说就是一台高速自动测量的全站仪系统，它通过自动控制技术，在设置了采样间距后就会自动进行数据采集处理。

2004 年，北京故宫正式启动数字化测量技术研究，联合了测绘领域的佼佼者徕卡公司作为技术支持，对太和殿、太和门、神武门、慈宁宫和康寿宫院落五处古建筑实施三维数据采集工作，这个项目的实施标志着三维扫描数字化技术在中国正式进入建筑遗产测绘及保护领域。从 2004 年后，中国文化遗产，尤其是建筑遗产的保护工作中，开始逐渐出现三维激光扫描仪的身影。

1.3.1　三维激光在中国古建信息采集中的优势

从 2004 年到 2016 年，不断有珍贵的古建筑被三维激光采集技术扫描、采集、存留数字档案。尤其是 2009 年之后，世界知名三维扫描设备厂商都将中国作为具有巨大市场发展潜力的地区而着重培养。并且，仅就本书作者接触到的以站式激光扫描仪作为主力产品的四大仪器厂商（FARO、Z+F、RIEGL、Trimble）来看，应用于历史建筑三维采集的案例占绝大多数。究其原因，是因为三维扫描技术对比传统古建筑测量，具有许多得天独厚的优势。

（1）非接触：现今大部分用于建筑的三维扫描设备，都是基于飞时测距（TOF）原理设计制造的，除了机载的Lidar扫描仪由于测距远，不得不加强了激光功率外，所有的地面三维激光扫描仪（TLS-terrestrial laser scanning）[8]都配备了相对安全的二级激光[9][10]，并与被测物体表面完全无接触。对于珍贵的文物建筑来说，非接触是一种有效的保护方式。由于文物建筑的不可再生性，日常的资料采集、检测甚至监测都尽量采用减少人工干预、不带有破坏性的技术手段[11]，尽量减少与文物的实际接触，减小在保护工作中可能对历史建筑造成损害的风险。而三维扫描仪在测绘过程中，是利用激光高速扫掠过物体表面，时间很短且功率较低，通常距离被测物的距离在5米以上，可实现完全不与被测对象接触而获得精准的几何信息，因此非常适合以古建筑保护为核心的测量工作。

（2）速度快：传统的文物建筑测绘，根据采集特征点的数量、测绘精度的高低及测绘工具不同，需要的时间和人力也不同，但想要以较为准确的精度和较为全面的特征点完整测量记录中等规模大雄宝殿，通常至少需要6至7人的测绘小组，花费一周左右的时间。而现代三维扫描仪的采集速度越来越快，如FARO Focus 350，最高档位下可以采集976,000pts/sec（点/秒），RIEGL VZ-6000激光发射频率为300,000pts/sec，Z+F 5010c最高可达1,016,000pts/sec。主流的三维激光站式扫描仪可以在10分钟内完成单点精度4～6mm，横纵点间距在2mm左右的半径10米球形覆盖采集，地面覆盖面积达到50平方米；就以最轻便（5kg），精度相对较低（单点5mm）的法如（FARO）Focus3D 20举例，单人作业每天可扫描30个站位，也就是说，单人单机配备下，每天可以完成地面覆盖面积约1500平方米的测量工作，足以完成一座大雄宝殿的完整测量。后期数据处理需要1～2天，对比下来，5～6人天的工作量就可以完成之前需要约50人天工作量的测绘工作，并且测绘点位采集密度和丰富程度是人工利用传统技术远远无法达到的。

（3）精准度高：三维扫描技术最早普及于工业设计制造领域，用于测量工件与设计之间的误差，因此这项技术从一开始就在精度上不断向前进步着。专用于大型建筑、矿山勘测的激光扫描仪出现后，以徕卡（Leica）和瑞格（RIEGL）为先驱的制造商也在以两年为一个节点进行产品的更新换代。由于三维扫描技术依然属于新鲜事物和先进技术，有不少文章都对三维扫描仪在不同距离、不同扫描密度的条件下进行了精度测试[12][13]，证明现在主流的三维激光扫描仪已可以将10米处单点测量精度提高至4mm以内，尤其是徕卡公司在2013年10月在中国发布的全站扫描仪，虽然降低了采集速度，但其 100 米处点位精度可以达到惊人的 0.8mm[14]，全面超越了传统测量手段的精准度，为准确捕捉建筑形体和尺寸，保留建筑遗产的原真性和准确性打下了良好基础。

（4）客观完整：目前在古建筑保护领域的数字化采集技术，主要以数码相机、三维激光扫描仪、结构光扫描仪等采集设备针对建筑遗产进行几何形态的高精度采集。由于采集设备会全面完整地收集被测区域内的全部信息，因此在很大程度上避免了人为的过大干预。在传统古建测绘中，出于人工成本和时间成本的考虑，所有的测绘团队都会选择特殊节点及分段选点进行测量，这个选择和测绘者的专业知识、研究领域、采集工具等多种因素有关，在采集中人为选择影响很大。而数字化采集方式得益于采集器的高速运转，会向被测体表面发射数亿均匀分布的激光点，所有符合采集条件的几何表面都会被无差别地记录下来，最大限度地避免了由于人工判断产生的主观性缺漏，并将被测体所有信息完整记录[15]。

得益于具有以上其他手段无法替代的优势，三维激光扫描技术得以在国内文化遗产及建筑保护领域迅速推广。许多具有珍贵价值的文物建筑开始或已经利用三维激光采集手段获取了高精度的几何信息，可以预言，随着机械工程、信息工程及计算机技术的不断发展，三维扫描技术的精度、采集速度及采集范围还会不断提高，如果能科学有效地利用，将极大减少古建筑的测绘时间，提高测绘效率，并使未来通过三维采集技术记录的古建筑信息更完整、更准确，符合文化遗产保护对于“原真性”和“完整性”的要求[16]。

1.3.2　三维激光在中国古建筑信息采集中的不足

三维激光采集技术具有非接触、高效率、高精度的优势，很适合在古建筑保护修缮相关领域开展应用，但同时，这项技术也由于许多主观或客观的原因阻碍了它的推广和普及。首先，虽然国内从 2004 年就已经开始接触相关技术，仅比国外晚了 5 年，但是从 2004 年至 2009 年的五年中，由于三维扫描依然是十分罕见的数字化设备，售价极其昂贵（单台售价均在一百万人民币以上）；且当时个人计算机能力低下，三维逆向数据几乎无法使用，导致这项技术仅仅能在高端、小众的学术研究中应用。需求少导致供给少，国内代理商凤毛麟角，几乎无法接触到实际设备，更别提对于该技术的深入研究了。在这期间，仅有包括故宫博物院[17]、北京建筑大学、天津大学等少数研究机构有条件对三维激光采集技术进行试验。直到 2010 年，在国家文物局牵头的指南针计划——“中国古建筑精细测绘”专项研究课题开展下，才开始真正大规模、全面地开始了三维激光扫描技术在中国古建筑保护修缮领域的应用研究。

然而研究时间较短、研究经验不足并不是阻碍该技术全面普及的唯一原因，从设备及数据层面、研究方式方法上，即使在 10 年后的今天，三维激光扫描技术在中国古建筑几何采集及应用上，依然存在着许多先天或后天的不足，阻碍了相关技术的普及和文保工作者对它的了解与学习。简单列举来说，这些不足包括：

（1）对于高精度、高密度数据量的不理性追求：现阶段三维扫描技术应用中，对精度和扫描速度有狂热般的不理性迷信，即精度越高越好，数据量越大越好。但实际上，这是一个严重的误区。举一个最直观的例子，如果我们在浏览网页时，所有图片，哪怕是一个小小的按钮，都用百万像素高清大图组成，我们打开每一个网页都需要 5～10 分钟，可想而知互联网行业将会受到什么样的不良影响。而这，正是现如今三维激光扫描技术在行业推广时的怪相。

三维激光扫描的特点就是迅速采集高密度、高精度点位信息数据，高密度代表包含 *xyz* 三轴信息的坐标点数量极为庞大，而高精度代表单个坐标点小数点后的位数，即所占用的存储空间。高密度、高精度在展现空间测量优势的同时，也意味着个人计算机难以承受的巨大数据存储量、吞吐量和计算量。然而，这个问题并没有随着计算机算力的不断增强得以有效改善，反而越来越严重。从 1999 年直到 2016 年，三维激光扫描仪的硬件设备处于高速发展时期，似乎打败了摩尔定律一般飞速发展。而对于这个直到今天依然属于高精尖技术的全新设备，即使是行业内人员都对其复杂的技术参数和影响因素知之甚少。但是其令人耳目一新的数据呈现、简单低廉的培训成本、不断降低的制造成本，以及相对稳定的高昂售价却导致三维扫描设备商业化的脚步极为迅速。短短几年间，中国出现了数百家三维扫描设备代理商角逐厮杀。想要迅速占领市场，就必须将这些复杂晦涩的技术参数转变为简单易懂的数字指标——就像 20 世纪末的计算机位数及频率之争。因此，很快代理商们就将参数精炼为两个主要指标：扫描精度和采集速度。谁的精度高、速度快，就可以名正言顺地制定更昂贵的价格，且在竞争者出现时以傲视天下的口吻进行评判，占尽谈判优势。因此，这两个参数作为一台三维激光扫描仪的硬性指标就像进入了竞赛，以月为单位迅速提高。而几年来该领域的研究重点多在如何能在更短的时间内获取精度更高、数量更多的点云数据。

作为结果，扫描数据本身的数据量，也相应地以月为单位呈现爆炸式增长，甚至将计算机算力的增长速度可以远远抛在身后。

现阶段主流三维激光地面站式扫描仪（TLS）在最高分辨率下，一站的数据量可以达到 30GB。而由于三维扫描数据会被遮挡，一个简单的院落级文物建筑需要数百甚至数千站才能拼合成相对完整的立体数据，可想而知其数据体量多么庞大。这种海量的数据无论是存储、调取还是处理对计算机的硬件都是巨大的挑战。而现阶段，主流计算机的处理能力增长速度已经放缓，无力进行如此大数据量的处理，导致其数据处理对硬件需求过高，难以普及发展。

但是，由于设备厂商的竞争，扫描精度和采集速度这两个指标依然作为设备研发、生产，乃至销售的绝对法宝，拥有不可撼动的地位。可使用这项技术的其他行业研究人员，尤其是文保工作人员，对这项技术没有深入的了解，就很容易听从销售人员的建议，使用远超自己所需的精度去采集数据，导致工作效率的降低、工作时间的大量占用，而最终由于数据量过大导致无法使用。这是一种恶性循环，最终会严重影响数字化技术的合理普及。

（2）三维采集数据没有统一标准，使用难度高：几乎所有涉及数字领域的新技术都会经历长时间的格式与标准之争，三维点云数据也不例外，并且由于这个领域的绝对领导者，乃至垄断者还未出现，现阶段三维扫描数字文件的格式种类繁杂、类型众多。仅仅是开放、开源的无压缩通用格式就有 .txt、.abc、.xyz 等多种格式，且每一个格式还包含 ASCII 编码方式和二进制编码方式两种，还根据点云种类的不同具有不同的文件头和通道信息。更不用说每个三维扫描仪生产厂商的自有格式：如 FARO 公司的 .fls 格式，Z+F 公司的 .zfs 格式，RIEGL 公司的 .rxp 格式，这些数据之间大多无法相互兼容与读取，即使能够转化读取，也往往损失一定信息量或精度。而随着三维扫描技术在城市设计及建筑规划领域应用的越来越广，包括 Autodesk、Bentley 在内的 CAD 巨头也纷纷开发了自己的三维点云数据格式，如 Autodesk 的 .rcs、.rcp 及 Bentley 公司的 .pod 格式。这些文件格式互相之间的调取、使用及研究都非常困难，通常需要不同的处理平台进行调取，再进行格式转换，最终才有可能将数据拼接为统一坐标系。这些纷繁复杂的格式不但使用不便，也让建筑文化遗产保护领域的专业人员无从下手。并且，不同扫描仪对于扫描距离、扫描精度及扫描对象反射率都有不同的优势和劣势，当多个厂商不同的扫描仪针对一个项目进行三维采集后，数据的处理和融合难度大，相对较为专业，也导致了其推广和普及极度困难。

（3）缺少具有针对性、科学性的研究：三维扫描技术从出现的第一天，就像汽车对速度的不断追求一样，在提高精度这条路上一路向前。由于其本来出现的原因就是对全站仪的有益补充，甚至是更新换代，因此对于高精度的追求，三维扫描技术一直在不停地突破和发展。但是，对于利用大量点进行形体描述的数字化信息技术来说，高精度就意味着海量数据，也意味着对处理数据硬件的高要求。可是对于建筑遗产，尤其是中国古建筑遗产的保护和修缮，什么精度是最适宜的却一直缺乏理论性、整体、切合实际的系统性相关研究。建筑由于本身尺度较大且施工、测量中存在一定的误差，一直以来对于其精度就有一套标准化的要求和规范，超过了规定要求，只能造成人力及计算资源的浪费，降低其测量、使用的效率。然而长期以来，国内对于这项技术的研究主要分为两类，一类是硬件设备相关技术人员，另一类是工业制造、影视类相关从业人员。第一类人员的研究重点在于如何提高硬件的精度、速度，并减小干扰因素；第二类人员则更多研究在本领域内的数据后期处理，如转化为 Nurbs 实体模型、重新布线上。而真正在文保领域的应用，却几乎是没有计算机软硬件知识体系、没有三维模型使用经验的文物保护、考古、建筑等行业专业人员，造成研究与需求脱钩，实际问题难以解决。

不仅仅是三维扫描采集的精度问题，这项技术要想在古建筑保护及修缮领域做到科学的、系统的应用，还有许多未解决的问题。技术滥用、成果不实用是近几年来利用三维激光采集技术在文物建筑保护领域经常出现的问题。许多研究对于采集的单点精度、拼接的整体精度上都做出了有益的尝试和实际的贡献，但是以古建筑保护和修缮本身作为根本出发点，对数据采集、数据处理、数据呈现作为一个体系进行整体的研究却依然缺失。何种精度才是采集的适宜精度？布站策略是否会对最终数据拼合产生影响？数据进行怎样的压缩才能实际减少数据量、提高处理能力且满足古建筑保护修缮的使用？数据将以何种方式呈现？如何能在现阶段不增加学习成本和采购成本的前提下将成果有效地应用在已有的保护修缮研究环节？这些问题不仅仅只是单独的算法优化、机械硬件精度提高或开发一个数据调取平台就能确实解决，而是需要古建筑保护、修缮领域，古建筑文化研究领域，测量学领域，计算机图形学领域等多方向、多学科交叉研究，以满足最终保护修缮需求为出发点，进行系统化、整体化的实验、测试及研究才有可能解决。而这些问题如果能够得到有效地解决或明确的答案，将对这项技术的实用性、适用性具有巨大的提升，并可以解决许多现阶段单一方向研究无法解决的实际问题。

综上所述，三维激光扫描采集技术是一项高效率、高精准度的新数字化技术，虽然其现阶段由于种种原因还存在着不足，但是在古建筑保护研究领域具有巨大的潜力和价值，尤其是未来与数字化展示手段相结合后，三维扫描采集技术将有海量需求。本书作者横跨古建筑设计、文物保护及三维数字化制作生产应用领域，具有丰富的项目实践经验，具有强大的学科融合背景。因此，本书将从古建筑保护需求为出发点和依据，对三维扫描技术现阶段缺乏整体性、科学性、系统性研究的问题开展一系列研究，并一定程度上解决该技术在中国古建筑保护修缮研究中不适用、成果不实用的问题。

1.4　国内外行业背景介绍

站式地面激光扫描仪于 2000 年左右开始走向成熟，之后很快被引入到城市设计、矿井勘探及油井勘测等相关领域。其高效率、高精度且非接触的特性自然也很快被应用在了文化遗产保护应用方面。在十几年的时间里，硬件在不断提高，采集速度也越来越快，同时软件的自动拼接技术也越来越成为主流，这些进步必然少不了众多研究人员对于三维激光扫描采集及数据处理技术上的不懈研究。

在现阶段，由于三维打印技术的出现与逐渐普及，三维扫描技术的使用范围也越来越大，种类也越来越多。不同原理、不同种类、不同精度、不同采集方式的三维扫描采集技术五花八门，各有优劣。但整体上来说，由于该项技术出现的时间较晚（2000 年才开始真正商用化），对应的研究内容并不丰富，更多的是关于仪器使用流程归纳或对应用的展望，深入一点的研究主要集中在精度的测试与验证、点云匹配算法和点云压缩算法三个方面。这些单点研究的方向均在自己的领域实现了一定的提高和突破，但从整个三维扫描数字化领域来看，对于整体建筑遗产，尤其是中国古代建筑的三维采集及数字化应用，依旧缺乏整体的解决方案和实施细则，尤其以“完整性、原真性”为标准，以最终保护修缮为目的整体性研究依旧属于行业空白。

1.4.1　国外行业背景

不过国内外对于文物遗产、建筑遗产的数字化采集应用已经从不同角度、不同需求开展了不少项目研究，也为后续技术应用的继续发展提供了宝贵的经验。首先，从国外来看，由于其设备接触较早，工业革命带来的高科技红利也非常丰富，因此相对于国内，这种新技术应用的开展要相对较早，且探索方向较广，尤其在数据总量方面，由于没有过多限制，很多数据量在今天看来颇为大胆，也一定程度印证了三维扫描技术在发展初期是朝着“高精度、高密度”方向的极致追求所实施的。

2000 年，Levoy[18] 利用工业扫描仪在数字米开朗琪罗计划项目中对包括著名的大卫像在内的十座雕像进行了三维数据采集，获取了 1163 个扫描数据区块，总计 20 亿面的多边形以及 7000 张彩色照片。不同于文化遗产数字化保护领域之前主要实施于小型体积文物的尝试探索，这次扫描的雕像像高 2.5 米，连基座 5.5 米，重 5.5 吨，从体量和最终获取的数据量上来看已经从一定程度上接近小型建筑的规模。并且，这个项目对最终采集的精度要求极高，为毫米级甚至亚毫米级，如此高的精度要求是为了通过刻痕的详细观察与测试展开对米开朗琪罗雕刻工具的研究。因此，从技术角度来看，这个项目虽然扫描的主体并不是建筑，但是由于其巨大的体量而为后来的建筑扫描打下了基础。扫描团队在米开朗琪罗计划项目中初步建立了包括矫正、数据采集、色彩拟合、数据精简等后来针对建筑扫描时所需的完整流程。较为可惜的是，首先，这项研究由于技术发展的限制以及对最终精细度的高要求，没有采用 TLS 类激光扫描仪采集数据；其次，2000 年，PC 的硬件配置较低，软件算法也较为落后，甚至整体的扫描—处理—赋色流程都不完善，不过从时间节点上来看，2000 年能够采用数亿多边形进行采集工作，依然是一个大胆且积极的尝试。

2004 年，W. Boehler[12] 利用传统技术和三维扫描技术对五种在文化遗产保护领域最常接触的对象进行测试，包括一座古墙、一个浮雕装饰板、一个石器时代的手工艺品、一座古代雕像以及一座古堡的外部空间。研究认为三维激光扫描技术与近景摄影测量互有优劣势，三维激光在数据获取速度和最终精度上都有很大的优势，在最终成果精度比对测试中，三维扫描仪全面占优。但同时由于仪器沉重，不易固定，暂时难以替代传统测量手段。在十几年后的今天，以现在的技术水平来看，三维扫描仪已经向更小、更轻的方向在发展，其应用范围应该比早期要拓展了不少。

2009 年，Gabriele Guidi 和 Fabio Remondino 等人利用多分辨率、多传感器扫描技术对庞贝古城的一块 150m × 80m 的范围进行了完整扫描[19]。扫描对象包括大型壁画、建筑结构和寺庙，分辨率跨度也从几分米直到到几毫米。最终数据成果是集成了各种不同精度和文件格式无缝文理三维模型。这项研究在跨尺度、多精度数据融合及三维成果展示方面做出了有益探索，从一定程度上改善了三维点云数据量过大，不易使用的缺陷。但是，对于如此巨大的扫描规模，该方案在早期设计上，TLS 扫描仪的规划并没有进行科学优秀的布站设计，而是依靠卫星图像生成的 DSM（Digital Surface Model 数字表面模型）作为基准拼接。DSM 的精度受制于卫星图像分辨率，在本案中有至少 25cm 的误差，不适合作为整体控制网精度标准；且扫描布站时依然采取现场观察补缺的方式，后期通过特征点 + 手工拼接的方式使得最终布站设计及数据整体的系统性和规划性都不足。另外，最终成果方面，由于规模体量巨大，可以看出在建筑级别的模型上使用了全正向模型 + 逆向贴图的方式，对于结构较为简单的砖石类西方古建效果尚可，但应用在结构及遮挡关系复杂的中国木构建筑上，就会产生较为严重的数据缺失和原真性丧失。

2011 年，Maria Giuseppa Angelini[20] 在意大利德蒙特城堡的数字化采集与记录保存研究中，利用全站仪做控制网，结合三维地面激光扫描有效减小了数据拼接的累积误差，并探讨了利用徕卡专用数据处理软件 Cyclone 对三维点云切片，最终生成二维建筑制图的流程。这篇文章利用全站仪做 GCP（Ground Control Point），为总计 92 站的三维扫描数据设计了 28 个全站地面控制点，并利用 Geomagic 截取了平面二维截面点集，最终通过开发了一种算法将这些点集绘制成 CAD 图形。这次尝试的突破点在于，之前传统的 TLS 三维采集项目中，点云数据想要绘制传统的二维平面图，需要人工测量数据关键点尺寸，并利用传统的绘图方式手工绘制，点云数据仅仅用来作为现实建筑的数字拷贝，用于量取尺寸而已。但在德蒙特城堡的数字化项目中，二维截面图是利用点云数据转化生成的，从意义上来说已经打开三维数据自动生成三视图的大门。只是现阶段对于二维数据的看线部分，自动生成技术还有巨大的技术鸿沟存在，直到今天依然无法解决，从一定程度上限制了三维点云数据的应用。

这个项目在布站规划与局域网控制、最终图纸成果的自动生成都有一定的进步与突破，但对于 GCP 点位设计及 TLS 点位设计缺乏针对性适用研究，没有深入探讨控制站及最终成果比例和精度需求之间的详细关系，因此在设站上点位过多，降低了采集效率。在最终成果方面，虽然生成了部分二维图纸，但没有利用二维图纸继续深入向三维模型转化与工程图出图进行研究，略显缺憾。但总体来说，由于二维测绘图纸直到今天还是保护修缮的标准保存资料的不可或缺的重要组成部分和必要环节，因此三维数据和二维图纸之间的技术壁垒从一定程度上阻碍了新技术的推广和普及。尝试利用三维数据辅助二维制图，是建筑遗产领域应用三维信息采集技术中重要的阶段性成果。

同样在2011年，Fabio Remondino[21]在《Remote Sensing》上，以遥感测绘为标准，并罕见地从文化遗产文档记录角度和保护角度出发，详细记录了包括Lidar机载激光扫描仪、TLS站式地面扫描仪、近景摄影测量以及GIS系统等主流几乎所有逆向三维数据采集方式的参数、精度验证及适用成果归纳。在这篇文章中，作者通过大量数据和表格量化了不同分辨率、不同采集仪器在不同精度、不同尺寸、不同需求的文化遗产中采集的精度和效率比对，并对不同探头和镜头在最终结果的精度偏差上进行了大量测试。文章主要探讨了在当时技术的条件下，利用多种技术手段来更快、更准确地获取遗址或建筑的三维几何信息，并强调了数字化文化遗产的发展潜力。文中不仅仅讨论了激光三维扫描获取的点云及remesh模型，同时也探讨了由摄影测量技术获得的大范围及小尺寸物件的DSM模型和网格模型，不同技术之间的优缺点也得到了较为完善的阐述。最终，文章简要探讨了这些数据如何展示、利用，在资料保存的完整性、关联性和实用性上也向前推进了一步。

2013年，Alberto Guarnieri又利用采集的三维数据做出了新的尝试，他将意大利维琴察市的奥林匹克剧场的主体结构用三维扫描仪获取，然后利用有限元模型（FEM）分析剧场在承受降雪、雨水和地震时收到的应力变化及可能产生的变形或坍塌风险[22]。这项研究通过三维扫描的数字化模型准确找到了建筑在极端天气条件下可能产生的受力薄弱点，为下一步的修缮提供了实在的科学依据，初步实现了针对建筑特定残损风险的对症下药。但是从三维采集角度来看，本书就具有较大问题：以奥林匹克剧场这样的体量来说，35站的扫描站数是远远不够的，最终获取的点云数量为7000万点的数据量，每站2000万点的数据针对建筑结构来说又过于精细。总体来说，本书重点在于通过三维数据结合FEM分析结构，但由于测站设置的不科学、不合理，最终remesh模型应该具有大量数据孔洞，对于结构计算的准确性还值得商榷。

从上文我们也可以看出，数字化模型随着这几年物理模拟技术的发展，应当具有巨大的发展潜力。通过计算机模型对于现实状况进行模拟分析，并将无法以肉眼可视的数据以直观的方式展现给我们，甚至展示未来的变化趋势，将是数字化应用的巨大前景。尤其是在三维激光扫描数据以海量无差别的方式获取数以千万计的信息点的独特优势下，数字模型进行物理模拟将比传统单点或有限点数测量、人工制作理想模型的物理模拟具有更重要现实意义。但是准确的物理模拟是以准确的几何信息和参数设置为前提的，如果无法保证几何信息的完整性和准确性，物理模拟对于现实的指导作用将大打折扣。

2014 年，现在主流的 TLS 地面激光扫描仪的发展基本定型，进展放缓。在加入了惯导、GPS 自动拼接及主流 CAD 软件接口之后，除了徕卡推出的全站扫描仪 MS50 之外，整个 TLS 激光扫描以市场上已无具有重大意义的技术革新，精度、距离、扫描速度等硬性指标发展已进入瓶颈，相对而言，对于使用领域的研究者来说，也是一个深度挖掘使用方法和技巧，研究三维扫描体系化、系统化、科学化应用的大好时机。同时，主流厂商的仪器型号趋向稳定，直到 2016 年年底也没有重大更新换代，因此对于这一系列主流机型的测试及研究就具有了更重要的价值。如 FARO 现在最主流的型号 Focus3D 系列，RIEGL 的 VZ 系列以及 Z+F 的 5010 系列都在 2014 年成为主力机型，数据精度直到 2016 年年底也没有进一步的提高。大量实用性或适用性研究开始出现，如 Agnieszka Glowacka 展开的两款主流远距离脉冲式扫描仪 RIEGL VZ-400 和 Z+F IMAGER 5010 在建筑测量应用上的精度测试[23]。研究人员选择了波兰 Rożnów 小镇的一个大坝作为研究对象，将两台脉冲扫描仪设置在同一站点，选择同样分辨率进行扫描，并对最终结果进行了比对。结果显示脉冲扫描仪的扫描距离远远大于相位扫描仪，但其精度损失由于扫描时间的延长并没有下降太多，完全可以用于建筑位移及 5mm 以上的裂缝检测。这项研究虽然不是针对建筑遗产的，但是相对于 2009 年普遍测距半径在 70 米以内，良好数据测距半径仅在 30 米以内的相位式扫描仪而言，后期主流机型的扫描距离往往超过 200 米，这些中远距离的三维扫描仪是否在远距离时依然具有良好的精度，其数据是否会有较大的变化是人们迫切需要知道的。而这篇文章就对中远距离三维激光扫描仪是否适用于位移及变形监测进行了实际的测试和实验，其对于单站数据精度的验证为利用整体控制网拼接的流程方案提供了有效的数据依据。

综上所述，西方对于激光三维数字化采集的研究较早，从 2000 年后逐步应用在遗产保护领域。但由于东西方建筑遗产的巨大差异，研究的方向、重点和需求也差异很大。西方建筑遗产中，由于建筑主体结构较为简单，装饰性构件较为复杂，因此大部分的三维采集流程都采用了激光三维扫描对建筑主体结构进行中等精度采集，再利用摄影测量技术或多角度摄影实景建模技术采集装饰构件，最终，通过手绘、人工建模的办法建立正向的整体建筑模型。而以中国古建筑为代表的东方木构建筑，其结构本身就非常复杂，互相遮挡严重，形状也不是规整的球、圆柱、圆锥、正方体等，而是具有复杂关系的斗、栱、椽、檩等榫卯拼接。尤其像中国古代皇家园林这样的院落级建筑遗产，从设计之初，建筑就仅仅是园林系统中景观的一部分，植物、假山、水体、地势都是密切不可分割的整体，从数据采集的难度上及采集种类的丰富性上来说都远超西方建筑。中国的古代木构建筑，如果不进行环环相扣，一气呵成的整体规划设计，想要保证三维采集的完整性和原真性非常困难，而要想获得较为完整的数据就需要成倍增加扫描站位，减小扫描距离，由此看来想要进行大规模院落级建筑的三维采集，如果依然套用西方扫描的精度控制及成果处理方法，就需要不可估量的时间成本和人力成本。因此对于中国古代木构建筑的三维信息采集，必须要研究相应的适宜精度，做到“适用即可”，以减少单站扫描时间，保证整体的采集效率。

另外，文化遗产的三维采集项目有一个普遍的不足就是大多数项目以科学研究为主，采集时间较为充裕，因此对于采集效率、采集的适宜性研究极为罕见，而整体流程的优化及适宜性研究更是几乎为空白，西方的相关研究多是偏重于流程阐述、单站精度测试或拼接算法及压缩算法的研究，但对于最终成果展示以何种精度和站位布置进行设计？布站控制网以何种标准执行可以消除累积误差？及数据拼接到何种精度即可用于保护与修缮等方面都没有深入地试验与探索。

并且，由于三维扫描仪长期的高价位和快速地更新换代，国际上大部分的三维采集硬件设备都是由研究机构或硬件生产厂商提供，而新技术的问题在于大部分硬件标准及操作流程都是硬件生产厂商自行制定的，其标准、参数、流程均以硬件设备为中心，缺乏针对不同领域需求的专业化方案。因此，直到今天，三维激光扫描采集都缺乏以测绘对象（以本书研究方向来讲，即中国古代木构建筑最终的保护修缮）为中心及导向的标准化、规范化、系统化研究。对于不熟悉东方建筑的西方研究人员来说，由于需要大量文化和专业知识的积累，短期甚至中长期内无法满足我国对于大量古建筑急需数字化保护的迫切需求，而相关方面的研究工作，则需要我国学者进一步探索。

1.4.2 国内行业背景

转回视角，我们看看中国在这方面的研究进展。虽然在 20 世纪 90 年代，三维激光扫描技术就已经应用在以工业制造加工、影视游戏为代表的许多领域，但是其高昂的售价和需要特殊固定、测量范围有限以及每次需要复杂校准的技术限制使这项技术一直没有应用在建筑遗产保护领域。直到 2000 年左右，基于飞时测距（Time of Flight）原理的相位三维激光扫描仪（Phase 3D Laser Scanner）进入商用市场并逐渐应用于城市规划、建筑设计等行业的测绘应用，三维扫描技术才真正走进中国建筑遗产保护领域的视野。与西方相关技术的引进以高校为主的模式不同，引领中国三维扫描技术叩开建筑遗产大门的，是中国最大古代文化艺术博物馆，也是拥有大量珍贵古建筑资源的故宫博物院。

从 2004 年 5 月起[24]，故宫博物院成立了“古建筑数字化测量技术研究项目组”，开始对太和殿、太和门、神武门、慈宁宫和康寿宫院落五处古建筑实施三维数据采集工作。同年，来自福建工程学院的余明和清华大学的丁辰等[7]也针对三维激光测绘技术与传统古建测绘的对比与改进，以及包括近景摄影、数字摄影测量和激光扫描系统在古建测绘领域应用做了阐述性介绍和总结。以当时的视角看来，2004 年能够接触并使用到三维激光扫描技术已经具有很强的前瞻性，相应的流程总结和梳理也起到了引介、普及的作用。并且，在文中已经提到了由于三维激光数据格式的不同及测绘原理不同，从而导致的数据不匹配、精度不匹配等问题。

2005 年，尚涛、安国强[25]利用近景摄影测量和三维激光扫描技术对湖北四祖寺、五祖寺的古建筑进行了数据采集与数字化复原，并初步探讨了古建保护信息系统和分析平台的构造。相对于现在全自动化处理的流程来说，在四祖寺的三位采集及数字化的过程中涉及了不少针对拼接、色彩处理的手工操作，并且也涉及了数据死角的问题。但就扫描内容来说，由于缺乏对整体站位的设计和布控，数据死角和孔洞相当繁多，所以最终成果依然利用了人工正向建模的方式。

2006 年，臧春雨[26]结合山西陵川西溪二仙庙设计项目，利用三维扫描仪进行了文物古迹保护工作研究。文章认为传统的工匠在施工过程中并没有非常精确的尺寸把控，因此单就一个构件通过建筑模数和规则推断整体构件尺寸是较为可疑的，应该将每个构件都采集记录，而后通过平均值来获得准确数据。同时，在该文中还强调了“全局控制点”，即通过全站仪、水准仪等测绘仪器降低累积误差的方法，并从文保研究工作对测绘的需求角度针对三维扫描数据在采集、处理、数据分析方面进行了阐述，最终通过数据对比尝试了三维扫描技术在古建筑变形评估和残损分析量化方向的研究。这项研究在通过传统测量技术控制三维数据累积误差、拼接流程归纳整理，以及最终数据成果上具有一定的前瞻性，但对于具体控制网的布设与数据拼接没有进行标准化研究，没有提及中国古代建筑三维扫描的适宜精度问题。

2007年，天津大学的白成军[27]通过对多台当时主流的三维激光扫描仪进行详细的精度测试对比试验，以及针对点云数据本身进行了一系列的材质反射和单点偏差实验，理清了仪器标称精度与实际精度的误差及产生原因，纠正了当时许多研究者在技术使用上的误区，并提出了“适用精度”的概念。“适宜精度”概念的提出，在中国古代建筑的三维信息采集研究上是具有重要意义的。由于中国古建筑形制复杂，规模宏大，由硬件供应商所强调的高精度扫描并不应该作为数字采集的唯一标准，而何种精度应为适宜精度则应该由古建筑保护修缮的需求来决定。可以说，这篇文章在中国建筑三维激光扫描采集领域里是具有相当的前瞻性和现实意义，它提出了许多在之前没有深入研究的点云数据及三维扫描仪的许多问题，并细化了最终评判数据的标准，不应是靠“标称精度”来衡量三维古建采集测绘工作。文章提出应以古代工匠施工时的允许误差及最终出图比例，即以测绘目的为主导的“适宜精度”标准，并根据点云数据的误差和分辨率分析得出“仪器无法取代手工测绘”、“假高精度测量无法否定法式测绘”等结论。

从现在的角度看，该文对于点云数据的更深入、更详细的分析与研究是很有必要的，同时该文对于“适宜精度”的评判标准也很具有现实意义，在几年后的今天，该文中的一部分思路已成为业界衡量标准。但是，鉴于当时研究条件、软硬件发展的限制，该文对于市面主流三维激光扫描仪并没有进行全面的评测，其中对于仪器测量精度的数据以及对应的出图分辨率也已不适用于现在的主流三维扫描仪。并且，该文中虽然提到了点云分辨率的概念，却没有更深入地研究在不同扫描仪、不同扫描模式下，何种精度设置最为科学合理；在数据拼接环节，2007年也主要以特征点、标靶球等传统方式进行拼接，而现在主流的自动拼接技术于2013年之后才大规模流行，自然也就没有关于自动拼接的“适宜精度”验证。总体来说，这篇文章于2007年时，对于当时纠正研究方向、规范研究流程具有很好地指导意义，但将近10年后，技术的发展与工艺的提升，需要对“适宜精度”以新技术、新平台、新仪器重新进行研究和评判。

2008年，李长春[28]在数字城市建设领域利用三维激光扫描数据进行了研究，主要研究了利用MLP网络技术对三维扫描数据进行建筑物特征点的提取方法和过程。虽然这项研究是针对现代建筑及城市规划设计领域的，但是在特征点提取的技术上进行了一定的探索，也为后续三维激光数字模型进行古建筑构件特征三视图的转化提供了有益思路。

2009 年，贾东峰总结了三维激光扫描技术在建筑物建模上的应用[29]，其中涉及了平面控制及高程采用的测绘标准，基本将三维扫描仪布站时整体控制网的设置纳入了国家测绘标准当中。文中还将三维扫描数字化流程从控制网布设到数据处理去噪、拼接、补洞、拟合、建模都做了一定流程性阐述。在这个研究应用中，通过国家测绘标准设置控制网的思路对未来三维扫描布站设计标准化、合理化有参考借鉴意义，但文章在三维扫描站点的布设上，只提到了尽量扫描最大区域，尽量避免遮挡，却没有更为详细准确的描述，现场人为因素影响较大，同布站标准化依然有一定的差距。

同样在 2009 年，随着新一代的三维激光扫描仪的推出，之前文章中常用的如 leicaHDS3000 三维扫描仪被 HDS6000、HDS6500 等后续产品所替换，其扫描精度、扫描效率均得到了大幅提高。同时计算机的处理能力和软件的兼容性也大大加强，三维扫描获取的几何数据已经可以较为简单的集成为主流制图软件如 AutoDesk 公司的 AutoCAD[30]、Bentley 公司的 Microstation 当中。技术的进步同时推动了文物建筑数字化研究的广泛开展，国内众多高校开始购置三维激光扫描仪进行研究，本书研究所使用的第一批设备 Leica HDS6000 和 Trimble FX 就于 2009 年所采购的。新硬件、新软件以及新流程所带来的，是技术引进及交叉学科借鉴的研究热潮，及从国家层面对于新技术的重视。

2010 年，国家文物局启动了指南针计划——“中国古建筑精细测绘”专项研究，旨在“利用三维激光扫描、近景摄影测量、激光测距等先进科学仪器、设备，结合传统测量手段，针对珍贵古建筑进行精细测绘，全面、完整、精细地记录古建筑的现存状态及其历史信息，为进一步的研究、保护工作提供全面、系统的基础资料”。该项目集合了清华大学、北京大学、东南大学、武汉大学、北京建筑大学、北京工业大学、中国科学院对地观测中心、湖北文保中心、北京颐和园管理处等多家研究及管理机构，专门针对数字化技术在中国古建筑精细测绘的方式方法及应用方面进行研究探索。项目历时两年，动用了当时最先进的三维数据采集设备，并完成了包括北京颐和园佛香阁，山西潞城原起寺、平顺大云院、平遥镇国寺万佛殿，北京先农坛太岁殿，湖北武当山南岩宫两仪殿，山西万荣稷王庙，以及山西晋祠圣母殿等多个重点保护文物建筑的精细测绘研究。这个项目对于国内古建筑数字化研究来说具有深远的意义：首先由国家文物局主持牵头，标明了国家对于新技术在传统建筑保护应用研究的支持态度，并且看好这项技术的发展前景；其次，该项目集合了当前在古建筑保护数字化应用领域研究成果最为突出的单位进行技术经验交流，加强了行业沟通，促进了研究的推进和发展；最后，该项目的实施对象都是重点文物保护单位，由于该项目的启动实施，这些文物建筑早在2010年就已经存留了丰富的影像资料和三维数据，对未来的应用研究和保护都有重要的意义。

同时，指南针计划精细测绘专项也对三维扫描技术及精细测绘方法进行了深入的反思与探讨，确定了二维图纸作为主要表现手段的传统测绘方法已经不能满足当今遗产保护和研究工作的需求，而新技术的开展则需要汇总大量工作经验，建立完善的工作方法和记录体系。最终，专家一致认为，高科技测绘手段无法替代传统测绘方法，而应该是现有研究工作的有力补充和不可或缺的组成部分。

在国家层面的组织和推广下，三维激光扫描技术进入了一个相对快速的发展时期，三维扫描仪在以6个月单位的速度不断更新换代，同时向两个方向发展：

（1）小型、轻型化：以FARO Focus3D × 30为开端，以FARO Focus3D 330位主力军的轻小型发展方向。传统三维扫描仪普遍重25kg以上，且体积较大，通常情况下必须由专业测绘三角架作为支撑，再包括移动电源、备用电池等配置，单人进行扫描时较为费力，工作效率低。但法如（FARO）的Focus3D系列，一下将激光TLS扫描仪的体积缩小了一般，同时重量控制在5kg左右，电池、电源都大幅缩小，并可以安装在摄影三脚架上进行扫描，大大降低了单人操作的负重，提高了换站效率与便利性（对比如图1-7）。同时，由于成本降低，这台TLS站式扫描仪的售价还不到传统TLS扫描仪的一半，大大增加了产品的普及率。虽然在精度上，Focus3D系列做不到很高，但在不少场合也足够使用。

（2）专业、高端、自动化：此方向就是以RIEGL为代表的脉冲式扫描仪和Z+F为代表的相位式扫描仪，以提高传统测绘流程为主要发展目标，结合了HDR色彩相机、惯导、GPS定位、自动前后视、自动搜索标靶、自动拼接等多项技术，使大部分三维扫描工作可以做到一键扫描，一键拼接，并且在扫描精度上依然不断提高。这些扫描设备虽然较为笨重，但最终数据结果无论从分辨率、单点精度还是到色彩表现都不断进步，并且相应的处理系统也在不断更新、不断地满足应用需求。

这两个方向的发展，带动了三维扫描技术的快速普及，同时越来越普及的三维打印技术，以及作为三维展示的VR技术也推波助澜，将三维扫描信息采集

图 1-7　轻量化的 FARO Focus 系列与传统过扫描仪对比

的数据成果从传统的测绘、资料存档、CAD 设计等专业领域带向了文化、娱乐、教育领域。

2012 年，孙竞[31]在 2012 年科学与艺术研讨会上，介绍了三维影像数字记录技术，并结合故宫文化资产数字化应用研究所的工作实践，探讨了三维扫描技术在文化遗产预防性保护中的应用，其中，将三维数字资料同虚拟现实（VR）技术结合，应用于虚拟修复、研究、展示等方向的探索非常具有前瞻性，并提出了利用数字化存档进行文化遗产监测，给文化遗产信息的采集、记录、监测、研究、展示都提供了全新的思路和手段。

2013 年，北京建筑大学的丁延辉[32]利用三维激光扫描技术与机械臂激光扫描技术结合，对北京先农坛太岁殿的数据采集与研究进行了更为深入的探索，其中尤其对于建筑整体结构、梁架、墙壁以及整体周期性形变进行了更加详细的现状分析，其侧重点已不仅仅着眼于对文物建筑资料的保存，而是利用现状模型对文物建筑的风险评估提供了更准确的判断依据，使得文物建筑预防性保护体系往更加科学、更客观、更系统的方向发展。在这项研究中，最终数据成果不再仅限于 CAD 工程图作为传统测量技术的延伸，而是利用高精度三维立体模型的精度及信息量优势，实现传统测量技术需要很大工作量或难以实施的多项分析，在成果应用上有了更深入的探索。但对于三维信息采集本身，该项目依然根据传统标靶球进行扫描拼接；同时，对于 1.5mm 精度的扫描要求，没有更科学的依据，考虑到后期主要工作以 remesh 网格模型为主要载体，高精度的信息采集除了数据量大、效率低之外，倒也不至于造成信息的浪费。

2015 年，武汉大学的车尔卓[33]在点云成果利用方面，提出了基于地面激光点云的建筑平立剖面半自动绘制方法，其通过正摄深度影像进行特征提取的方式较为新颖，不同于传统基于语义判断的方法，这种思路对于需要判断的数据量较小，且对于进深较为一致的立面判断准度较高。不过这种算法需要人工在需要生成的区域进行正射影像深度信息截图，并且最终计算结果也需要人工修整，暂时还处于无法大规模应用的探索阶段。

2015 年至 2016 年，鉴于指南针计划专项研究的优秀表现，北京文物局委托北京工业大学开展了“北京文物保护建筑三维数据信息采集与存储”项目，对总计 85 处，不少于 1097 个单体建构筑物进行三维采集与处理。这是迄今为止中国范围内最大规模的、有计划的、系统性的针对中国古代建筑开展的三维数字化信息采集工程。与以往的研究性项目不同，该项目需要采集的建筑物之多、面积之大、精度要求之高、采集时间之短都是之前未曾尝试过的，对采集效率和采集精准度有极高的要求。并且，采集时间短、现场情况复杂、采集队伍经验、设备也有差别，想要保质保量地完成任务，就必须有一套完整的、系统的采集方案和标准，否则无论是数据采集工作还是后期处理工作都会面临巨大问题。因此，北京工业大学联合天津大学、北京建筑大学等研究力量针对中国古建筑的三维采集与存储需求开展了专项研究，从前期调研、工作量统计到控制网规划、站点布设、仪器选型等做了一系列深入研究与优化，并按时完成了任务。本书就是基于此项目的研究成果进行了多项标准化研究与总结。

综合以上信息来看，中国的古建筑数字化应用研究虽然起步较晚，但是研究力量充足，国家也有相应的政策和项目支持，虽然其中涉及建筑学、考古学、土木工程、测绘学、检测勘察学等多个学科，但从 2004 年这项技术进入中国之后，一直在不断地进步发展，在人才培养和成果转化方面也逐步从学科研究向实际应用过渡。中国丰富的文物建筑资源以及迫切的保护存留需要也促进了多学科融合的保护团队逐渐形成，国际先进的技术手段对保护工作的支撑作用也日益明显。在实际保护应用项目的支持下，更适合中国古建筑的数字化保护手段日渐成熟，在可预期的未来，随着技术的发展和软硬件设施的普及，数字化信息采集与应用必将成为古建筑保护修缮的又一个重要手段。

但不能回避的是，长期以来国内外在针对建筑遗产，尤其是中国古代木结构建筑遗产的三维数字化采集及应用研究一直处于方向较散、深度较浅的矛盾中。一方面是由于新技术的发展更新速度较快，硬件设施较为昂贵，普遍研究资源不太充足；一方面是由于该技术的成果应用与前期数据采集较为脱节，导致了从采集角度来看，许多项目以新技术、新科技为噱头却了解不深，盲目使用高精度采集，造成了技术滥用时有发生，而从成果应用角度来看，由于数据格式不通用、平台多而杂造成各家平台都尽力宣传自己的产品，却没有根据真正的古建保护修缮需求进行开发和细化而导致成果不实用。

因此，这项技术如果想要继续健康、良性的发展，需要实际使用方与硬件生产商、方案提供方紧密合作，以最终实际使用的需求，即中国古建筑保护修缮为需求，从前期调研开始，直至最终成果提交，进行整体、系统、科学的设计与研究，从战略高度以整体流程为优化对象，探索相应的技术和方法，才可以做到技术真正的实用、好用。

1.5　本书主要内容

本书将以中国古建保护修缮需求为背景，深入研究现阶段扫描流程（图 1-8），寻找提高、优化其中重要环节的突破点。并利用理论研究、实践分析、设计实验等多种手段和方法，致力改善或解决现阶段整体缺少能应用到保护修缮工程中的三维激光信息采集技术与方法的主要问题。

根据现阶段保护修缮研究需求及三维激光采集应用流程分析，本书的主要研究内容有：

（1）针对中国古代建筑的三维激光采集适宜精度研究。

传统的三维扫描采集从仪器选择到站位布设、方案选择直到最终的数据处理，大多参考甚至照搬西方建筑遗产扫描流程与方案，或根据扫描仪硬件生产设备商的培训机械式学习实施，缺乏针对中国特定建筑结构、材质的专门研究，尤其在大尺度、院落级中国古建筑的三维采集中缺乏相应的标准及适用性研究。在本书第 2 章中，将从三维激光本身精度、与 GPS 大地坐标相对接的控制网布设、三维激光扫描布站优化分析及三维激光扫描仪的仪器适宜选择这几个方向针对三维激光采集标准研究：

首先，通过真实建筑构件或等比例中国古建筑模型设计具有针对性的三维激光精度实验，研究现阶段主流三维扫描仪在不同入射角、扫描距离所产生的精度

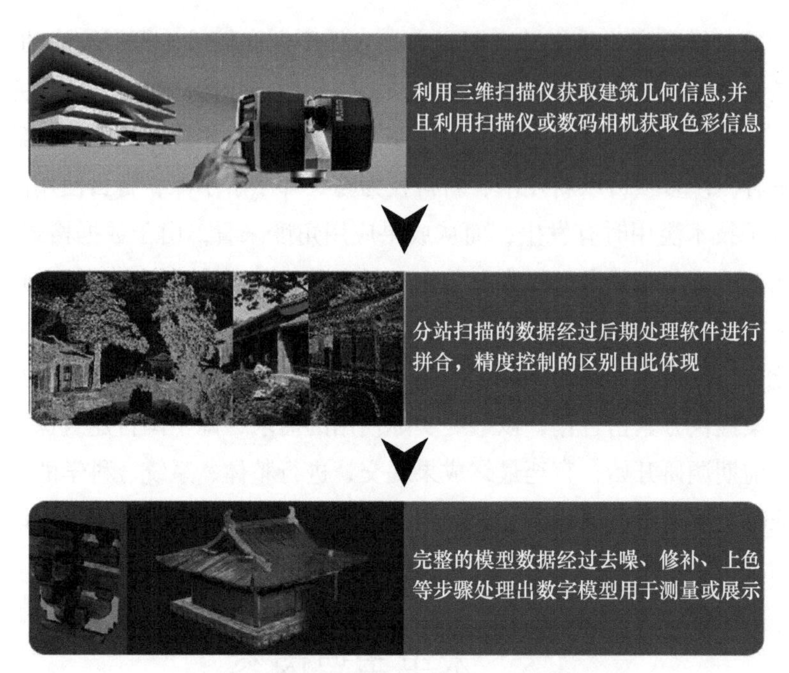

利用三维扫描仪获取建筑几何信息,并
且利用扫描仪或数码相机获取色彩信息
分站扫描的数据经过后期处理软件进行
拼合，精度控制的区别由此体现
完整的模型数据经过去噪、修补、上色
等步骤处理出数字模型用于测量或展示

图 1-8 现阶段三维数字化采集应用主要流程

变化及数据偏差，确定影响偏差产生的因素及变化曲线，以及在实际操作中可以减小误差的手段。

其次，根据文物建筑修缮及保护需求及《古建筑制图标准》，研究以最终需求为导向的适宜精度范围及对应的图纸关系，并根据传统制图及出图比例标准，研究以图纸需求为参考的点云精度标准。

然后，根据点云精度标准及出图标准，对控制网的布设及三维扫描仪的详细布站进行优化，梳理归纳满足需求的适宜精度所对应的布站范围及布站策略。

最后，根据量化的布站要求和点云密度，设计用于提高现场测绘速度和精准度的扫描速查表，并在实际项目中评估其对于现场采集流程起到的作用及对效率的改善。

（2）针对中国古代建筑的数据拼接研究。

由于现阶段点云数据受制于激光信号接收器对于时间判断的微小误差，点云本身是一系列在一定误差范围内的随机点位集合，因此点云数据本身应具有一定的“测不准”特性，且难以通过自动拼接算法解决大尺度、院落级的多站拼接、平差问题。因此，本书将从测量点云数据需求、数据 remesh 重构再测量两个应用方式为出发点，分别探索点云测量精度及经过抽析、简化处理后的精度变化，并以古建筑保护修缮为需求，探索点云数据抽析、简化、拼接的适宜精度。结合实际项目，分别从点云正射图、逆向 remesh 重构模型角度出发，研究三维数据拼接的标准化流程。

（3）中国古建筑三维点云及模型数据压缩优化研究。

三维点云难以普及的原因之一是由于数据量巨大，存储和处理对软硬件的要求过高，二是由于格式种类众多，孰优孰劣缺少对比分析。在本书第 4 章中，将专门针对这个问题对现有原始点云数据格式（Raw Data）、硬件生产商专用格式及通用点云格式进行研究，以及由点云进行逆向 remesh 重构产生的网格多边形的不同格式进行适用性探索。同时，还针对几种现有根据不同算法进行压缩的数据占用空间量、加载时间及环境要求对比，研究在古建保护修缮流程中最适宜的点云压缩格式。最后，提出一种利用降维法对数据进行压缩的新思路，并对压缩后的数据精度进行验证。

（4）以中国古建筑保护修缮为需求三维采集工程图研究。

鉴于传统三视图在保护修缮工程中的重要作用和普及程度，本章在 CAD 三视图转化上进行了一定方法的探索性研究。面对这一国际性难题，本书从辅助 CAD 绘制为出发点，探讨了二维转化和三维转化的方式与结果，并通过截面线辅助建模、点云切片辅助建模、特征拟合辅助建模、关键点辅助建模来尝试解决或部分解决三视图转化问题，并将几种方式的可行性和可能遇到的技术壁垒进行总结归纳。

第2章 三维激光扫描古建筑采集精度研究

2.1 引 言

三维扫描是集光、机、电和计算机技术于一体的高新技术，主要用于对物体空间外形和结构及色彩进行扫描，以获得物体表面的空间坐标信息。与传统三维信息获取技术相比，它具有非接触、速度快、精度高等各种优点。有人称，三维激光扫描技术是继GPS技术依赖在空间数据获取领域的又一次技术革命。这项技术之所以能够获得如此评价的重要原因在于能够快速准确地将实物空间信息转换为计算机能够处理识别的数字信息，并能够充分反映被测客体的实时、真实准确的形态，为实物数字化测量研究提供前所未有方便快捷的手段。而实时、真实、准确地获得表面几何信息的优点和非接触的独特优势，正好满足中国古建筑资料信息获取与保存的测量需求。

测量对于中国古建筑保护及修缮意义重大：由于中国古建筑数量庞大而分布极广，许多古代建筑是在当地工匠的指导和设计下修葺而成，与规制严格的官式建筑无论从形制结构还是在材料装饰上都有颇多不同，具有珍贵的研究价值；但中国传统的施工设计技法就与现在国内沿袭自西方的建筑设计施工流程大相径庭，记录资料的方法、内容和关注点也几乎完全不同，再加上一部分历史原因，流传至今的古建筑资料凤毛麟角。在这些资料里，图纸资料尤为不足，但图纸却是用于指导修缮或复建的重要依据，一旦建筑物发生缺失甚至损毁，现有的图纸资料完全不足以反映古建筑的完整信息。因此，在古建筑尚且完好的阶段尽快准确、完整地绘制现状工程图纸，记录现状资料，对古建筑未来的保护和修缮都有重要的意义。

传统的测量方法利用全站仪、直尺、皮尺等测量工具由人工测取关键节点数据，并根据斗口模数[34]依照法式绘图规则绘制而成，从测量到制图都具有相对完整且严密科学的流程及标准[35]。然而三维扫描技术自2004年故宫利用三维激光扫描技术开始测绘以来，虽然也已涉及古建筑测量多年，且已有许多古建筑利用三维激光采集技术进行了数据的采集，可是直到现在依然缺乏在整体上具有能应用到古建保护修缮中的技术和方法。

现阶段东西方建筑遗产激光采集记录，其传统做法是通过高精度的单站扫描，然后利用标靶、标靶球[36]、特征点[37]等技术进行拼接，最后对拼接出来的整体数据进行抽析、压缩、重构、出图等工作。但是白成军[27]教授早在 2007 年的论文里就指出，“在古建筑测绘中，应客观分析古建筑的内部规律性，以此确定外业测量所采用的适宜精度”。而何为“适宜精度”应当以古建筑保护和修缮的需求为出发点，进行更为深入的研究。

三维扫描技术本身是一种简单到一个按钮就可以完成 360° 的完整扫描的技术，但是对于一个具有多角度、多站位、多材质属性的完整建筑整体，甚至大规模的院落，想要保证采集的完整性和原真性，却需要大量的调查、研究及实践工作。在本章中，将从最终保护修缮需求出发，结合项目实践，以三维激光采集流程为主线，针对古建筑激光三维信息采集技术，从“适宜精度”的采集与设置、大规模采集的控制网布设、采集所需要涉及的仪器选型入手，把中国古代建筑完整性和原真性采集作为标准来对古建筑三维扫描采集标准进行研究。

2.2　三维扫描采集的原理

三维扫描技术虽然起始较晚，但是其测距原理早已产生，且应用于如激光测距仪、近景摄影测量等领域。早期三维扫描仪多为接触式，对于空间坐标的定位主要来自于机械臂关节的记录数据进行逆运算，但非接触式扫描仪与其原理完全不同，根据不同的分类有不同的测距原理。

三维扫描仪的分类在国际上现在依然有一定争议，主流的分类原则有两种：一种是将扫描仪分为手持式和站式，另一种是通过原理分成飞时测距类［也叫作时差测距类（Time of Flight-TOF）］和结构光类（Structured Light）①,由于飞时测

① 其实还有几种不同原理的三维扫描成像技术，如三角测距、轮廓重构、立体视觉、色度成形等，但由于相关产品有的现在濒临淘汰，有的被合并入结构光等扫描仪作为精度提升的手段，在本书针对古建筑的保护修缮应用中，已经很难见到单独基于以上几项技术的扫描产品，故不加阐述。

距和结构光的数据处理流程不同，本书采用这种原理分类法。飞时类又常常被分为空中激光扫描（ALS-airborne laser scanning）及地面激光扫描（TLS-terrestrial laser scanning）[8]。两者的主要区别除了运载方式外，还有激光功率的大小和扫描头的行动方式的不同（图 2-1）。

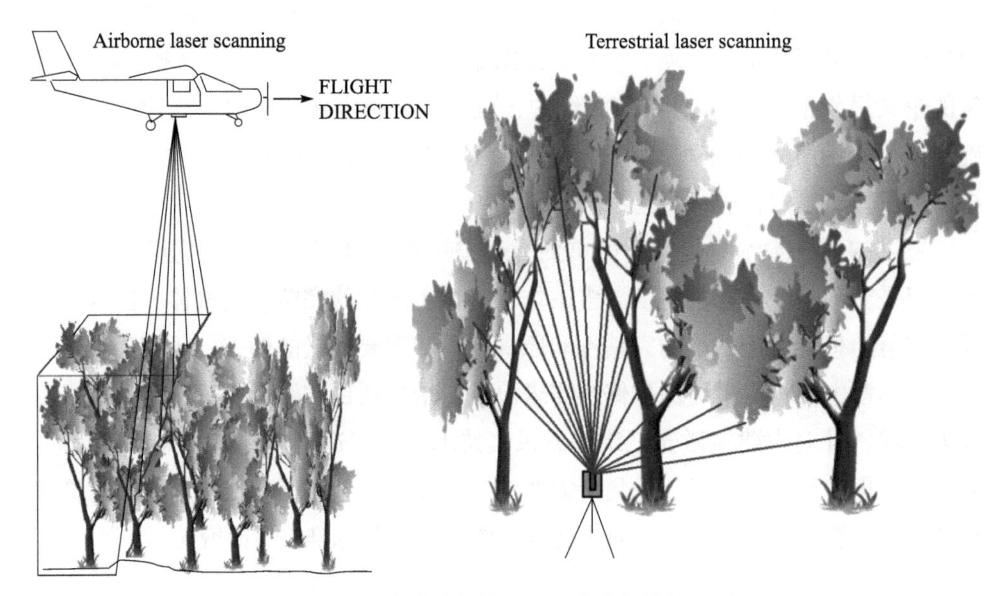

图 2-1　空中激光扫描和地面激光扫描的区别

2.2.1　TOF飞时测距类激光扫描原理

在建筑保护规划领域，TLS 地面激光扫描仪是最常用于建筑[38]与城市设计领域的扫描仪。TLS 依照时差测距原理进行测量，根据测距方式的不同，还分为脉冲式激光（Pulse-based）扫描仪及相位式激光（Phase-based）扫描仪[39]。

脉冲式激光扫描仪（如图 2-2）简单来说就是光速是恒定的 299792458 米 / 秒，设光速为 c，当激光从发射器发射出去之后接触到物体反射回来会有一个时间差 Δt，通过测定这个时间差就可以利用公式（2-1）求出发射器到目标点的距离 S：

$$S=\frac{c}{2}\times\Delta t \tag{2-1}$$

由公式可以看出，影响距离精度的因素有 c 和 Δt，其中 c 为恒定数值，会受到大气折射率的微小影响，Δt 的测量方式现在也有不错的准确度。脉冲式三维扫描仪的最大优势就是测距较远，如瑞格（RIEGL）公司的拳头产品 VZ 系列，

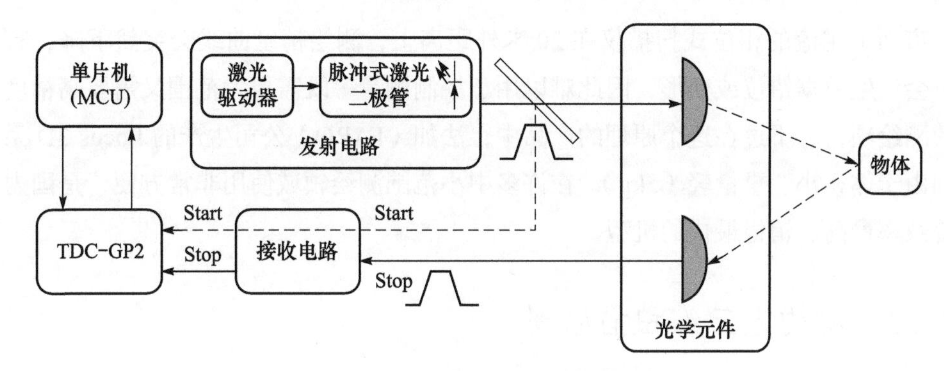

图 2-2　脉冲式激光测距原理

现在已经推出到 VZ6000，即测绘距离可达 6000 米，但和相位扫描仪相比，测量精度较低，通常用于地形、规划、矿山等大型区域测量。但是随着近几年技术的发展，如 RIEGL VZ-400i、Trimble TX8 等机型已经将 10 米处单点点位中精度控制在了 5mm 以内，开始逐渐有替代相位扫描仪的趋势。

相位式激光扫描仪则是利用无线电波段频率对激光束进行幅度调整，然后通过测定调制光信号在北侧距离上往返传播所产生的相位差，间接测定往返时间，然后算出被测距离（如图 2-3）。当我们设定光速为 c，往返传播产生的相位差为准，脉冲频率为 f，则测距 S 为：

$$S=\frac{c}{2}\times\phi/2\pi f \tag{2-2}$$

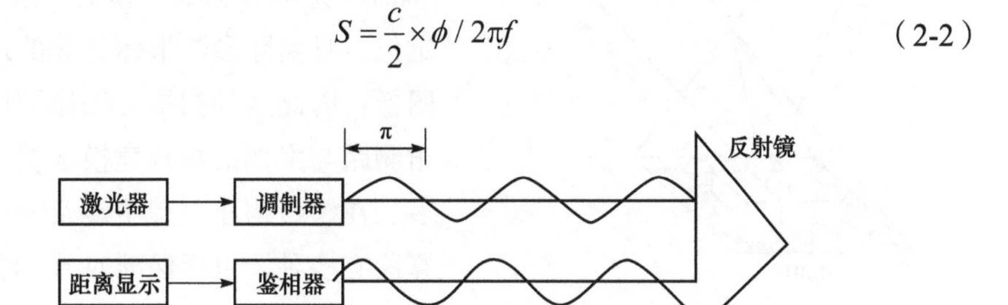

图 2-3　相位式激光测距原理

这种测距方式是间接测距方式，通过相位差测得目标距离。两种扫描仪的测距方式不同，最终的应用领域也有所区别。

相位式激光扫描仪的测绘精度相对较高，普遍 10 米处单点点位中精度可高于 4mm，适合中小体量建筑、土木工程及文物遗产测量，但是他的测绘距离较短，通常信号衰减很快，测绘半径无法超过 70 米。而且，经过我们的测试，发现市面上主流的相位式扫描仪在20米外距离上，测绘精度曲线会突然下降，有时会产生数据错位或变形，因此难以用于控制测量等既需要大范围又需要高精度的测绘项目。不过在这个原理的产品中，法如（FARO）公司生产的Focus 3D系列由于体积小、重量轻（5kg），在许多中小范围测绘领域使用非常方便，是国内普及率最高、销售最快的机型。

2.2.2 结构光三维扫描原理

除了TOF飞时类的三维扫描仪，还有一类扫描仪是依据结构光原理获取空间信息的，虽然这种扫描技术在本书中并无涉及，但由于其直接成网格模型，且精度超高，在实际建筑遗产三维采集中时常被用来采集小形体复杂结构的几何信息，且数据压缩时，利用结构光产生的网格模型也是需要压缩才能使用，因此在这里简单提及一下。结构光扫描是基于三角测距原理而计算空间关系的，扫描仪通常会配备一台投影装置，并通过投影装置向被测物体投射一系列特殊光栅，然后利用固定角度的两台数码相机获取图像，最后依据视差，计算出空间信息（图2-4）。由于焦距、镜头、角度均为固定值，且实际参与形体计算的仅有光栅图像，因此这种扫描方法比同样利用三角测距与案例的相片建模法精度高出许多。在模型构建过程中涉及的相位展开算法有多种，包括保准N步相移法、等间距满周期法、N帧平均算法等，在此就不展开说明。

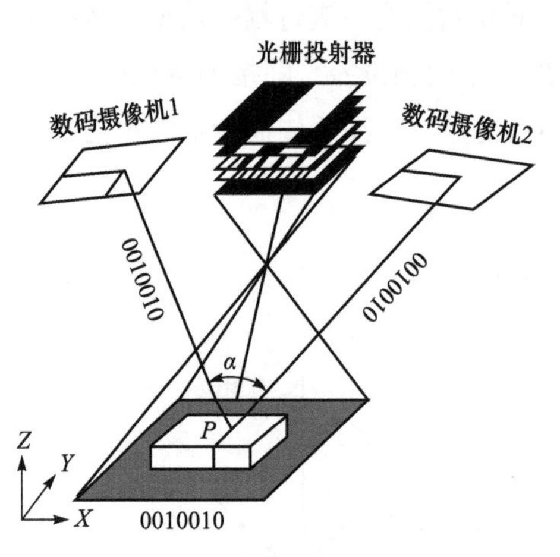

图2-4 结构光测量原理

结构光扫描仪的最大优势就是极高的分辨率和测绘精度，以博尔科曼（Breuckmann）公司的smartSCAN系列为代表（图2-5），即使使用最大视场M-700（模型分辨率最低的镜头，因为视场越大，单次扫描面积越大，但像素不变），*x*、*y*横纵分辨率也达到了345微米（μm），*z*轴纵向分辨率可达13微米（μm），噪音控制在±20微米（μm），特征精度可达到±56微米（μm）。这种级别的精度所带来的是巨大的数据量，因此结构光扫描并不适合建筑体量的三维数

图 2-5　利用结构光扫描仪对北海公园石碑石刻进行采集

据采集，而更多的应用在小型浮雕、小型文物、石碑石刻等小体积、高细节的三维数据获取与量测上。

总体来说，三维扫描仪根据原理的不同和采集方式的不同，最常见的就是激光扫描仪和结构光扫描仪，二者采集的数据和适用范围均不相同。激光扫描仪产生的是以大量带有坐标信息的点构成的点云数据，而结构光扫描仪则多数直接将数据通过 remesh 重构而生成多边形网格模型。对于建筑来说，其体量多在 2～10 米，用结构光扫描显然扫描范围过小，数据量过大，因此从古建筑保护与修缮的需求来讲，本书主要进行研究的是基于飞时（TOF）测距类的三维激光扫描仪。

2.3　影响三维采集精度的因素

三维扫描仪从诞生之日开始，对于精度的讨论就没有停止过，毕竟这是一项最先出现在测绘领域的新技术。随着十几年的发展，各种研究的出现，对于三维扫描的精度认识也越来越深入。但是一项数字技术，其发展方向总要经历几个特定的发展阶段（图 2-6），基本方向也是从专业→普及→市场细分的路线发展。

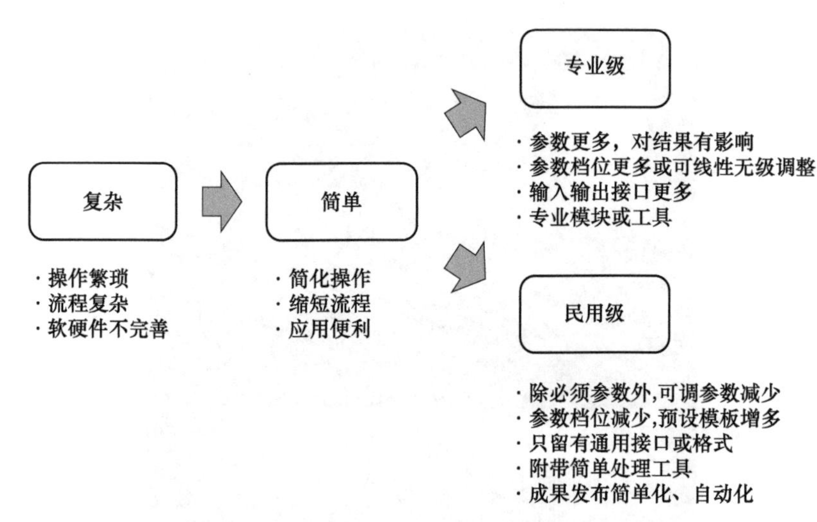

图 2-6 数字技术产品发展方向及特点

现阶段从宏观上来看，三维激光扫描仪正在经历技术及产品普及的阶段，并向专业及民用两个方向发展，因此其具有普及阶段的特点，即：大部分主流三维扫描仪已完成了全自动化处理的过渡。在传统测量中，许多需要人工爬梯上梁、描尺划线、校准平差的重复性劳动已在三维扫描流程中被 GPS、惯导、自动前后视、自动扫描标靶等多种全自动功能所替代，并且所有的三维激光扫描仪都设置了一键扫描功能，使得外业操作简单到一个按钮就可以完成 360°高精度扫描。

经过十几年的技术发展，三维扫描硬件生产商的竞争越来越激烈，新型号仪器的推出总是以便利性和傻瓜性作为卖点，操作越来越方便。2015 年，RIEGL 和 FARO 公司都推出了与新机型配套的收费软件，可以做到一键扫描、一键处理，扫描人员想要达到基本合格的培训流程越来越短。在 2009 年时，一个三维扫描仪经销商如果想要培训一名合格的技术销售需要一本厚约 50 页的培训手册，不少于 32 小时的实际操作以及两个月师傅带徒弟模式的点对点培训；而 2016 年，一名可以基本解决扫描相关问题的销售只需要一周理论 + 实践培训课程就可以正式上岗了。所以说，想要对古建筑进行三维数字化采集，非常简单。

然而，现阶段越是傻瓜化、简单化的使用方式，其实在实际工程中对于深入研究的需求就越强烈。就像傻瓜卡片相机与单反相机的关系，越是简单全自动化的操作流程，想要做好做精就越难，研究人员必须对其中的原理、优劣势、影响要素了如指掌才能够进行优化和改进。作为三维采集来说，过快的更新换代和硬件销售压力致使许多从业人员也不不了解三维扫描仪更详细的具体技术问题，更别提购买仪器进行研究的古建筑保护修缮人员了。因此，在没有多少技术问题能够咨询解决，也没有多少实际项目经验可以参考交流的当前状况下，研究人员需要寻找适合中国古建筑特点的三维采集方案，尤其在尺寸巨大、环境复杂的院落级别项目中，如何做到三维数据至少达到 80% 的覆盖率，且数据没有无意义重复、不做无效采集，且采集精度满足适用不滥用的标准，就需要对从基础调研开始，对每一步的采集、优化、成果应用及古建筑保护修缮环节都要深入了解，并寻找优化的方向和突破点。从前期三维扫描采集来看，则需要对软硬件进行深入研究，了解点云的形成原理和方式，通过实验对影响数据的各种因素进行比对及整理。

从 TOF 飞时测距三维扫描仪的原理来看，理论上影响三维激光采集数据精度的只有两个因素，一为影响因素小到几乎可以忽略不计的大气折射（雾霾等严重影响光线传播的气候条件影响很大，不建议扫描）因素；二为计算时间的 Δt 获取精度。然而对于最终精度，由于技术封锁[①]，我们并不能直接通过仪器本身对精度进行衡量和判定，对于其精度的判定只能通过对点云数据进行测量分析。

2.3.1　正确认识三维扫描的“精度”

点云的精度则与我们常规测量所说的精度概念不同。由于点云是利用海量点组成形体来表达信息的，因此在点云世界中，并不存在所谓的绝对关键点，而是一片点的集合。如图 2-7，如果我们要量取台阶的长度，就会发现我们无法确定哪个点才是所谓的精确的“关键角点”。因此在对点云的实际测量中，必须要像实际测量读数一样，进行多次，甚至多人测量，再取平均值。所不同的是，在利用传统工具进行测量时，即使是一张拍摄了测量尺寸的照片，由于测具精度的限制，不同的人依旧会有不同估读，而在点云测量中，每一个点都有绝对的坐标值，点中同一个点获取的值绝对是相同的，只是每一个人对于关键点的选择不完全一样，才会产生读数误差。

---

① 直到现在，三维扫描仪生产厂商还依然对外实行着严密的技术封锁，一旦三维扫描仪在硬件层面发生失焦、数据畸变或其他问题，就必须寄回原厂，花费数十日甚至数月进行调教维修，哪怕是进行例行精度检查，都无法通过国内代理商进行，也必须邮寄三维扫描仪回原厂。

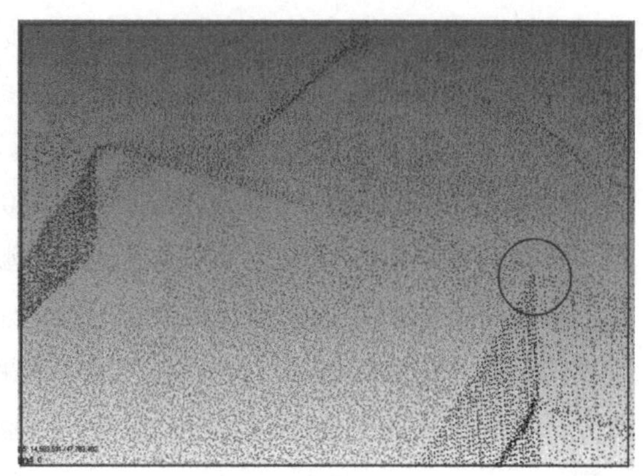

图 2-7　在点云中，寻找“绝对角点”是不可能的

因此，虽然三维激光扫描技术发源于测绘领域，并且其基本原理也与激光测距仪、全站仪的基本原理相同，但点云数据，或者说是三维激光扫描仪的精度与我们常规认识中的判断激光测距的单点精度并不相同。而采取同样的技术名词形容三维激光扫描的这项重要参数，通常会给传统行业的研究人员带来困扰和误解。

从另一个角度来理解，全站仪将对于关键点和角点的选择权交给了操作人员本身，并通过目镜的放大倍率和准星来辅助寻找更接近关键位置的点，而三维扫描仪则是通过一定的密度获取所有它能获取的点，并将选择角点的人工工作从测量前放到了测量后。厂商所宣传的“精度”指的是每一个点和真实世界点之间的偏差范围，而我们需要的“精度”，是实际测量后的测距和实际测距的偏差范围。

“精度”是测距差，而不是点位差，对于整体认识三维扫描精度至关重要，这会让我们关注的方向从厂商标注的“精度”值回归到测量本身与尺寸本身，并且也让我们知道，即使计算机坚定不移地通过测量计算告诉我们了两点之间精确至小数点后数位的数值，这个数值依然是不准的。虽然计算机本身可以记录海量的数据，并可以给出非常准确的数值，但当存储信息量大到接近真实世界的信息量时，就会出现与现实测绘非常相似的问题，即人工测量误差，而想要解决这个问题，最好的办法就是借鉴真实测绘的经验，遵从真实测绘的相应标准。

在点云数据中，还有一个与精度有关且应予以重视的关键数据——点云厚度。所谓点云厚度，是指在扫描过一个规则面后，在点云数据中呈现的，并不是绝对的平面，而是如图 2-8，为一片具有厚度的点云集合[27]。点云厚度的产生与许多因素有关，如单点的测量及定位差、材质表面的反光程度、扫描距离引起的

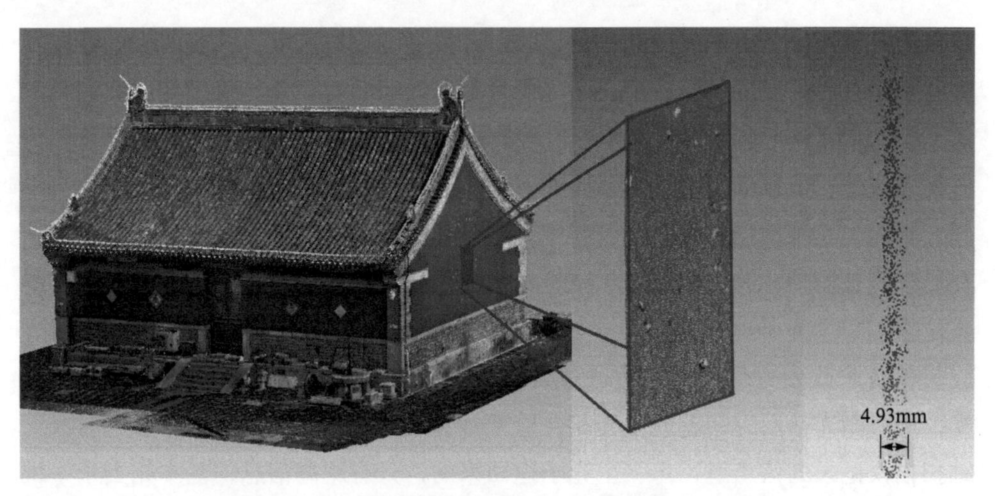

图 2-8　点云数据中的点云厚度，普遍在 4～9mm 之间

光斑直径变化、点云数据转换及抽析算法等，甚至包括扫描时的气压、潮湿度及温度等。但简单来说，产生点云厚度的主要原因是深度信息的转化无法做到非常精准而产生的，以现有的三维扫描仪软硬件条件来看，虽然点云厚度各有不同，但普遍主流机型所获取的点云厚度在 4～9mm 之间。

由于点云厚度的存在且短期内无法通过硬件手段解决，因此对于原始点云数据来说，小于点云厚度的数据都应该视为不可靠的，需要通过多次测量的估读和平均计算才能确定最终距离数据。同时，由于点云的厚度是由仪器测量误差所产生，同一台仪器在不同入射角、扫描距离所产生的厚度变化，就可以从很大程度上反映三维扫描仪在数据获取时精度的变化。

2.3.2　三维扫描误差产生原因分析

三维激光扫描采集对精度的第一个直观影响因素就是扫描距离。在扫描仪的参数列表里，一般最重要的参数里，最靠前的就是最小测量距离和最大测量距离。最小测量距离的出现是受限于测量 Δt 的测时单元，而最大测量距离测受限于激光功率、光斑扩散系数，及激光接收装置的灵敏度和准确度。通过点云厚度的变化，我们可以判断扫描距离对精度的影响。

从直观角度来看，即使激光具有极强的定向性和收拢性，其总体趋势也是逐步扩散的，当激光照射到被测表面时，会形成激光光斑，通过被测物的漫反射，一部分光子被接收器接受，在三维扫描仪里被记录为一个点的坐标。但三维扫描仪在记录数据时，由于庞大的信息接收量和极高的收集速度，其获取到的数据其实并不是真实的位置坐标，而只是光子发射与返回的时间差。要想变成我们熟悉的 *xyz* 三轴笛卡儿坐标，则需要一次转换过程。这样记录信息的原因主要是因为方便、快捷、信息量小，具体解析如下：

首先，三维扫描仪在扫描过程中，记录的数据其实很简单，并非是每个光子在照射到被测物时返回的空间三维坐标，而是扫描的分辨率设置、起始位置、终止位置和每个光子返回的时间。如图 2-9，三维扫描仪在进行扫描时，一边通过旋转机身来改变方位角，一边通过旋转反射镜改变仰角，并不断发出和接收激光，通过激光返回时间差或激光相位差来计算距离信息。也就是说，在这时候三维扫描仪记录的信息里，每一个光子返回来的，只有距离信息，基本相当于一维信息。

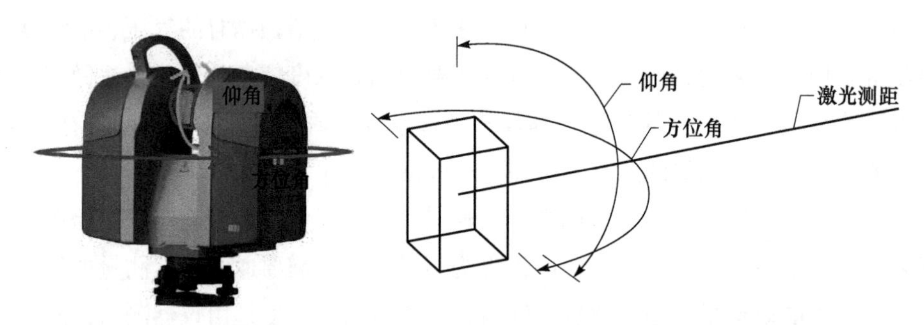

图 2-9 在三维激光扫描中，真正通过激光记录的数据仅有距离信息

但是，仪器同时记录了扫描分辨率与起始点，如我们在 30° 至 60° 的区间，用 *X*=2500、*Y*=2500 的分辨率档位进行了扫描，那么每一个点记录的信息就是（2500/360+30[①]，2500/300[①]，*S*[②]），直到方位角旋转至 60° 停止。然而经过这样的记录生成的并非我们常见的三维空间点云，而是一张平面全景图（如图 2-10）。图纸的每一个像素记录的是点位返回来的深度信息，而横纵轴信息由扫描仪分辨率设置得到的数据计算出来。这样，扫描仪在记录数据的时候只需要记录下扫描选择的分辨率、扫描范围，以及每一个激光点的距离信息，远比点云格式记录下来的信息少，这样就可以满足高速采集的需求。

① 许多扫描仪在 *y* 轴无法做到 360° 扫描，经常只有 300° 扫描区域，因此三维扫描仪记录的数据含有死角。这部分内容将在后续章节详细阐述。

② 通过激光返回时间计算的距离 $S=\frac{c}{2}\times\Delta t$。

图 2-10 潭柘寺三维激光反射率全景图

之所以采用这样的方式记录点云，是因为这种方式记录的数据最少，且方便有效，其获取难度远远小于直接获取空间三维信息。现代三维扫描仪的采集速度越来越快，大量的信息必须采用这种记录方式才能被瞬间采集，而这种数据想要变成笛卡儿坐标的点云数据，就需要进一步转换。

如图 2-11，在转换计算中，我们假设目标点 P 与扫描仪的距离 S，控制编码器同步测量每个激光脉冲横向扫描角度观测值 α（方位角）和纵向扫描角度观测值 β（仰角）。通过三角函数转换，原本记录在一张全景图上的每一个灰度像素就变为了拥有三个坐标值（X_P，Y_P，Z_P）的笛卡儿坐标[40]，而大量拥有三轴坐标的点的集合就组成了点云数据[41]。一栋建筑的形状尺寸就是由这样数以千万甚至以亿计的带有坐标信息的点组成的。

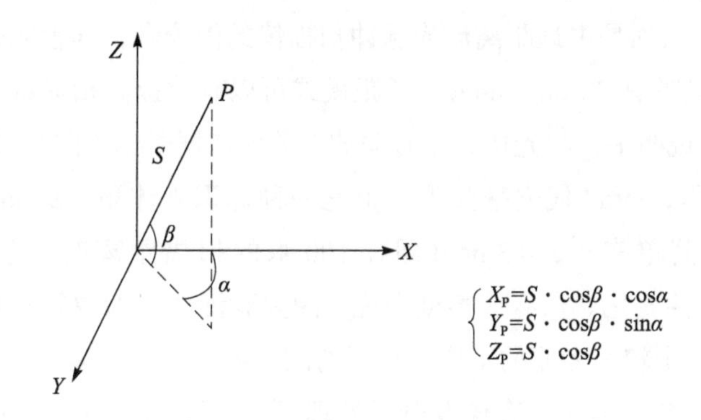

图 2-11 点云坐标的产生原理

由上可知，当扫描距离、入射角以及天气等因素的综合影响下，假设一束激光打到被测物体上产生了一个直径 r=10mm 的光斑（通常为 30 米左右垂直入射条件下），则在 3.1415 × 25=78.54mm² 的整个面积内，都有可能产生漫反射返回接收器的光信号，再经过大气的折射，由此产生随机的误差是几乎不可避免的。

但是由于激光信号太远会衰减至无法接收，相对于光速，大气的衰减和折射影响因素也较小，因此，精度的偏差也不会无限增大，而是被限制在一个范围内。这就是点云厚度产生的主要原因及三维扫描产生误差的主要因素。

2.4 扫描距离与入射角对精度的影响

理解了误差产生的原因，就可以知道，在天气条件较为良好，温湿度变化不大的情况下，激光光斑直径的大小是影响最终精度的主要因素，因此，通过现场的直观观察，也可以大致了解扫描距离、入射角对于精度的影响。即凡是会导致光斑变大的因素，都会降低最终采集数据的精度。

为了验证这一推断，我们需要测试会增大激光光斑的几种可控情形：增大扫描距离或改变扫描入射角。首先，从扫描距离测试来说，一束激光从发射器发射出来并通过漫反射表面返回激光收集器，激光束必须具有一定的强度和光通量，否则就会被大气散射折射造成信号快速衰减而无法捕获物体表面信息。因此即使激光三维扫描技术飞速发展了十几年，考虑到地面激光照射人眼的危害与风险，现在主流的三维激光扫描仪已全部使用安全的激光等级[42]，其光斑大小一直变化不大。由于激光依然具有一定的发散性，在扫描距离与光斑大小的关系研究中，我们选择了扫描距离较远，精度较高的 RIEGL VZ1000 型脉冲扫描仪进行测试。RIEGL VZ 系列是中远距离激光脉冲扫描仪的佼佼者，其参数列表专业，可调范围大，并且带有“Long range”长距模式可以有效提高扫描数据的精度。在 VZ1000 的参数说明中，与光斑大小有关的参数如红框所标（图 2-12）。

在参数表里，mrad 代表毫弧度，也是一种标识立体角（Solid Angle）的单位[43][44][45]，简单来讲，0.3mrad 即在 100 米的扫描距离时，激光半径约为 30mm，且为线性变化。从专业角度来说，想要验证这个参数并不是很容易：激光光斑测量是一个较为专业的工作，正规的测量需要图像采集卡、摄像机、计算机对光斑进行采集、显示、存储及分析处理[46]。但是在这个研究中，我们并不需要非常精确的数值，只要确定线性变化与参数表没有太大变化即可。因此在测试中，采用了相对简单的办法，即在固定距离拍摄数码相片，通过移动扫描仪的距离，对照片进行粗略测量，得到的光斑理论与实测值对比。我们利用全站仪和激光测距仪将扫描仪以步进 10 米为一个测点，对光斑大小进行拍照测量，数据如下表（表 2-1）：

物理参数

温度范围：0℃ ~ 40℃（使用）；-10℃ ~ 50℃（存放）
保护等级：IP64，防尘，防雨水
重量：9.8 KG

Range Performance[1]

Laser PRR (Peak)[2]	70 kHz	100 kHz	150 kHz	300 kHz
Effective Measurement Rate[2]	29 000 meas./sec.	42 000 meas./sec.	62 000 meas./sec.	122 000 meas./sec.
Max. Measurement Range[3] for natural targets ρ ≥ 90% for natural targets ρ ≥ 20%	 1200 m 560 m	 1000 m 470 m	 800 m 380 m	 450 m[4] 270 m
Max. Number of Targets per Pulse	practically unlimited[5]			
Accuracy[6][8]	8 mm			
Precision[7][8]	5 mm			

Minimum Range　1.5 m
Laser Wavelength　near infrared
Beam Divergence[9]　0.3 mrad

1) with online waveform processing
2) rounded values, selectable by measurement program
3) Typical values for average conditions. Maximum range is specified for flat targets with size in excess of the laser beam diameter, perpendicular angle of incidence, and for atmospheric visibility of 23 km. In bright sunlight, the max. range is shorter than under an overcast sky.
4) limited by PRR
5) details on request
6) Accuracy is the degree of conformity of a measured quantity to its actual (true) value.
7) Precision, also called reproducibility or repeatability, is the degree to which further measurements show the same result.
8) One sigma @ 100 m range under RIEGL test conditions.
9) 0.3 mrad correspond to 30 mm increase of beamwidth per 100 m of range.

图 2-12　RIEGL VZ1000 扫描仪激光离散度参数

表 2-1　激光光斑直径变化实测

扫描距离	10m	20m	30m	40m	50m	60m	70m	80m	90m	100m
理论光斑直径	3.0mm	6.0mm	9.0mm	12.0mm	15.0mm	18.0mm	21.0mm	24.0mm	27.0mm	30.0mm
实际光斑直径	2.8mm	5.3mm	8.9mm	12.2mm	14.7mm	18.4mm	21.8mm	23.6mm	28.1mm	31.2mm

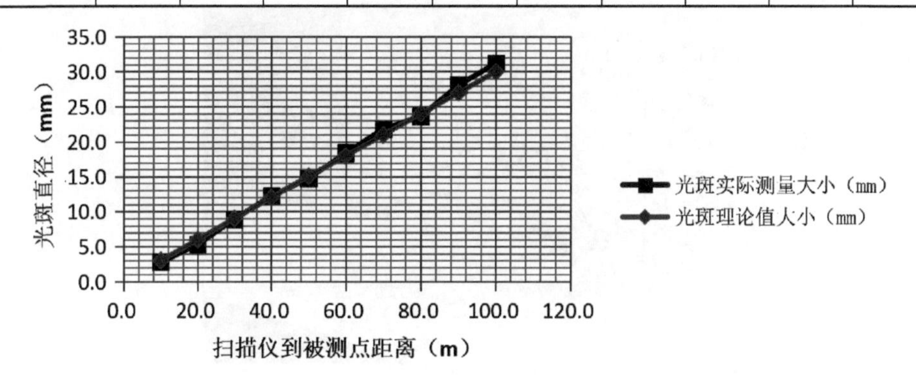

由表 2-1 可以看出，刨除简单测绘引起的各种可能误差，光斑直径变化基本为线性变化，符合厂家标识的变化曲线。

除了扫描距离，最直观的光斑变化来自于入射角变化。我们都知道，当一束光线倾斜射向墙壁时，墙上的光斑会由于角度的变化而产生的形状和尺寸的改变，入射角越平行于墙面，光斑越大；越垂直于墙面，光斑越小。如图 2-13，在激光扫描仪旋转扫描的过程中，由于入射角的变化，光斑大小产生了明显的变形。

(a)

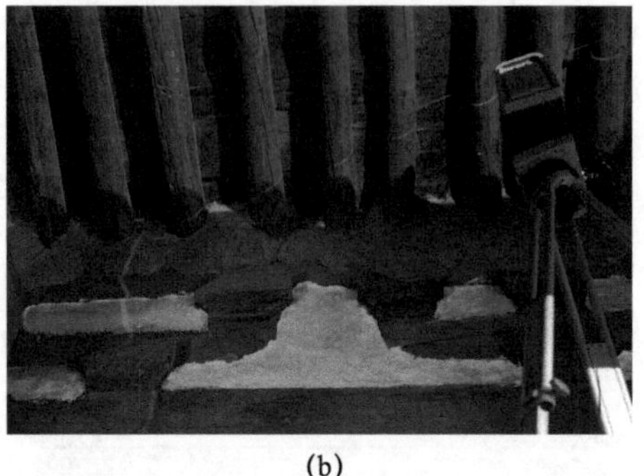
(b)

图 2-13 不同入射角下激光直径变化

由倾斜角造成的点云变化会由于点云厚度的因素出现波纹状形态，这种形态在原始点云的全景图状态下无法看出（在扫描仪内部，对于横纵分辨率的记录是平均而规律的），但当转换为笛卡儿坐标时，就可以明显发现波纹形态的存在。如图 2-14，当入射角接近 90°时（区域一），按照步进角进行扫描可以产生较为均匀的平行线分布，但当入射角越来越趋向于 0°，同样的步进角会产生逐渐增大的扫描间距，在墙面上的变化为点云变厚，而在地面或屋顶的变化就成为了同心圆的环状波纹。

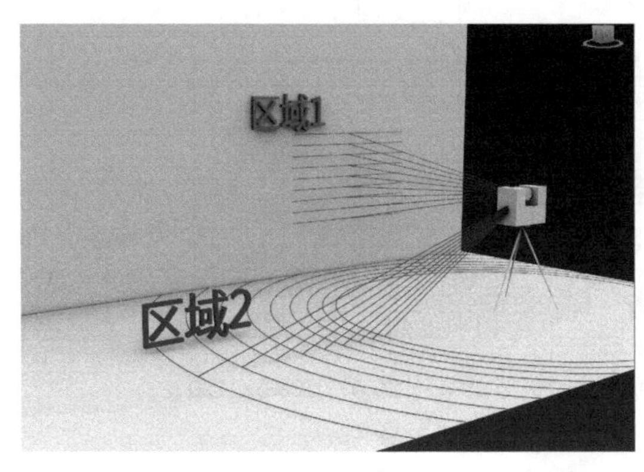

图 2-14 相同入射角产生不同点间隔，导致了波纹形态的产生

点云出现鱼鳞状排列的另外一个原因是点位在 Z 轴深度信息上的误差和随机性造成的，这些误差本来处于无序随机状态，并被限定在一个范围之内，但由于设备调校和所使用软件的不同，在经过处理转化时，根据不同软件的特征，会生成带有不同排序特征的点云，通过软件算法对点云数据的初始优化和筛选。不同的处理方式在结果上会产生不一样的效果。而许多解析算法都利用了最小二乘法

或回归方程，在无序状态进行有序梳理后，最终点云呈现出波的特性，当入射角垂直于墙面时，点云会出现厚度变化，但当入射角减小，甚至接近平行时，波峰和波谷之间出现波的干涉效应，呈现鱼鳞状（或波纹状）。因此，在实际进行三维采集时，我们应将设站布置在激光束尽量垂直于被测物体的方向。

不同厂商对于原始点云的解读也会造成最终结果的区别，以 Trimble FX 为例，对原始点云进行解析的软件为 Trimble 自主研发的 Realworks。经由 Realworks 软件抽析过的点云，在距离上统一缩进为 1.5mm，而方位角和仰角上的间距相对步进来说较小，所以点的分布在垂直和水平间距上更紧密，距离方向更稀疏，形成了垂直于激光入射方向的“波纹”[如图 2-15（a）]。而 LeicaCyclone 软件处理过的点云，有别于天宝 Realworks 的点云，其在距离方向上的步进远小于竖直间距，并且在距离方向上随机分布，竖直间距稀疏，水平和距离方向上紧密，所以形成了垂直于入射面、与激光入射方向相同水平分布的“波纹”[如图 2-15（b）]。

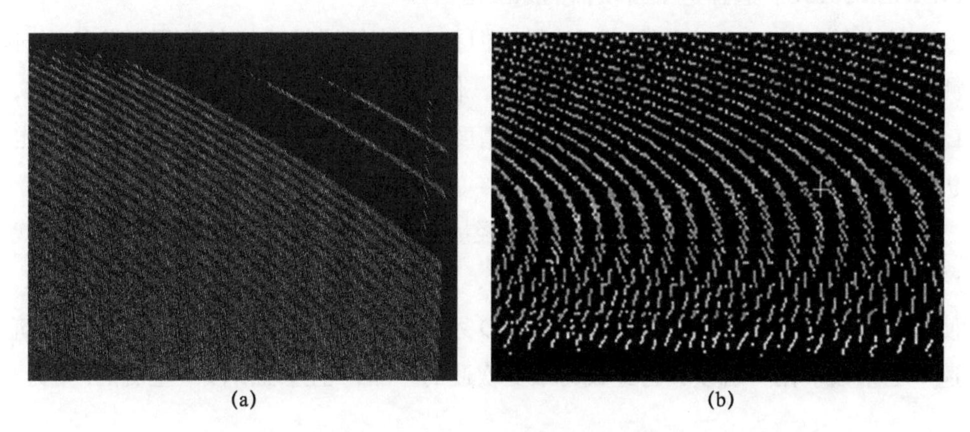

(a)　(b)

图 2-15　小于 45° 入射角点云的变化

由上述原理及实际数据可知，扫描距离、扫描入射角以及针对原始点云的不同解读方法都会对最终点云的精度造成影响，那么接下来，就要对影响的因素进行定量测量，整理在实际扫描时适合的扫描距离及入射角，尽量减小由于人为原因造成的点云精度损失。

2.5　三维扫描点云精度分析判定

在对点云精度会造成影响的因素中，有些因素如扫描距离、扫描档位的选择、扫描入射角的选择、站位的分布以及扫描环境（如大雾、风雪、炎热或严寒）是可以通过人为可控的，避免大雾风雪天气外出扫描，或选择适合的扫描距离及布站可以提高点云的质量；还有一些因素是研究人员不可控的，如厂商对于原始点云的解读方式，三维扫描的基本模式及扫描仪的最大和最小测量距离。因此，试验研究的目的，就是要在人为可控的因素中寻找最适宜的、最优化的操作流程和解决方案。对于三维激光扫描来说，主要实验内容就是判断入射角及扫描距离对于最终点云数据的影响。

2.5.1 实验仪器

本章实验采用了三台 TLS 地面激光扫描仪，分别为徕卡公司推出的 Leica HDS6000，法如公司推出的 FARO Focus3D 330，以及 Z+F 公司推出的 Z+F IMAGER 5010C。选择这三台仪器的原因是：

徕卡的 HDS6000① 虽然机型较早，但在 2009 年爆发式增长阶段，作为当时测绘领域的知名厂商，该机型销售良好，保有量大。直到现在，在许多项目中，Leica HDS6000 依然是主力机型，且其精度高于后出的 FARO Focus3D 系列，也仍然具有良好的使用价值。

FARO Focus3D 330② 是法如在推出轻量化的 Focus3D 系列后最为成熟的一代产品，其精度与 Focus3D × 30 区别不大，但测绘距离从 30 米增长到了 330 米，使其实用性大大增加，并且由于 Focus3D 系列低廉的售价和轻巧的外形，在建筑遗产三维数字化测绘领域已经成为最受欢迎的产品，也是现阶段最主流的产品。

---

① 徕卡公司的 LeicaHDS6000 其实就是 Z+F 5010，其点云原始数据格式都是 Z+F 专有的 zfs 格式。在三维扫描仪刚进入中国时，由于三维扫描仪生产厂商大多是新成立的公司，没有影响力，因此纷纷和传统测量领域的大厂合作贴牌销售。如 Trimble（著名 GPS 生产商）推出的 Trimble FX 的实际生产厂家是美国的 surphaser，而现在还在热销的 Trimble TX5 实际是 FARO Focus3D 120。

② 法如（FARO）Focus3D 30 是法如推出的第一代轻便型扫描仪，从 2010 年推出，直到 2016 年能做到 TLS 扫描仪重量控制在 5kg，体积缩小 70% 的，还仅有法如一家。而且后续推出的 FARO Focus3D 330 的精度问题已经得到了不小的改善。且 Focus3D 系列的售价为其他 TLS 扫描仪的半价以下，所以其精度较低是可以理解的，对于外业扫描来说，小型轻便的优势可以布置更多的站点，弥补中远距离扫描精度的损失，所以法如的 Focus 系列是现在销售量最高的 TLS 扫描仪。

Z+F IMAGER 5010C[①] 是 Z+F 经典的 5010 系列中最为成熟的一个产品型号，其精度、色彩以及对于数据的处理和控制已经相当完善和成熟。配套的处理平台也与专业 CAD 等衔接良好，并且 Z+F 系列的更新速度较慢，但产品较为专业成熟，是对建筑进行三维测量采集来说较为适合的扫描仪。

2.5.2　实验过程

在本测试中需要解决的问题有三个，分别是：激光扫描仪距离测量误差实验、激光扫描仪角度测量误差实验及激光扫描仪精度设置误差试验，实施方法为：

激光扫描仪的距离测量误差实验：在建筑物上设置标准点，利用已选备测的三种扫描仪对建筑进行测量，通过调整扫描仪与测量建筑之间的距离，以 2m 为步进单位，检验标准点的点云数据与实测数据的误差，以确定各种类型扫描仪的最佳测量距离。

激光扫描仪的角度测量误差实验：在建筑物上设置标准点，利用已选备测的三种扫描仪对建筑进行测量，通过调整扫描仪与测量建筑之间的角度，5°为步进角度，检验标准点的点云数据与实测数据的误差，以确定各种类型扫描仪的最佳测量角度。

激光扫描仪的精度设置误差实验：利用备测的三台扫描仪对建筑进行测量，检验标准点的点云数据与实测数据的误差，以确定各种类型扫描仪的精度设置特点。

实验选择了北京工业大学旁的一处关王庙古建筑作为被测体，并将 6 组标靶设置在关王庙南立面。标靶纸分上下两张，每张上绘制直径 R=140mm 的标准黑白圆形标靶（如图 2-16），并牢固粘贴于建筑物立面之上。两张标靶纸的圆心利用铅锤使其圆心保持垂直，而后利用全站仪、直尺等常规测量手段测量圆心距离，之后利用 Leica HDS6000、FARO Focus3D 330 和 Z+F IMAGER 5010C 三台激光扫描仪对建筑物在标定位置进行扫描，并比较数据误差。

---

① Z+F 5010 于 2010 年 10 月发布后一直没有对型号进行重大升级，仅在 5010 后加入字母表示系列的区别，2012 年推出 5010c 主要改进了内部相机的成像质量，2015 年推出的 5010X 则加入了陀螺仪、惯导、电力罗盘、GPS 等有利于自动拼接的功能。由于其超前的扫描精度优势和德国严谨的制造工艺，可以说，不考虑全站扫描仪的话（扫描效率、扫描区域和使用领域完全不同），Z+F 5010 系列是现在扫描仪市场上 200 米内三维数据采集精度最高的三维扫描仪。

图 2-16 标靶纸设置方式

扫描站的布置由全站仪、软尺及激光测距仪测定，使其逐步改变扫描入射距离及入射角，每站位置均利用激光或仪器对中调平，并严格设置仪器高度，保证三维扫描仪坐标位置准确。最后，在扫描档位上，选取常规工作常用测站档位，即 5～10 分钟 / 站档位①，对建筑物进行扫描。如图 2-17 示意，在标定位置用三维扫描仪获取数据，再利用全站仪数据进行对比。

首先，在 90° 入射角，5m 扫描距离处，通过测试及距离比对结果如表 2-2，我们发现扫描仪在单站数据的获取上，精度较高。由于前文提到的点云厚度问题，本身人工对于三维数据靶心的选择就有选择性误差，且限于点云厚度的原因，普遍误差均在 1～3mm 左右，因此从数据对比上，三维扫描单站精度误差应在 5mm 以内。

测距精度与仪器本身的点位精度、直尺及全站仪的测距误差，还有点云测量产生的人工误差都有关系，仅凭这种测试，能证明的也只有点云测量数据与实际测量数据之间的差别大小，虽然这已经是古建筑保护修缮应用中最实际、最适宜的精度验证方式。但前面提到，点云的厚度从根本上影响着点云本身的质量，对于精度的研究，不仅要验证实际测量的精度，还要尽量减小数据本身产生的误差

① 三维扫描仪的精度有多种档位设置，主要影响的是点云分辨率及点云密度，以 360° 扫描为标准，通常扫描时间从 3 分钟至 45 分钟不等，但单站过长的扫描时间在大尺度院落级建筑的三维采集中会导致扫描时间过长、数据量过大而无法实施，因此长期以来的经验及第 3 章的布站计算可以得知，5～10 分钟每站是适用于工程采集的扫描档位。

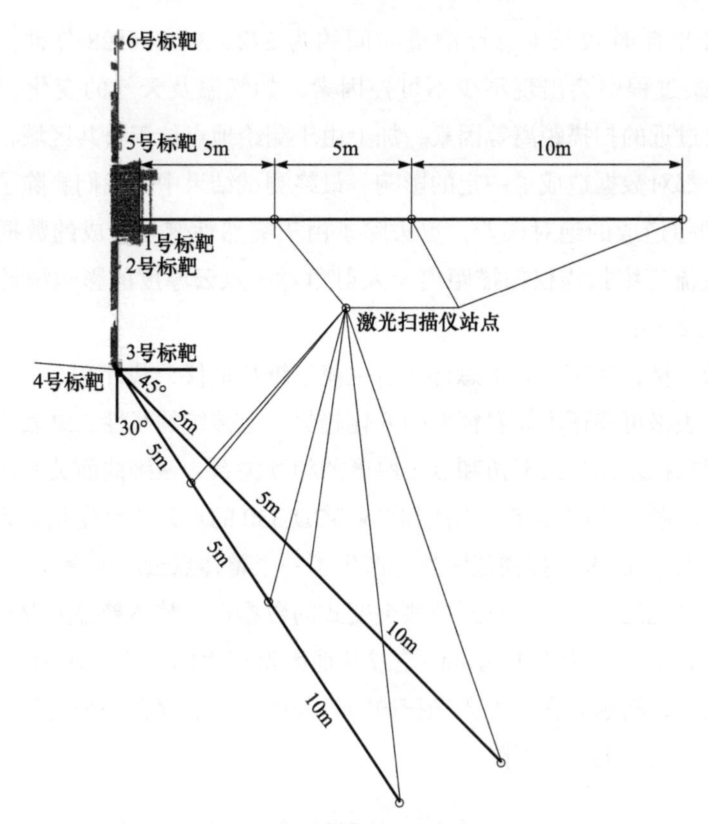

图 2-17　三维扫描精度测试示意

表 2-2　测量数据比较

	直尺测量数据	全站仪测量数据	激光扫描仪测量数据
1 组标靶	1654mm	1652mm	1655mm
2 组标靶	1704mm	1703mm	1708mm
3 组标靶	1705mm	1704mm	1708mm
4 组标靶	1658mm	1659mm	1662mm
5 组标靶	1700mm	1699mm	1696mm
6 组标靶	1690mm	1690mm	1693mm

范围，以缩小人工选点测量时误差增大的风险。因此，实验的第二步，是利用三台扫描仪，用每台扫描仪对从 6m 到 40m 的 17 个扫描距离，从 15° 到 90° 的 16 个扫描角度，总计 272 个测站对平面目标进行扫描测量，并将测量结果点云进行切片，测量点云厚度。

因为外出耗时较长（总计测量时间约为 272×3×8=6528 分钟，约 100 小时），在测绘过程中会出现不少不可控因素，如气温及天气的变化、阳光的改变、过远或过近的扫描距离等因素，加上由于测绘地点位于公共区域，行人、落叶、飞鸟等都对数据造成了一定的影响。最终测试结果中，我们删除了一部分属于数据不理想造成的绝对误差，也去除了由于突然性遮挡造成的数据错误，最终，三台主流三维扫描仪扫描距离及入射角对于点云厚度的影响统计表格如下（表 2-3～表 2-5）：

这三张表格，详细记录了总计三台主流三维扫描仪，共计 816 个测点的数据结果，通过表格可能还不易看精度的变化趋势，但传统的线性二维表格已经无法完整地展现扫描距离、入射角和点云厚度的相互关系，三维曲面关系图才能较为清晰地发现问题。如图 2-18，为法如 Focus3D 330 的点云质量变化关系图，我们可以明显看出，在 18 米扫描范围外，产生了一个整体点云厚度突变的界限。

虽然在其他地方，也能看到一些突变式的数据点，整体趋势上没有产生过大的变化，不排除是由于人工测量误差或其他因素产生的，但是在 18 米后，点云质量整体变差，暗示着在三维激光扫描的过程中，可能存在一个阈值，在这个阈值外，点云精度会突变式下降。

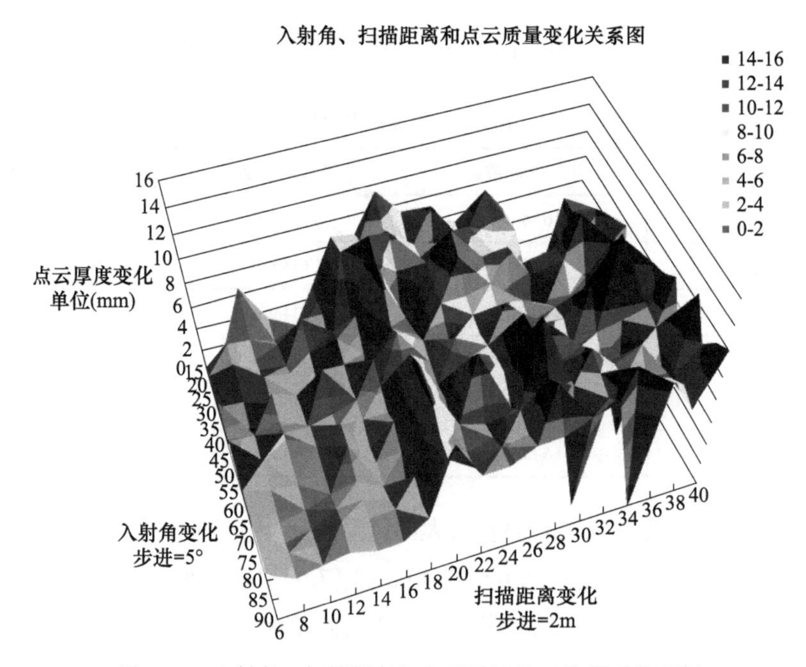

图 2-18 入射角、扫描距离和点云质量的三维曲面关系图

表 2-3 入射角、扫描距离对点云质量影响的实际测试表（LeicaHDS6000）

	6m	8m	10m	12m	14m	16m	18m	20m	22m	24m	26m	28m	30m	32m	34m	36m	38m	40m
15°			6.33	3.07		4.97	8.69	8.33	11.3	9.12	6.99			7.66				
20°	1.55	2.94	3.16	2.05	2.28	4.67	8.98	8.87	9.46	7.42	10.03	9.12	8.87	8.49	8.36	9.52	9.75	9.93
25°	3.02	4.55	2.18	3.08	4.1	4.88	9.46	8.63	9.77	8.91	8.64	8.55	11.52	9.13				
30°	3.52	4.17	3.13	3.95	6.51	3	4.36	11.57	8.33	9	9.66	10.35	9.06	9.01		10.56	9.5	
35°	2.8	5.35	2.55	4.3	4.78	6	6.5	10.5		9.67	11.55	9.04	8.5	7.38		10.66	10.32	9.27
40°		3.35	5.34	4.99	3.36	6.53	4.94	10.44	6	9.12	10.64	10.12	10.32	7.49	9.44	11.46		9.52
45°	5		4.27	4.32	3.65	5.88		8	6.55	8.87	8.92	9.46	4.3		9.45	7.62	10.02	
50°	6.8	3.38	6.58	4.69	7.22	5.31	7.11	8.36	7.56	6.88	8.61	8.36	8.25	7.59	7.82		11.35	9.48
55°	5.19	4.92	5.55	4.5	5	5.6	6.21	6.92	6.95	8.32	8.13	10.22	7.88	8.66	9.38	8.15	7.01	10.01
60°	6.54	3.35	6	6.02	5.31	5.33	5.11	9.68	6.34	7.43	8.54	8.97	9.06	9.02	11.23	12.88	8.66	10.05
65°		5.82	5.12	5.74	6.98	4.25	6	10.34	6.55	9.51	9	11.9	10.49	7.58	8.46	8.88	9.5	11.38
70°	5.43	4.81	4.48	4.98	6.83	4.68	4.66	10.52	5.78	11.21	9.01	11.92	8.38	9.42	7.08		9.12	8
75°	4.23	3.4	3.6	4.56	5.09	3.8		10.32	7.39	6.66	7.55	13.78	8.3	10.52	8.73	9.36	7	12
80°	4.81	3.11	3.64	4.99	5.08	4.21	5.77	8.58	6.44	7.14	8.76	10.58	9.62	10	8.85	7.61	7.48	9.88
85°	5	3.98	4	5.46	5.07	5.2	4.95	8.04	6.54	7.86	8.28	11.62		9.26	10.68	9.81	8.55	11.08
90°	4.28	3.29	3.89	4.55	3.66	3.82	5.2	10.05	7.51	7.77	8.66	8.97	9.68	10.44		10.64	7.6	12.11

表 2-4 入射角、扫描距离对点云质量影响的实际测试表（FARO Focus3D 330）

	6m	8m	10m	12m	14m	16m	18m	20m	22m	24m	26m	28m	30m	32m	34m	36m	38m	40m
15°			6.6	3.27		5.04	8.79	8.48	11.43	9.29	6.99			7.96				
20°	1.82	3.4	3.19	2.48	3.41	4.9	9.34	9.1	9.53	7.82	10.34	8.6		8.59				
25°	3.12	4.72	2.66	3.51	4.05	5.1	9.83	8.76	10.38	8.93		8.32	11.72	9.29				
30°	3.82	4.27	3.13	4.02	6.54	2.76	4.54	11.77	8.37	9	9.69	10.45	9.56	9.11		10.72	9.52	
35°	3.1	5.67	2.55	4.3	4.89	6.19	6.97	10.74		9.77	11.75	9.04	8.58	7.57		10.76	10.52	9.3
40°		3.69	5.34	5.02	3.36	6.85	4.94	10.44	6.2	9.07	10.83	10.25	10.6	7.78	9.48	11.65		9.72
45°	5.33		4.37	4.42	3.65	5.96		7.9	6.8	8.87	8.92	9.36	4.61		9.65	7.73	10.16	
50°	7.26	3.68	6.78	4.79	7.52	5.31	7.23	8.86	7.62	7.13	8.6	8.41	8.69	7.81	7.95		11.5	9.68
55°	5.49	5.17	5.8	4.56	5	5.66	6.21	7.01	7.05	8.52	8.24	10.31	8.08	8.81	9.5	8.45	7.15	10.13
60°	6.94	3.69	6.22	6.18	5.31	5.37	5.32	9.79	6.53	7.63	8.64	8.97	9.27	9.16	11.43	14.7	8.86	10.55
65°		6.02	5.32	5.84	7.13	4.25	6.01	10.57	6.8	9.63	9.11	12.03	10.59	7.87	8.66	9.1	9.65	11.48
70°	5.64	4.91	4.68	5.09	6.83	4.58	4.82	10.52	5.93	11.34	9.24	12.07	8.49	9.52	7.27		9.25	8.15
75°	4.23	3.48	3.93	4.66	5.09	3.93		10.32	7.48	6.83	7.55	14.4	8.3	10.62	8.73	9.76	7.27	12.67
80°	5	3.31	3.84	5.01	5.08	4.33	5.8	8.58	6.49	7.14	8.85	10.86	9.62	10	8.85	7.61	7.65	9.88
85°	5.16	4.2	4.18	5.66	5.07	5.2	4.95	8.24	6.74	7.86	8.3	11.92		9.36	11.34	9.81	8.55	11.36
90°	4.85	3.59	4.07	4.46	3.76	3.82	5.32	11.15	7.71	7.77	8.88	8.97	9.88	10.54		10.74	7.87	12.16

表 2-5　入射角、扫描距离对点云质量影响的实际测试表（Z+F IMAGER 5010C）

	6m	8m	10m	12m	14m	16m	18m	20m	22m	24m	26m	28m	30m	32m	34m	36m	38m	40m
15°			6.31	3.05		4.97	8.42	8.05	11.16	10.32	8.92	9.27	9.51	9.83	10.28			
20°	1.53	3.1	3.29	2.24	3.33	4.88	9.17	9	9.5	7.68	10.14	8.4		8.49				
25°	3.01	4.52	2.36	3.25	4.05	5	9.62	8.5	10.27	8.93		8.17	10.42	9.25	9.14	9.06	8.87	8.94
30°	3.47	4.06	3.05	3.82	6.44	2.87	4.26	10.43	8.19	8.76	9.44	10.28	9.04	9.06	9.28	9.35	9.49	9.37
35°	2.85	5.1	2.47	4.22	4.61	5.83	6.34	7.92	8.37	8.68	9.82	9.06	8.41	7.85	9.69	10.43	10.15	8.92
40°	4.52	3.26	4.57	4.84	3.92	5.68	5.82	5.93	8.16	9.1	10.42	9.86	9.27	8.58	9.31	10.24	9.87	9.15
45°	4.32	4.28	4.66	4.15	3.53	4.27	5.17	6.41	6.78	7.23	7.92	9.46	9.65	9.51	9.23	7.48	9.82	9.36
50°	6.65	4.68	5.72	4.78	6.82	5.16	7.08	7.96	7.46	6.42	7.9	8.27	8.16	7.42	7.68	9.36	10.46	9.36
55°	4.97	4.63	5.43	4.37	4.86	5.42	5.83	6.78	6.61	8.06	7.92	9.76	6.85	8.42	9.16	8.06	6.42	9.68
60°	6.32	3.15	5.88	5.76	5.26	5.13	5.06	9.27	6.22	7.31	7.96	8.75	8.94	8.86	10.12	11.74	8.23	9.54
65°	4.86	5.67	5.07	5.37	6.47	4.12	5.86	9.88	6.34	9.24	8.88	10.63	9.45	8.62	8.24	8.76	9.33	9.62
70°	5.37	4.61	4.38	4.77	6.58	4.32	4.55	5.62	5.93	7.76	8.39	10.81	9.82	9.31	8.92	9.36	9.15	9.31
75°	4.16	3.28	3.48	4.62	5.07	3.62	3.47	4.82	5.37	6.42	9.96	10.21	9.72	9.38	9.18	9.24	10.86	10.93
80°	3.82	3.72	3.51	4.82	4.92	4.14	5.52	5.68	6.31	7.53	8.28	10.34	9.48	9.28	8.42	7.42	7.15	9.32
85°	4.52	4.16	3.88	5.32	4.88	5.13	4.86	5.12	5.83	6.42	7.98	10.32	9.17	9.05	9.86	10.31	9.66	9.48
90°	4.47	4.05	3.76	4.22	3.53	3.67	5.16	9.82	7.33	7.42	8.48	8.76	9.24	9.98	9.82	9.76	8.35	9.28

通过三台仪器的三维曲面关系图，发现这种精度突变阈值在每台 TLS 三维激光扫描仪上都会出现，并且在国内的其他相关研究中，也发现了这个现象[47]。于是我们推断，这种精度突变阈值并不是单一问题，而是所有三维激光扫描仪都会出现的普遍现象，其产生原因尚不清楚，但从其普遍性来看，也许与激光接收装置的原理有关。由于扫描仪的调校和硬件配置不同，点云厚度的变化也不同。但每台扫描仪都在一定距离产生了精度突变式下降；而且，我们发现即使是同一个型号的扫描仪，精度下降的阈值也不相同，但每台扫描仪自己的变化阈值是相对固定的。因此，在实际的三维数字采集作业中，预先针对扫描仪进行精度阈值判定测试是有必要的，应当作为测绘标准工作加入整体测绘流程，确保扫描布站的设置在正常点云质量的变化范围内。

2.6 其他影响点云数据质量因素

在点云精度研究过程中，我们还发现，巨大的色彩差异和反光率的变化也会影响最终数据结果。如图 2-19，是早期进行数据测试时，采用的一种白色亚克力 + 黑色打印纸的标靶。当三维扫描仪扫描这种标靶时，由于光线吸收和反射的差异较大，造成本来处于水平位置的纸质黑色部分在数据中凸出表面，形成数据畸变；另如图 2-20，是由三块白色亚克力拼成的直角体块，在垂直相接角，由于

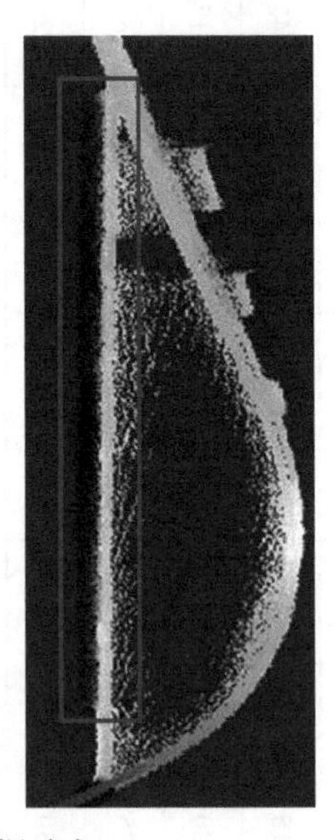

图 2-19　由于色彩和材质不同产生的数据畸变

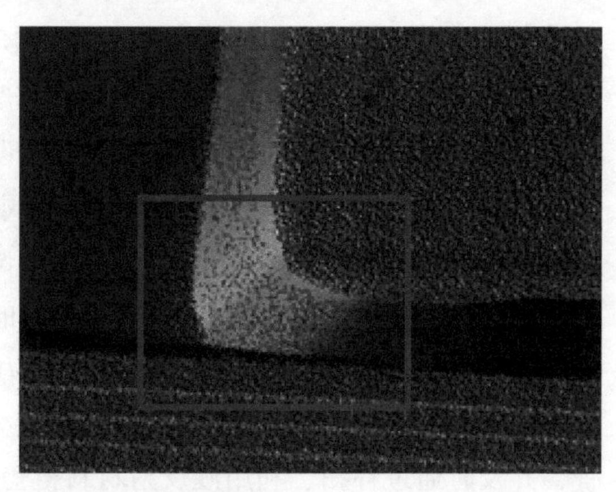

图 2-20　高反光率造成的数据畸变

亚克力的高反光率造成了激光多次反射使激光返回的时间混乱，接收器端无法判断哪组光线才是有效数据，因而引起了数据畸变（三维激光接收原理是收集漫反射返回的激光信号进行记录，高反射率的材料会引起接收器对激光距离的判断误差）。因此，在实际工作中，对于高反光率和有明显的明暗对比的区域，对最终数据要进行复验，检查是否出现数据畸变影响最终成果的原真性。

由此可见，三维激光数据的采集精度，不仅仅与设备调校和性能有关，更与现场环境、目标条件有着密不可分的关联。在现场扫描作业的过程中，要酌情考量、现场分析，避免因环境等因素干扰数据采集的精确性与准确性，取得最优质的现场数据。

2.7　本 章 小 结

三维激光扫描技术是仅仅有十几年历史的新型测绘技术，对于它的相关测试、实验及优化还有许多工作需要细化深入的研究。本章就三维激光数据产生的原理进行了理论分析，推断出可能影响三维点云数据质量的主要因素，并通过实验加以验证，为后续布站的优化设计提供了相应的有效数据支持，并得出以下结论：

（1）三维激光扫描采集的点云“精度”与传统测绘全站仪、激光测距仪的“精度”并不相同，仪器生产厂家所标注的“精度”为点位实际误差范围，而测绘注重的“精度”为实际测距误差，这个同名不同类的概念借用常常误导刚接触三维激光扫描技术的研究人员。

（2）三维激光扫描采集的“精度”与多种因素有关，且短期内无法消除误差，因此需要在人工可控的范围内尽量减小误差。扫描距离和入射角选择是使用人员减小数据误差主要手段，同时也是布站设计的主要依据。

（3）三维扫描仪都存在点云质量突变阈值，并且每台仪器都不相同，在实际针对古建筑的测绘作业中，应首先通过测试实验确定仪器的精度变化范围和方式，再结合布站方案进行设计，避免不必要的误差产生。

（4）点云质量与被测物的光线吸收能力、颜色、反射率[48]都有关系，在条件允许的情况下，应对有高反光率或巨大色彩变化的区域进行现场数据复查，并及时通过补扫、利用漫反射材料覆盖或改变扫描方式的办法进行数据修正或补充。

（5）人工对于点云的测量可以从一定程度上减小点云质量变差带来的误差，但这种减小误差的因素带有太多人为的不确定性，不可以作为点云实际精度变化的依据。

（6）最终的测量过程与传统测量过程非常类似，都需要人工选择点位进行测量，而这个环节容易产生人为操作误差，因此应遵从传统测量方式与标准，对数据进行多次测量取平均值以减小误差。

第3章　三维激光扫描古建筑采集布站研究

3.1　引　　言

非接触、高效率的特性使三维激光扫描成为现阶段最适合对古建筑实施逆向三维数据的获取方式，但由于激光的特性，数据会被不透光的表面所遮挡，因此一次扫描是无法获得完整古建筑信息的，需要多次、从多角度对古建筑进行扫描采集，并将数据拼接在一起才能保证数据的完整性和真实性。

任何测量手段都有误差的存在，三维扫描技术也不例外。并且，由于三维扫描需要多角度和细节进行采集，在同一尺寸的古建筑上，三维测站远远多于利用全站仪获取关键点的二维测站，而多次测量的过程中就很容易导致误差的累计。进行单体建筑的测绘时，累积误差尚属于可以接受的范围内，但中国古建筑中还有不少是蕴含巨大文化及研究价值的大尺度、院落级古建筑群。这些建筑群要想完整地采集下来，需要数百甚至数千次扫描数据的累计，这样下来的累积误差将严重破坏数据的准确性和原真性。因此，对于整体误差的控制就成了极其必要并且非常重要的环节。

现阶段对于更容易产生误差的传统测量来说，有一套完整的测绘体系及标准，经过长期的实践证明可以有效地保证测绘的精度，减小误差。作为测绘领域的新成员，三维激光扫描技术也应该积极地学习和结合其他传统外业测量手段，引入传统外业测量标准和相关概念，减少误差的产生。现阶段传统测量领域，激光测距仪、全站仪等数字化设备也逐渐普及，并可以通过软件与 CAD 等工程制图平台对接，2015 年 Autodesk 和 Bentley 均大幅更新了自家的 CAD 平台以承载三维激光点云数据，从数据兼容性上与互通性上打通了障碍。

三维扫描应用在古建筑保护领域的十几年来，由于仪器昂贵、标准不一，许多古建筑数据被采集后都以独立数据、自有坐标的形式存在于硬盘中。采集方式不规范、设站没有科学依据是现阶段三维扫描采集古建筑信息的普遍问题。长期以来，三维扫描测绘领域缺乏权威标准，导致扫描数据质量良莠不齐，数据之间不能互通，对于耗费了不少人力物力获取的高精数据来说是种极大的浪费。因此，本书希望通过以下几个研究解决现阶段的诸多问题，使中国古建筑三维采集能够以高效率实施，并有效地应用于保护和修缮工作当中：

（1）通过研究传统测量手段和技术，建立以GPS获取大地坐标，以国家测绘标准建立精度控制网的测绘模式。

（2）通过古建筑保护修缮需求及古建筑制图相关标准，研究以应用为导向的高效率、实用型布站网络。

（3）通过对现有仪器及数据成果分析统计，统一针对古建筑三维数字采集工作的仪器选型。

（4）对应相应的仪器及布站方案，研究以最终应用需求为导向的现场作业优化布站方案。

布站是三维数字化采集非常重要的一环，甚至可以说是最重要的一环，它决定着数据采集的精度、效率及最终数据的质量，甚至影响到后期数据的处理与呈现。三维数据想要与传统测绘系统相结合，服务于保护修缮，就必须从布站开始进行数据的收集与分析，而标准、准确、科学的布站也可以极大地提高采集速度，完善数据的完整度，减少后期补站甚至数字修补的工作量，以最快的速度完成最完整、最真实的数据采集工作。

3.2 与大地坐标对接的局域网布设研究

在中国古建筑遗产的测绘标准中，凡是需要记录入档的测绘工作必须采用控制测量，其中一部分的原因是在传统测绘中人工读数会产生误差，另一部分原因是仪器本身也存在测距误差。三维激光扫描仪虽然在测距精度上已可达2～4mm，但其单点测距精度还是远远小于全站仪，并且由于点云厚度的存在，很容易在数据拼接中产生累积误差。因此，即使是利用高精度中远距离三维激光扫描仪进行古建筑测绘，依然要采用控制测量提高整体扫描及拼接精度。

同时，三维激光扫描对古建筑进行测绘，与全站仪最大的不同点在于三维激光会抛洒大量测绘点进行面、体级别的数据获取，其最终的成果也全部建立在点云数据上，而全站仪是根据测绘需求选择关键点或控制点进行单点测量，并利用建筑制图规则将关键点连接起来。对于一栋新建建筑，其结构规整、构件完好的状态下，关键点连线可以准确地体现建筑结构，但是对于风吹日晒及长年累月已经发生一定形变的古建筑测绘，尤其是现状测绘来说，仅仅针对关键点进行测绘是完全不够的，恰恰需要大量带有坐标的点数据对所有区域进行记录与保存。

但由此而来的问题是，三维激光数据会受到构件、杂物、人员等一切可以遮挡光源物体的影响，造成数据缺失和孔洞，尤其是中国古建筑相对复杂的结构和相互关系更影响了数据的完整性。因此在三维激光扫描测量进行控制网及 GCP（Ground Control Point）设计时，不但需要考虑数据的平差与最终测量精度，同时还需要考虑布站时三维激光获取数据的覆盖度及完整度。

因此在三维激光扫描控制网布设时，我们需要将建筑按照室内与室外两种不同思路进行控制网设计。

3.2.1　古建室外控制局域网布设

在室外以获取古建筑外立面及整体布局而实施的控制网设计，应主要考虑数据累积误差的消除与檐下、屋顶等难以获取数据区域的采集覆盖度。同时，为了使数据更有应用价值，并适应未来数字化的需求，还应将 GPS 大地坐标引入控制网体系。

以三维激光采集技术为基础的控制网布设，包含了传统测绘及激光扫描两种技术和体系，并且比传统测量增加了许多软硬件设施和环节，因此必须从设备到设计、从数据到成果、从整体到局部全方位对信息采集进行精度约束，保证信息采集与存储数据质量的可靠和精度的需要。设备选用、站点布设、精度控制、平差去噪、质量保证环环相扣，每一个环节都需要严谨科学地规范。而当前整体控制的最标准、最科学的测绘体系就是国家等级测量规范。

但是国家的相关测绘标准和规范，原本设计的针对目标是中、小城市、城镇及测图、地籍、土地信息、房产、物探、勘测、建筑施工等控制测量，与中国的古代建筑相比，尺寸普遍偏大，仅通过执行相关标准，并不能满足古建筑测绘的精度需求。因此，在以完整性、原真性采集古建筑几何信息、以最大程度保存古建筑现状的三维激光采集的数据获取过程中，必须有针对性的根据采集对象、采集目的的不同对站点布设进行分层管理和控制。

当涉及常见文物建筑的现状几何数据获取时，三维信息采集分为院落范围、单体建筑、局部细节进行上中下三层级数据。这三层数据从控制网布设到站点布设，再到数据采集，精度逐级提高。其基本流程如图 3-1。

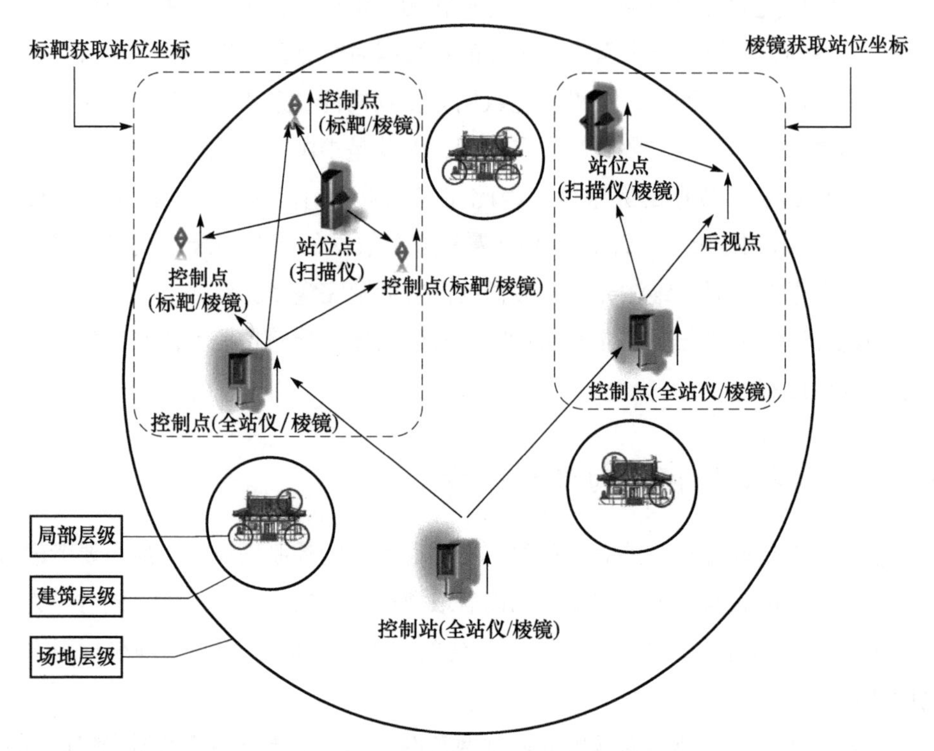

图 3-1 针对中国古建筑的三层控制布设

同时，由于引入了 GPS 大地测量坐标，在控制网布设的过程中，除了考虑古建筑用于构件及尺寸测量的几何信息外，还必须考虑对于建筑方位的确定任务。在场地层级及建筑层级，中国古建筑除皇家园林及王府等建筑群外，有大量国家级或省市级古建筑属于传统民居，尺寸较小，在对于测绘标准的采用上应采用国家相关标准的最高等级，即平面控制采用工程测量一级标准（GB/T 17942-2000）[49]；高程控制按一、二等精密水准（GB/T 12897-2006）[50]测量实施（图 3-2）。

由于三维激光扫描仪每一站都是自有坐标体系，而古建筑结构复杂，需要多站扫描才能获得完整数据。想要消除拼接累积误差，就需要通过全站仪等仪器测量标靶、站点位置获取绝对坐标（图 3-3），将三维激光扫描仪所获取的古建筑相对坐标引入大地坐标系统，将相对坐标与绝对坐标进行衔接。并且，古建筑三维激光测量站点的布设距离、密度应根据不同用途及其精度需要进行确定（见本章

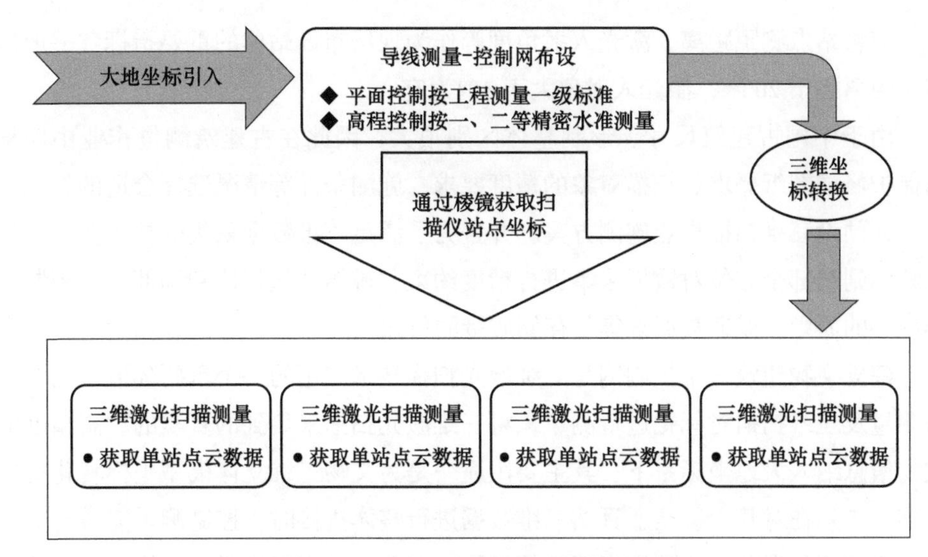

图 3-2　针对中国古建筑的三层控制布设

图 3-3　利用全站仪对标靶、站位获取绝对坐标

第 3.3.2 部分）。为保证数据采集的全面性，针对戗脊夹角、梁枋内侧、斗栱等容易缺失数据的部分进行加站补充采集。

在站点布设时，应考虑三维扫描仪的最佳数据区间，即根据第 2 章精度研究的内容，对扫描距离、入射角及其他影响扫描精度和数据质量的因素，调整控制网密度。在传统测绘中，全站仪的测绘距离较远，在布网设计时可以将控制站间隔设置较大，利于做全局平差控制[51]。一般来说控制点的布设间距以 100～300 米左右为宜，地形变化起伏较大和建（构）筑物密集的地段应适当加密。控制点尽量选在地势开阔、土质坚固、预计施工干扰外的位置[52]，其目的一是便于测量和施工使用方便，二是不易被破坏。但是在建筑层级利用三维扫描仪获取数据时，应将站点测距距离、激光入射角度等作为现场布设站位的重要指标：一般以测距距离小于 20 米，激光入射角大于 30°为宜。

由于中国古建筑尺寸、形制整体区别很大，因此在古建筑测量作业中应根据保护修缮图纸要求、扫描对象的精度要求、施测条件等情况选择合适的施测方法，并预设三维扫描作业施测方案。并且为了满足三维数据采集的技术要求，须从整体到局部全方位对数据采集进行精度约束，遵循“从整体到局部，先控制后碎部”的原则，保证数据采集与存储质量的可靠性。

建立文物建筑三维控制网是三维激光扫描技术应用的一个重要环节，结合控制测量及三维扫描对标靶进行测量，将三维激光扫描采集到的真实的、高精度的文物信息纳入大地坐标系下。其主要用途一是为文物三维立体模型坐标转化提供基准；二是在对几十甚至上百站三维数据进行整体拼接时，控制测量能够有效地减少拼接累积误差，达到提高精度的目的；三是为利用三维激光扫描技术与传统测绘技术相结合对文物进行变形监测提供基准框架，以便不同时期的三维数据进行比对。

3.2.2 古建室内控制局域网布设

与国外的大部分古建筑保护方案不同，中国古建筑所蕴藏的巨大研究价值有一大部分体现在精巧的卯榫关系和复杂的梁架结构上。不同时期、不同形制、不同等级建筑在结构上都大不相同。重叠穿插的复杂梁架结构以及层层铺叠的柱、斗、栱、枋、椽、檩对于三维激光采集来说是一个巨大的挑战。尤其在室内扫描方案上，控制网及碎部测量的站点布设关注方向就应当从消除累积误差、保证测距精度转向高覆盖率的数据完整度转变。

一栋古建筑的室内空间往往不大，进深、开间大多在十米以内，即使是中国现存等级最高的太和殿，面阔十一间，进深五间，其尺寸也不过长 64 米、宽 37 米。对于全站仪及三维扫描仪来说，远远达不到设备测距极限距离。但中国古建筑室内却普遍存在完整的建筑结构，包括柱、梁、栱等结构关系，内部空间，尤其是内部高层空间结构尤为复杂；另外，中国古建筑的屋顶样式无论是硬山、悬山、歇山还是庑殿，都是坡面屋顶（图 3-4），其中间部分隆起以放入建筑主要承重等功能型结构，研究价值大却难以采集。

从第 2 章精度采集研究中可以看到，三维扫描仪的优质点云采集区域范围其

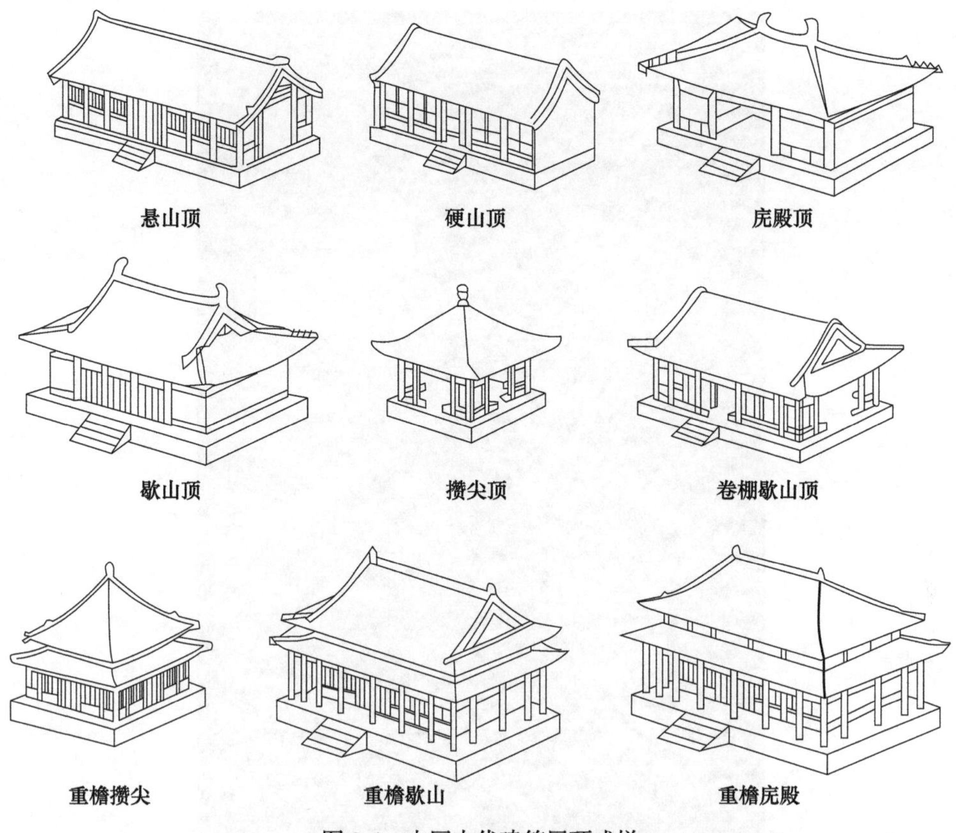

图 3-4　中国古代建筑屋顶式样

实并不大，与三维扫描激光入射角度趋近平行的水平面采集往往由于入射角的关系无法采集到均匀有序的点云数据，而是波纹状点云数据。并且，复杂的建筑结构造成的遮挡就导致站位布置必须加大布设密度，减小扫描距离，这里就涉及数据质量和数据完整度之间的矛盾问题。

如图 3-5 为长椿寺大殿扫描设站模拟图，如需要获取高质量梁架结构，就应该抬升扫描仪，使扫描角度尽量与被测面保持 90°垂直入射，但抬升之后，由于三维扫描仪下方空间为扫描盲区（蓝色锥形），造成大量区域没有数据；并且抬升扫描仪这项工作本身不但实现难度高，还会造成本身就具有复杂结构的小型构件在单站扫描视野内变大，造成更为严重的数据遮挡，造成数据完整性缺失。因此，在室内空间狭窄的情况下，应依然采用平面控制网，保证数据完整度，并在部分重要构件围绕区域适当增设扫描站，以保证测距精度和数据的均匀规整。

图 3-5 抬高扫描仪会造成大量数据缺失，蓝色椎体为扫描盲区

因此在室内进行布站设计时，应首先考虑遮挡，尽量选择遮挡面连线中点进行布站，可以有效均匀点云分布，完善数据出图时的整体效果。由于激光被遮挡的特性和光线一模一样，这也就使扫描之前通过计算机动态模拟扫描覆盖区域成为可能。如图 3-6 在通过前期勘测绘制出大致平面图之后，利用 3dsMax、VR 平台等建立简单形状和高度体块，并放入泛光灯（Omni），可以实时观察到扫描覆盖效果，辅助室内站位设计。

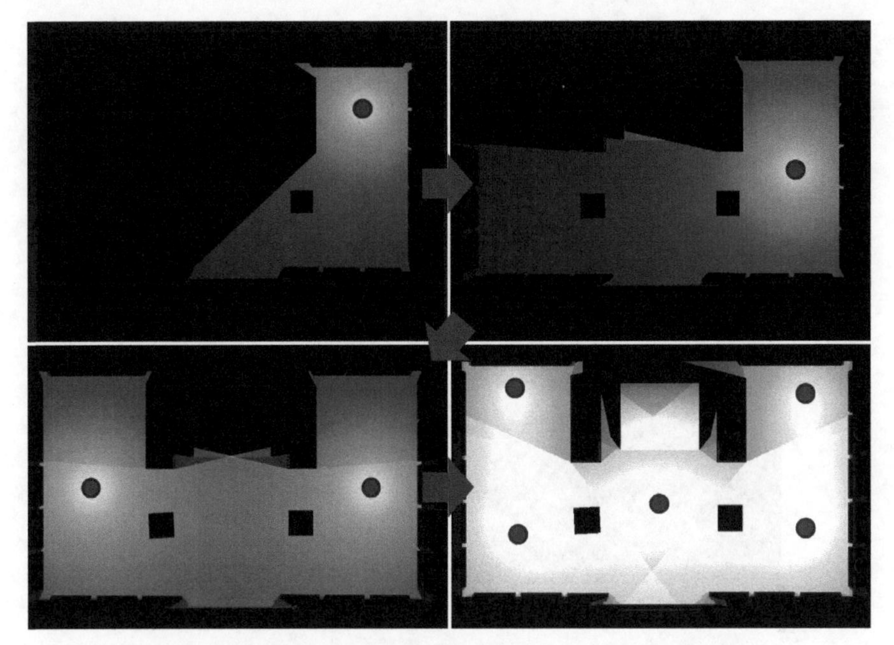

图 3-6　利用灯光和遮挡体块在 3dsMax 中进行扫描覆盖模拟

经过多次实践，以柱网进行布站是效率最高、数据覆盖率最高的布站方式，即对角柱网连线，取其交叉点处设站，可以将小空间区域内的数据以较高质量、较高覆盖率采集（图 3-7）。

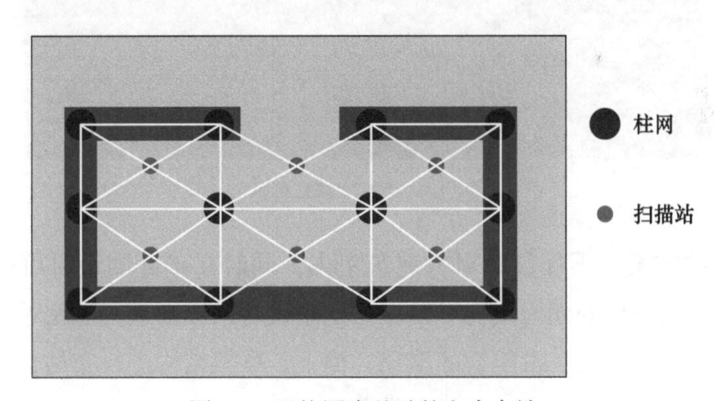

图 3-7　以柱网为基础的室内布站

以柱网为基础，可以根据古建形制设计出规整、高覆盖率的三维扫描布站设计，同时也可以减少布站时过于随意，无据可依的问题。在实际工作中，还有一些不常见的建筑规制，在以柱网为基础的布站策略加上针对性布站原则，还衍生出“井”字形布站及“Z”字形布站（图 3-8、图 3-9）。

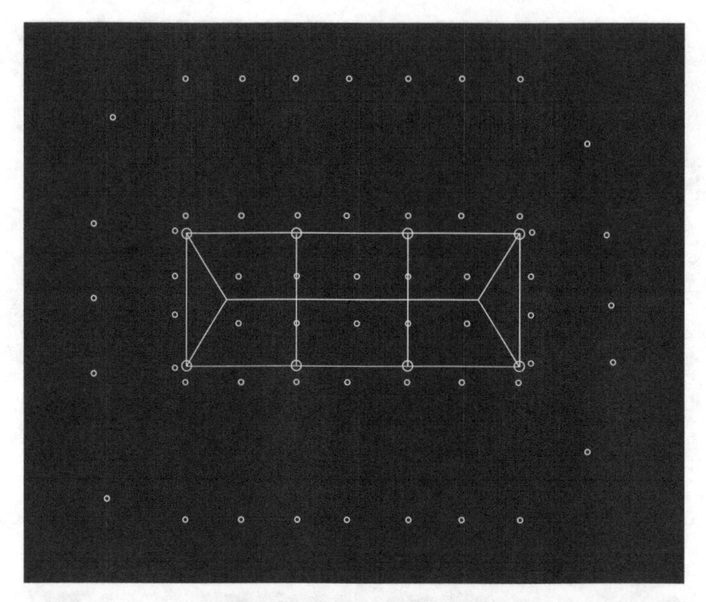

图 3-8 “井”字形布站

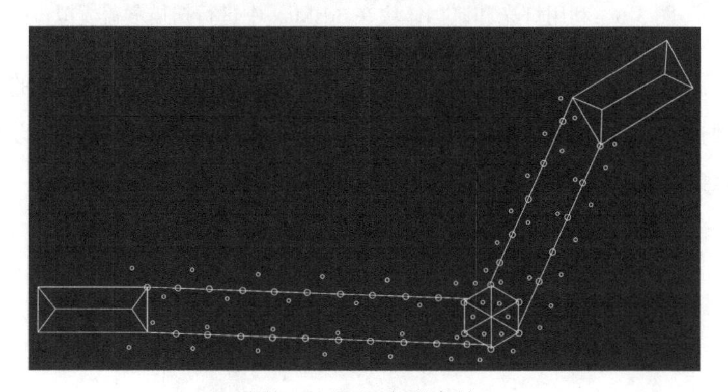

图 3-9 “Z”字形布站

这些布站方案，不仅仅针对古建筑室内，同时在碎部测量时可以应用在建筑、游廊，其他类型的建构筑物可以根据此基础布站原则进行加密站布设。“井”字形布站方式的优点是：古建筑的屋顶、檐下、梁架结构进行布站，扫描仪获取的点效果和质量更好，点云的覆盖率非常高。“Z”字形布站方式的优点是：在空间狭窄，且长度较大的空间内，如果架设站位过多，会影响最终拼合的精度，而“Z”字形既保证了有效的采集数据，又节省了不必要的重复。

在没有柱网，遮挡不规则空间进行布站时，大范围控制点（50～100 米）可以采用冯洛诺伊图（泰森多边形法[53]）进行布站。这本来是气候学家根据离散分布气象站降雨量，统计平均降雨量的方法，但当我们把阻挡物浓缩为点，希望布站在复杂的遮挡环境中尽量处于点云均匀分布的状态时，就与离散气象站统计平均降雨量的方式非常类似了。

泰森多边形的基本概念，就是将离散点链接为三角形，然后作这些三角形各边的垂直平分线，将每个三角形的三条边的垂直平分线的交点连接起来得到一个多边形（图 3-10）。泰森多边形可用于定性分析、统计分析、邻近分析等[54]。例如，可以用离散点的性质来描述泰森多边形区域的性质；可用离散点的数据来计算泰森多边形区域的数据[55]；判断一个离散点与其他哪些离散点相邻时，可根据泰森多边形直接得出，且若泰森多边形是 n 边形，则就与 n 个离散点相邻；当某一数据点落入某一泰森多边形中时，它与相应的离散点最邻近，无须计算距离。

在实际测站中，我们将可能产生遮挡的树木、电线杆、雕像等都可以浓缩为一个离散点，然后对其作图，就可以确定大空间范围内点云分布相对均匀，互能弥补扫描遮挡的基本控制站，再根据这些控制站进行碎部细分测量。

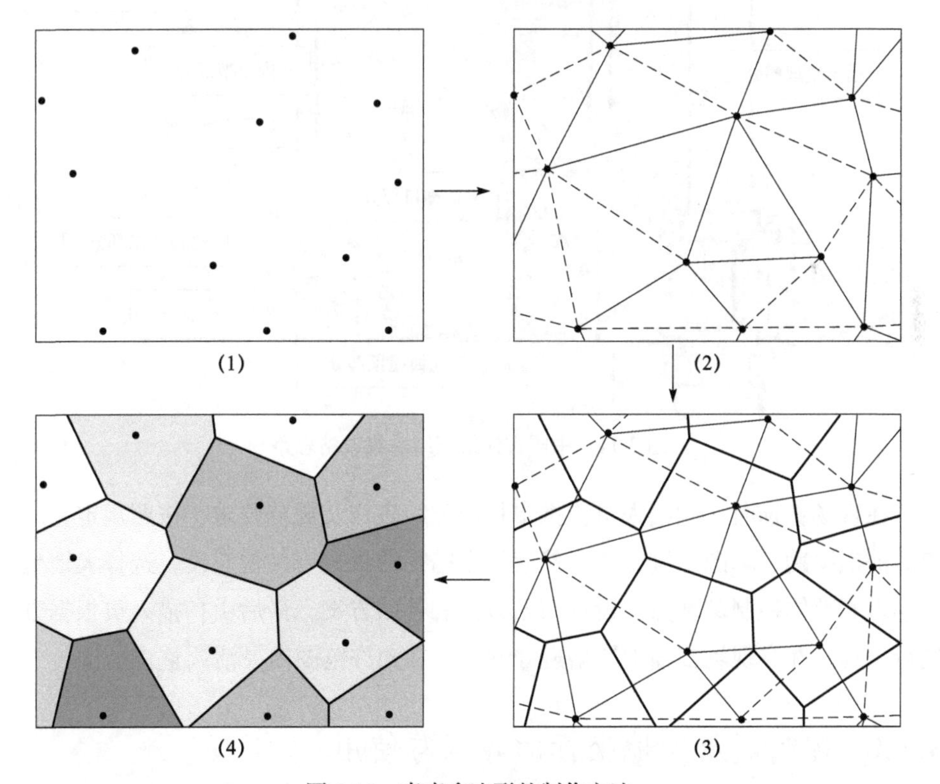

图 3-10　泰森多边形的制作方法

在基本网格和布站控制全部设计完毕后，需要对补站数据进行规划，因为现阶段通过控制网实施的三维扫描工作是无法实现现场拼接的，因此对于数据的完整程度虽然有理论基础支持，但在实际测绘中经常会遇到意料之外的状况发生。而纯粹依靠现场测绘人员的观察进行补扫很容易漏掉部分关键数据。因此在站位设计时，就需要制定相应检查和执行规则，并做好现场记录，完成整个建筑的布站工作。

经过大量的项目实践与点云数据处理，结合古建筑保护修缮记录规则，本书按照古建筑构件的种类对需要扫描及补扫的不同测站类型进行了统计，如图 3-11。

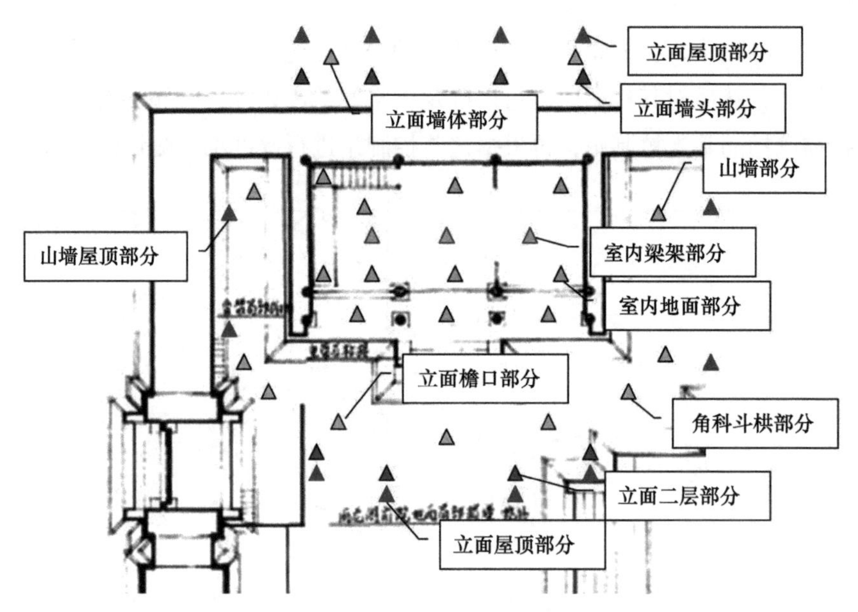

图 3-11　中国古建筑三维采集设站思路

在现场扫描时，测绘人员应携带相应测绘表格及规范要求，按照规定完成相应的前期踏勘、草图绘制工作，然后根据踏勘结果进行站位布设，选择大地坐标基准点和整体控制基准点，设计布站方案和补站方案，最后由扫描人员根据方案进行扫描，并在现场扫描中严格遵守规定，在允许范围内灵活调整。

3.2.3 控制网及大地坐标的导入与使用

通过 GPS、全站仪获取的标靶、扫描站的控制网坐标，需要导入相应的点云处理平台内，才能够有效地利用。现阶段较新的点云平台已经支持 GPS 信息和全站仪文件的导入，但是较早的系统仅支持 txt 文本书件的信息导入，这里以 Lieca 的 Cyclone 为例，简要介绍控制网信息及大地坐标导入方法。

在 Cyclone 中，整体坐标系统叫作 ScanWorld，所有控制测量过程中得到的统一坐标系下的标靶的空间坐标及三维扫描数据都应导入到该 ScanWorld 中。而想要导入坐标信息，必须创建文本书件，步骤如下：

（1）使用文本书件编辑工具，创建一个文本书件，并将标靶坐标按照指定的格式输入，文本书件格式如下：

注释行 1

注释行 2

标靶名称 1，X 坐标，Y 坐标，Z 坐标

标靶名称 2，X 坐标，Y 坐标，Z 坐标

注意：标靶名称与坐标值间用英文逗号分隔，如下面这个标靶坐标（单位：米）：

标靶名称，X 坐标，Y 坐标，Z 坐标

S1，0，0，0

S2，200.125，123.783，4.326

S3，175.284，100.568，1.237

S4，20.326，306.783，4.033

S5，52.474，209.727，0.965

S6，723.465，20.729，3.383

S7，701.297，50.426，1.644

S8，621.301，100.44，0.06

S9，519.185，145.857，3.061

S10，421.185，300.858，2.48

（2）导入标靶坐标文件到 Cyclone 对应数据库的对应项目（Project）下，在项目管理器用鼠标左键先点中要导入的项目，然后在该项目上点击鼠标右键，导入该文本书件［图 3-12（a）］；

（3）在弹出的菜单中选择“Import”命令，从该对话框中找到在上一个步骤中

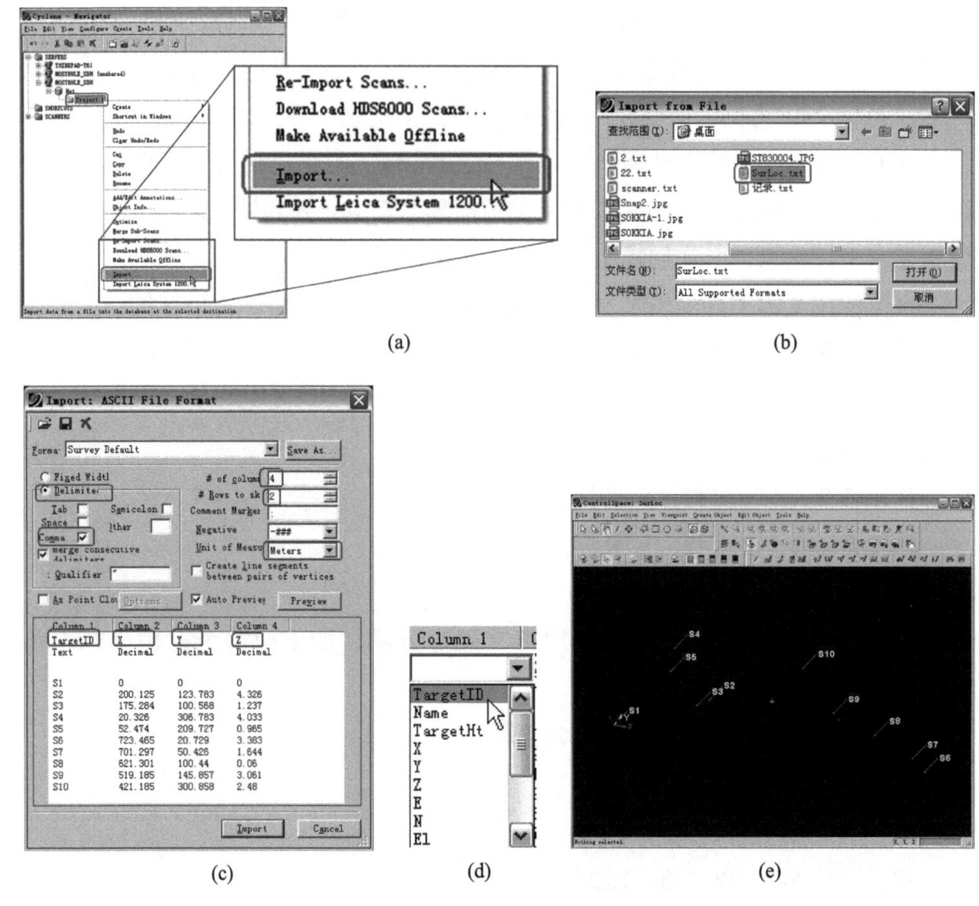

图 3-12　Cyclone 中导入控制网步骤

准备好的标靶坐标文本书件，用鼠标选中，然后点击“打开”按钮［图 3-12（b）］；

（4）在自动弹出的如下所示“Import：ASCII File Format”对话框中，设置好参数，保证导入数据能被正确使用［图 3-12（c）］；

（5）继续在某个下拉列表上点击鼠标左键，则下拉列表会展开，然后可以在列表中选择需要的项，即可完成列定义的修改［图 3-12（d）］，在对话框各项修改设置完成后，点击“Import”按钮；

（6）返回 Cyclone 项目管理器，我们可以看到，当前项目下新出现了一个 ScanWorld，在项目管理器，新增加的 ScanWorld 下，双击该 ScanWorld 下的 ControlSpace，我们可以看到生成好的完整标靶坐标系［图 3-12（e）］；

这些控制网导入进点云处理平台，就可以直接作为站位坐标、前后视参考坐标使用，保证整体累积误差在控制范围内。

3.3　三维激光扫描布站研究

在 GPS 大地坐标控制下的局域网良好地解决了大尺寸建筑群的累积误差问题，然而这些仅仅是大范围控制，对于数以百计甚至千记的扫描站位来说，还有许多问题需要解决。

对建筑进行多站扫描并布站，主要原因是单次扫描无法获得完整数据，需要多角度多次扫描才能得到完整几何信息。而科学适宜的布站则应该满足以下几个条件：

（1）足够的数据覆盖程度：为了满足古建筑保护修缮对于三维信息采集的原真性和完整性需求，布站应保证最终扫描覆盖率达到建筑本体的 90% 以上；

（2）足够的数据重合度：为了有足够的信息可以完成数据拼接计算，需要保证拼接站间至少 30% 的数据重合度[56][13]；

（3）合适的扫描距离及入射角度：扫描距离和扫描入射角对点云质量有较大影响，合理的布站应使扫描仪尽量以 90° 入射角进行三维采集，减少波纹数据出现，并保证扫描范围小于精度突变阈值范围，控制点云质量。

合理、科学、适宜的布站是数据准确、完整的重要前提条件，从应用结果的角度来说，其主要用途就是古建筑的测量和古建筑现状图纸资料的绘制。三维扫描仪随着不断发展，其最大量测距离和单站扫描精度在不断上升，而对于“精度”的误解也让不少研究人员盲目地追求单站高精度的档位选择，实际上，扫描档位的高低对应的并非传统意义的测量精度，也不是厂商在参数列表中列出来的“点位精度”，而是扫描数据的分辨率，分辨率越高，能够用于呈现空间信息的点量越多，点间距也越小，同时扫描的时间也越长。本章认为，三维激光扫描的布站研究是寻找最优平衡点的解决办法，以满足布站条件和应用需求的前提下探索提高采集效率，解决数据精度与采集时间的矛盾。

3.3.1　布站优化的理论可行性

3.3.1.1　扫描档位与点云分辨率

在主流三维扫描仪中，Z+F 5010C 附带了一张扫描参数表（图 3-13），其

Deflection unit						
		Scan duration				
Angle resolution	pixel/360° horizontal & vertical	less quality 6	normal quality 6	high quality 6	premium quality 6
"preview" 4	1,250	---	0:26 min	---	---
"low"	2,500	0:26 min	0:52 min	1:44 min	---
"middle"	5,000	0:52 min	1:44 min	3:22 min	6:44 min
"high"	10,000	1:44 min	3:22 min	6:44 min	13:28 min
"super high"	20,000	3:28 min	6:44 min	13:28 min	26:56 min
"ultra high" 5	40,000	---	13:28 min	26:56 min	53:20 min
"extremely high" 5	100,000	---	81:00 min	162:00 min	---

图 3-13 Z+F IMAGER® 5010C 扫描模式对照表

中纵向列出的是扫描档位，而横向列出的是点云质量。在早期的三维扫描仪中，点云质量的选项还很少见，随着多次打点复测、多重滤波等技术的出现，扫描仪也采用了传统测量的概念，即一个位置通过多次打点计算平均值来优化数据。点云质量这个参数从原理上来说自然是越高越好，但实际经过测试，我们发现，以 Z+F 为例，“High quality”质量在“High”分辨率下的平均单站扫描时间比“premium quality”质量下扫描时间缩短了一半，但平均点云厚度只减小了 0.6mm，是否值得花费一倍的时间去获得这 0.6mm 的质量提高，需要更加细致地分析与研究，本书注重的是点云的分辨率[57]这个之前提到的点云参数。

由前文可知，原始的点云数据记录方式，是一张带有灰度信息的全景图，图上的每一个像素点色彩代表了激光返回的时间所计算出来的距离数值，而图纸的大小则由方位角和仰角决定，角度分的越细，在 360° 的全景图中排列的点就越多，步进角就越小，相应的在这张图纸上，同样记录了 360° × 300° 的信息，点越多则分辨率越高。因此扫描档位代表的是最终点云的密度，而与密度密切相关的，就是点云的点间距。

在 FARO Focus3D 330 中，也有对于档位和点云质量的设定，只是在法如的设定当中，每个档位所对应的扫描密度没有了，取而代之的是直接将点间距列出在参数表及仪器扫描档位选择中（图 3-14）。法如公司的 Focus3D 系列扫描仪一直以平民化、轻量化、易用化作为其发展的方向，把点间距列在参数表和扫描档位选择过程中，足以说明点间距的作用。

许多仪器，包括 RIEGL 在内，也会在参数选择时给出扫描时间与点间距，但是对于点间距如何科学地使用，一直没有良好的说明。在之前的研究文献中，常常可以看到类似“对于建筑整体，采用 5mm 设置扫描，而对于房檐、斗

分辨率	点距离 (毫米/10m)	质量						
		1x	2x	3x	4x	6x	8x	
1/1	1.534	18:24	32:43	61:00	118:00	--	--	(mm:s) 对应耗时
1/2	3.068	07:40	11:15	18:24	32:43	118:00	--	
1/4	6.136	04:59	05:53	07:40	11:15	32:43	118:00	
1/5	7.670	--	05:14	06:23	08:40	22:25	--	
1/8	12.272	--	04:32	04:59	05:53	11:15	32:43	
1/10	15.340	--	--	04:40	05:14	08:40	22:25	
1/16	25.544	--	--	04:19	04:32	05:53	11:15	
1/20	30.68	--	--	--	04:23	05:14	08:40	
1/32	49.087	--	--	--	04:12	04:32	05:53	
不同精度质量可变范围有限，（-- 为当前精度无此质量选项）								
以上数据仅为开启彩色扫描所用时间（即开启拍照）								

图 3-14　FARO Focus3D 330 扫描模式与时间

栱等结构则采用 1.5mm 设置扫描”这种描述，而这个数值的由来，大部分源自于经验判断和对于中华人民共和国国家标准《木结构工程施工质量验收规范》（GB50206-2002）。在这本规范中，对于木结构建造的梁、柱等构件的制作安装制定了详细的误差允许范围，如表 3-1，也正是因为这些规定，在许多三维扫描古建筑的实施中，将允许误差值与点云的质量和点间距联系了起来。

表 3-1　木结构部分构件制作允许偏差

项次	项目		允许偏差（mm）
1	构件截面尺寸	方木构件宽、高	−3
		板材宽、高	−2
		原木构件梢径	−5
2	构件长度	长度小于 15 米	±10
		长度大于 15 米	±15
3	桁架高度	跨度小于 15 米	±10

这种衡量标准，从保证三维扫描的精准性上没有问题，但是，这个标准应该代表的是中国古代木构建筑三维扫描的最高精度标准，比标准还高的采集精度，连实际构件加工都做不到，就像指南针项目结题研讨会上所讨论的：“对墙面以毫米级甚至亚毫米级精度要求是否有必要，因为一层腻子的厚度都会超过 2mm，过高的精度在施工中毫无意义”。以这个标准对建筑进行采集，必然会造成单站

使用高精度、高点云质量的扫描模式，对于简单形制的建筑尚可，但对于大规模建筑群来说，这种精度的采集无论从采集时间还是到最终数据量都是不能承受的。因此我们可以通过研究文献发现，以加工精度作为扫描标准的项目，大多是单体建筑或体积较小的建筑物。

采用这套标准的另外一个问题是扫描仪是连续不断地进行布站的，而点间距也会随着仪器摆放位置的不同而改变，以仪器显示的档位说明来看，大部分仪器仅仅列出了 10m 处的点间距，然而在实际扫描中，布站不可能永远以 10m 的位置进行设计，当扫描距离变化后，点间距变化是否已经不能满足需求，抑或是两站之间数据重叠时，点间距又会如何变化。这些问题，在参数表、官方说明、甚至硬件厂商那里都得不到答案，必须依靠实验研究来完成。

3.3.1.2 点云的适宜分辨率标准

既然以构件容差值为标准的点间距要求并不是大工程量采集项目中最合适的标准，就需要寻找一种实用、有效并适合的参照来制定点间距及扫描档位的标准。追根寻源，思考三维激光扫描古建筑的意义时，我们发现，现阶段由于数据不同、平台混乱，以及功用不同，三维扫描数据不能完全替代传统测量，但是对于完整而精准的几何数字信息而言，最适合也是当前最有效的使用领域就是制作中国古建筑的图纸资料。

其实从三维扫描技术出现的时候开始，这项技术就是用来加强或改变传统测量流程的。虽然它拥有丰富的信息和完全不同以往的展现形式，但是测量的本质并没有改变。就测量来说，当前中国古建筑，尤其是文物建筑正面临着点多面广，专业人员缺乏的巨大矛盾。许多建筑图纸资料在历史发展的过程中遗失，还有许多古建筑缺乏相应的图纸。然而图纸是现在古建筑保护修缮以及资料保存的重要内容，有海量的古建筑由于缺乏图纸，导致当建筑发生损毁后，因资料不足无法复原。而传统的测量手段想要准确记录中国古代木构建筑，也需要花费大量的时间和人力进行现场测量，一部分构件的测量还必须在建筑落架修缮时，才能获得数据。

而这些传统测量中令人头疼的问题，却正是三维激光扫描技术的强项：非接触、距离远、大量的数据、极快的速度和高精准度，可以快速完成古建筑的测绘工作。通过测绘，可以在测绘数据的基础上分析研究，进而绘制现状测绘图，作为未来古建筑保护研究的基础资料；高精度的数据又可以提供古建筑变形资料，为后续的修缮和维护提供数据支持；通过测绘，可以对任意尺寸进行测量，通过分析研究推断原始设计图，研究设计思想和设计风格。

因此，现阶段想要有效地利用三维扫描技术成果，想要制定三维扫描的测绘精度标准，最直接、有效的方法就是了解古建筑测绘的需求、流程及标准。并通过数字化技术与传统标准相结合，建立中国古代建筑三维激光采集测绘的适宜标准。其实这个思路并不是由本书独创的，早在 2007 年白成军的《三维激光扫描技术在古建筑测绘中的应用及相关问题研究》中就提到了“绘图比例尺规定了古建筑测绘的精度。不同比例尺的图形要求测绘达到与之适宜的测绘精度即可”的想法，不过这篇论文认为，对应比例尺的适宜精度应以设计时的构件最小尺度单位及最高精度为依据，配合比例系数计算出来。这个数值从理论来说完全没有问题，因为在建筑施工中，实际尺寸与设计有一定的偏差是无法避免的，所以在测绘中，有这样的误差依然可以接受。

可是如果测绘的目的是为了获取建筑现状图纸，则这个数值就有一定的问题了，因为我们的目的不再是“设计、施工”，而是“完整、原真”的保存。最大限度地保存现有的尺寸关系以供未来研究，这从需求来说是不同的。误差允许范围的产生，源于实际加工构件的精度、结构的承载能力、整体的美观程度等多种因素的限制，而古建筑经过长年风吹日晒产生的变形早已超过了误差允许的范围，有些建筑甚至已经变形到临界点，稍有不慎就可能坍塌损毁，现状图纸正是为了发现这些问题并研究修缮的方法，需要高度准确的还原现状以制定方案，这样对于资料保存的准确性要求来说就比“设计施工”的要求高多了。

但是前面说过，精度不可能无限度提高，因为受制于采集的时间、数据量的大小以及处理数据的难度等因素，所以还是应该有一个科学合理的标准来执行才能保证三维扫描采集可以普及化、实用化。所以从实用角度来看，本书依然参考了中国古建筑测绘的方法、标准和规范，只是着眼点从“施工误差”再一次回到了图纸。

本书对于扫描精度的标准来源于“现状测绘图”，其目的是保证三维扫描仪的扫描精度满足出图需要。对于中国古建筑图纸绘制，其制图出图比例具有严格的规定[58]，其比例绘制规定如下（表 3-2）。

表 3-2 中国古建筑出图比例规定

图纸规格	要求比例
总平面图	1∶500～1∶200
单体建筑的各层平面图	1∶50～1∶100
单体建筑的横剖面图	1∶50
单体建筑的纵剖面图	1∶50
梁架仰视图	1∶50
单体建筑的正立面图	1∶50
单体建筑的侧立面图	1∶50
斗栱大样图	1∶10～1∶20
院落剖面图	1∶100
檐部大样图	1∶10～1∶20
角梁大样图	1∶10～1∶20
柱础、勾阑、抱鼓石、角石、角兽、须弥座、门砧大样图	1∶5～1∶10
隔扇、版门大样图	1∶20
藻井大样图	1∶20
悬鱼、惹草大样图	1∶10

图纸比例代表着一个真实的建筑在图纸上的尺寸，而比例尺的出现是由于建筑尺寸庞大，需要按比例缩小之后才方便观察使用。并且，由于不同建筑构件尺寸不同，一种比例图纸无法呈现所有构件信息。与现在流行的电子 CAD 图纸不同，以前的工程图纸是通过制图笔、直尺、圆规、曲线尺等工具在纸张上绘制的，由于纸面大小、笔尖粗细的限制，在绘制大比例图纸时，是不可能将细节完整描绘出来的，因此才出现了对于不同尺寸构件的不同比例要求。现在的电子图纸 CAD 系统，可以按照真实尺寸将一栋建筑的所有信息绘制在一张图纸上，再用“布局”功能（图 3-15）将一部分信息按照需要的比例排列在图纸上进行打印。

既然 CAD 图纸已经可以包含所有信息，为什么还要“布局功能”出图？原因是现阶段纸质图纸依然是现场施工人员必不可少的信息资料，而图纸一旦被打印，就无法像电子文件一样可以无限放大，需要按照传统工程图标准出图。这时，纸质工程图的信息承载上限就成为了点云适宜分辨率的重要参考标准。

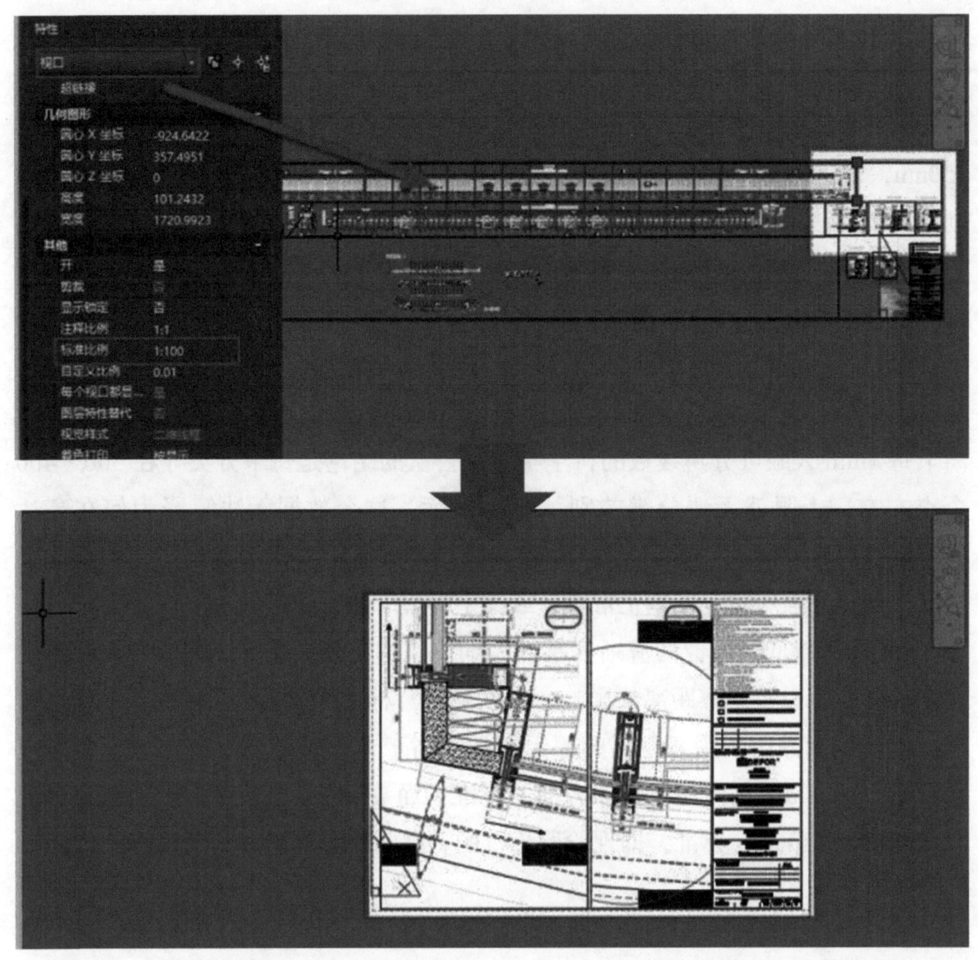

图 3-15　CAD 图纸包含了所有信息，通过“布局”将需要的部分按比例要求出图

3.3.1.3　图纸与dpi

当电子图纸被打印为纸质图纸时，经常需要选择打印分辨率，而打印分辨率最主要的参数就是 dpi。dpi 是 dots per inch（每英寸的点数）的缩写，是指每英寸的像素个数，国际标准计算方式为一平方英寸面积内，组成像素的数量[59]。我们在购买手机、摄像机、单反像机的时候，厂家都会宣传镜头像素达到 500 万、1000 万甚至 4000 万，然而，纯粹的像素堆砌并不决定清晰度，只有加上尺寸限制才使像素与清晰度成正比。同样的 4K 视频在 40 寸电视上的清晰度要远远高于 70 寸电视，究其原因是因为人眼存在最小分辨极限角[60]，这个角度和人

眼分辨极限尺寸有一个换算关系，即：

人眼分辨率必须满足瑞利判据（ΔQ=1.22λD）。

人眼瞳孔直径 D=2～9mm，取中间值5mm，人眼最敏感波长为5500Å即550nm，因此人眼的分辨极限角为1分（1′）。当物体对人眼的视角小于1′时，则该细节无法辨认，看起来就会无法区别而变为一个点。

人演的明视距为25cm，视网膜至瞳孔距离为22mm时，人眼可分辨明视距处的最小线距离为（Δy=25ΔQ≈0.1mm）。

以上，是纯理论计算得出来的数据，但是迄今为止，对人类眼球的分辨率到底是多少至今仍有分歧，因此，科学界还专门做过实验，即实验人们在30cm距离下每1mm人眼可分辨线数的科学实验，公认的结论是每平方英寸在300～400个点左右，人眼就无法分辨差别了[61]（然而，这个数据无法解释为何在高达600dpi的屏幕上，人们可以在20cm之外就较容易地分辨出屏幕亮点，因此此数据默认是在无强烈亮度反差正常图片或文字环境下的分辨极限）。

dpi指标越低，图像的清晰度越低，细节也越模糊。在传统行业中，由于受网络传输速度以及观察距离的影响，互联网图片标准为72dpi就可以基本满足需求，但印刷制品由于观察距离的原因，必须高于300dpi或350dpi，才不会出现颗粒感。原本dpi是应用在打印方面的标准，而iPhone4出现后，显示屏也出现了“Retina Display”标准，即现阶段流行的“视网膜屏”指标。其计算公式为：

$$\alpha=2\arctan\left(\frac{h}{2d}\right) \tag{3-1}$$

其中，α代表人眼视角，h代表像素间距，d代表肉眼与屏幕的距离。符合以上条件，屏幕就可以使肉眼无法分辨单个物理像素点。而代入公式（3-1）得出来的手机显示器的像素密度应达到或高于300ppi，而国际公认的人眼到手机的距离和人眼看纸质书刊及图纸的距离是几乎一样的。

上面所说的ppi，实际上就是dpi标准的另一种体现，即pixel per inch，一平方英寸内所能容纳的显示像素颗粒数量。其实原理上和dpi一样，都是说在一平方英寸内点的数量，专业领域里打印出来的点叫做“dot”，而显示出来的点叫作“pixel”。从这里我们可以看出，清晰度与分辨率有关，而分辨率与尺寸有绝对关系，无论是数字显示方式，还是传统纸质观看模式，单位面积内的有效信息点越多，分辨率越高，清晰度也越高。我们在阅读电子图纸或文件时，一般都有放大功能，对于分辨率的感受还不强烈，但当信息成现在固定大小的空间时（显示器、手机、纸张），分辨率就非常重要了。印刷品要求的 300dpi，正是依据人眼观察能力极限而设定的，那么当我们将点云打印为图纸时，由于 dpi 的存在，点云的数量上限也随之固定下来。

3.3.2　以工程图为标准的布站优化研究

3.3.2.1　三维激光扫描适宜站间距研究

在古建筑保护修缮工作中，专业人员最常用的资料就是二维工程图，而且工程图的应用已经深入到行业流程的各个角落之中。三维扫描数据要想解决实用性的问题，在行业整体流程进行彻底改变之前，最需要的就是将三维扫描点云数据转变为带有精准尺寸信息的工程图纸。而工程图纸在打印环节所需要涉及的点间距、点密度则与三维点云具有非常相似的特性和参数，从原理上来看，完全具有点对点对应的技术可行性，也具有制定适宜精度和采集密度的科学性。

印刷制品必须高于 300dpi 或 350dpi，可以很容易计算出来：

· 如果用于计算机显示的标准 72dpi，则每英寸（inch）由 72 个点组成；

· 1 英寸（inch）=25.4 毫米（mm）；

· 每毫米由单个点组成；

· 则点间距为 mm；

如果应用在 300dpi 的图纸打印标准上，纸张上每两个点的点间距应为 0.08mm。

有了以上数据，就可以很容易地推断出符合古建筑出图比例要求的三维点云正射影像，所需要获取的点云密度及点间距。如 1∶100 的图纸上，符合 300dpi 打印标准的状况下，对应的点间距应为 8mm。由此，可以推导出点间距计算公式，将 P 设为点云数据点间距，x 设为打印所需的 dpi 标准，y 设为比例系数（1∶y），则符合打印图纸的点间距需求为：

$$P=\frac{25.4}{x}\times y \tag{3-2}$$

通过这个公式，我们可以计算出最终成果需求为总平图、立面图、剖面图时，其点云所需点间距应为多少及对应的三维扫描仪选取方案，数据见表 3-3。

表 3-3 适用于 3D 扫描的实际点间距计算

图纸分辨率达到 72dpi 的各图纸比例下对应扫描精度		
适用图纸	图纸比例	实际数据点间距
总平面图 1	1∶500	176.39mm
总平面图 2	1∶200	70.56mm
平 / 立面图	1∶100	35.28mm
立面详图	1∶50	17.64mm
节点详图	1∶20	7.06mm
构造详图	1∶10	3.53mm
构件详图	1∶5	1.76mm
大件陈设	1∶2	0.71mm
附属文物	1∶1	0.35mm
图纸分辨率达到 300dpi 的各图纸比例下对应扫描精度		
适用图纸	图纸比例	实际数据点间距
总平面图 1	1∶500	42.33mm
总平面图 2	1∶200	16.93mm
平 / 立面图	1∶100	8.47mm
立面详图	1∶50	4.23mm
节点详图	1∶20	1.69mm
构造详图	1∶10	0.85mm
构件详图	1∶5	0.42mm
大件陈设	1∶2	0.17mm
附属文物	1∶1	0.08mm

通过公式（3-2），我们可以计算出相应的三维点云数据应当达到的点间距要求，但如何达到这样的要求，还需要进行进一步的计算和验证。我们知道，在实际三维测绘中，三维扫描仪的扫描布站是按照网状排列的，假设两站之间站间距为 $2b$，站点与被测面的垂直距离为 a，那两站间点间距 P 的最大位置必然为两站距离中点即距离 b 的垂直方向（图 3-16）。

假设 α 角为扫描仪每次转动角度，β 角为扫描站到被测物形成的直角三角形的角度，求证 P 点点间距最大的过程如下：

·假设 α 角恒定为 1°。

·β 角从 2°起逐渐扩大，步进 1°。

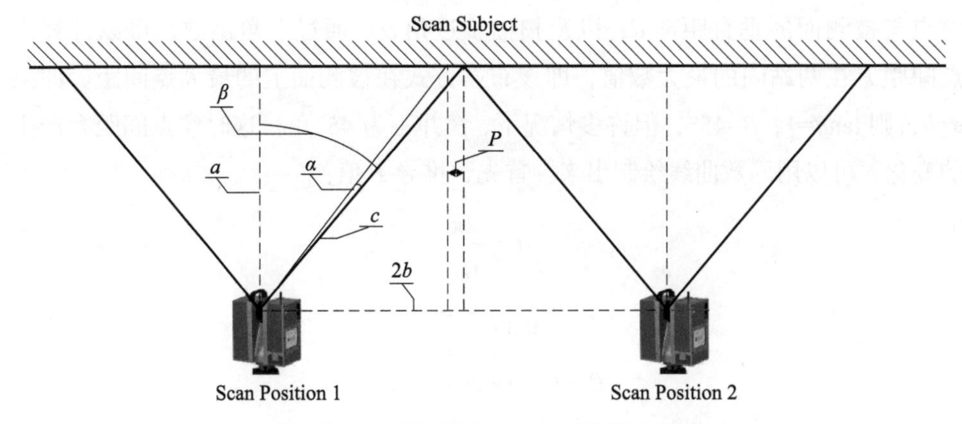

图 3-16　三维扫描实际点间距计算示意图

·则点间距 P 应为：$P=a\times\tan\beta-a\times\tan(\beta-\alpha)$。

·假设 a 为 1，可以绘制该公式曲线，为逐渐上升曲线，直到 β 为 90°，数值无穷大。

·公式曲线如图 3-17。

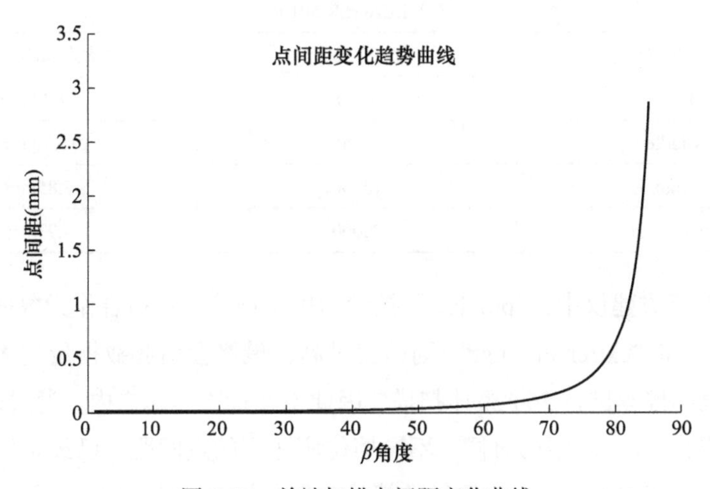

图 3-17　单站扫描点间距变化曲线

·在两站数据交汇处继续外扩，虽然 Scan Position1 的点云点间距继续扩大，但该区域数据已经进入到 Scan Position2 的数据区域，且该区域 β 角持续减小。

·第二站密集的点间距会覆盖第一站稀疏的点间距，因此，在 b 处，即两站间距中点垂直方向处，是该被测面点间距最大区域。

在实际扫描项目中，有三个参数可知并可调，分别是：两站之间站间距 $2b$，站点与被测面的垂直距离 a，以及扫描步进角 α。通过三角函数，可以计算出点间距 P 在两站间的最大数值，即该布站方式在被测面上的最大点间距。如果 $a=b$，则 $\tan\beta=1$，$\beta=45°$，但许多情况下，β 并不为 45°角，这时候点间距会产生的变化，可以用函数曲线绘制出来。首先，推导 P 值：

$$\alpha = \frac{2\pi}{x_{res}}$$
$$\tan\beta = \frac{b}{a} \tag{3-3}$$
$$P = b - a \times \tan(\beta - \alpha)$$

x_{res} 代表的是某扫描档位下，横轴分辨率，如 Z+F IMAGER® 5010C 的“middle”扫描档位，对应的扫描线是 5000。通过公式对应计算，我们可以计算出当知道两站间隔分布及扫描距离时，选择不同档位的点云在最终拼接完毕之后最大点间距（表 3-4）。

表 3-4　10 米站间距和 10 米测距，不同档位对应最大点间距

Z+F IMAGER 5010C		
扫描分辨率档位	Pixel/360°	最大点间距（mm）
Low	2500	31.37mm
Middle	5000	15.70mm
High	10000	7.85mm
Super high	20000	3.93mm

在 Z+F 官方建议中，“preview”挡专门用于预览，不适合作为数据采集；而“ultra high”和“extremely high”则精度过高，最终会引起数据量过大，扫描时间过长，也不推荐进行 360°整体扫描。因此不在计算考虑之内。通过表 3-4，我们可以发现在 10 米间距的时候，不同档位所达到的点间距，已经足以达到出图分辨率要求的精细度，下一步要做的就是确定在什么样的位置摆放站位适合什么样的出图精度。

经过观察公式，发现该公式可以推导为 $f(x)$ 形式函数，即设点间距 P 为 $f(x)$，设扫描距离 a 为 x，则有：

$$f(x) = b - x \cdot \tan\left(\tan^{-1}\left(\frac{b}{x}\right) - \frac{2\pi}{x_{res}}\right) \tag{3-4}$$

其中，$2\pi/x_{res}$ 在扫描模式选择后是一个常数，而 b 我们给一个固定值，就可以利用软件来绘制出函数曲线。如图 3-18，是当仪器间距分别为 50m、20m 和 10m 的时候，点间距的变化曲线（由于 a、b 以米为单位，最后转换为毫米数值时需要换算乘以 1000）：

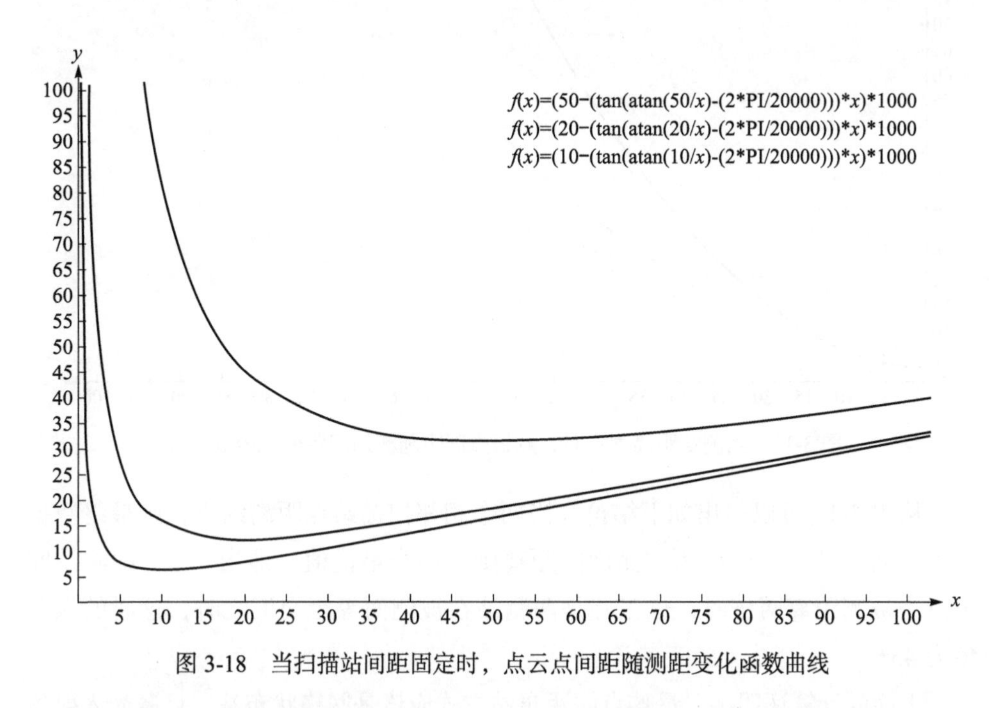

图 3-18　当扫描站间距固定时，点云点间距随测距变化函数曲线

从函数图像（图 3-18）我们可以看出，当仪器间距不变，点间距存在一个最小极值，这与我们的直观经验相符合，当仪器与被测距离过远，虽然 β 角变小，但是点间距是正向递增的，而当仪器靠近被测面，超过极值角度后，β 角变大，其点间距也会随着入射角的减小而增大。三角函数的概念里，正切和余切函数的极值永远出现在 $\pm\pi/2$，即 $\beta=\pm45°$ 的位置，无须再做推算，同时也与函数曲线的直观显示符合：当 $a=b$ 时，P 值最小。

如果我们将扫描距离 a 固定，改变两站间距 b 时，函数变为公式（3-5），通过绘制图可以看到，函数曲线在大于 0 的象限里正向递增，也验证了之前的推论。此时的极值出现在 $x=0$ 时，也就是仪器以 90° 时垂直扫描被测物，该处为当前扫描布站点云密度最大，点间距最小。

$$f(x)=x-a\bullet\tan\left(\tan^{-1}\left(\frac{x}{a}\right)-\frac{2\pi}{x_{res}}\right) \tag{3-5}$$

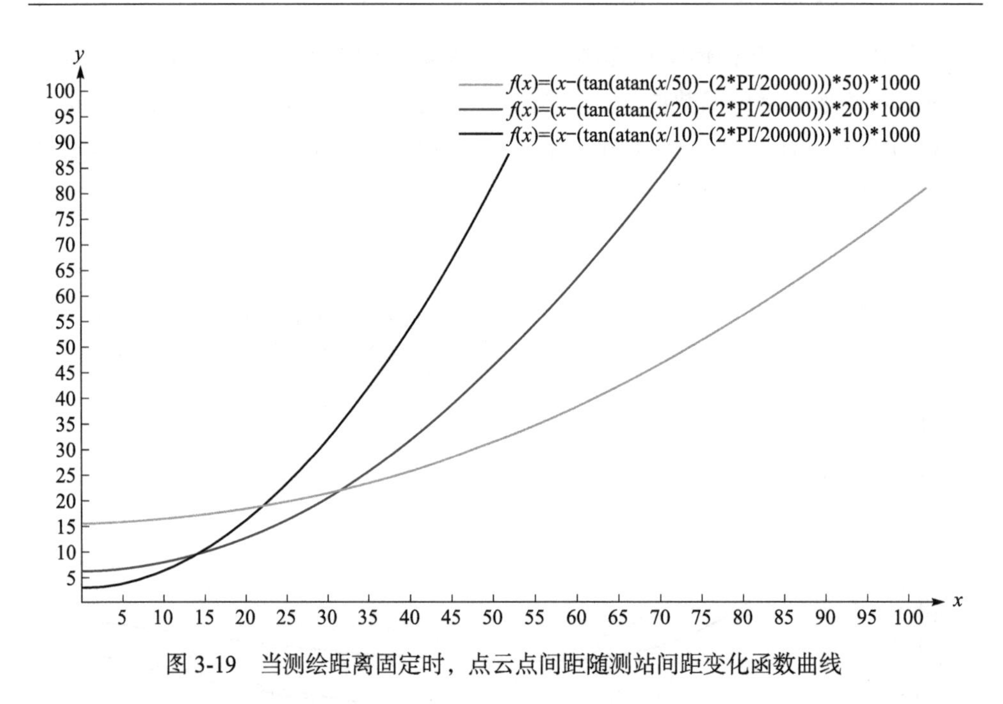

图 3-19 当测绘距离固定时，点云点间距随测站间距变化函数曲线

从图 3-19 可以得出如下结论：当两个相邻扫描站点距离约小，则最终数据最大点间距越小，但距离被测面的距离则有一个最优值，即当 a=b，即测站间距离为被测距离两倍时，也正好是两测站在被侧面等距交汇之时，这时的入射角为 45°。

上面的计算证明了，最佳点间距布站方式应该是网格状布站，且激光入射角与被侧面呈 45°（图 3-20），这时的点云密度分布理论最优。如果想要改变被测

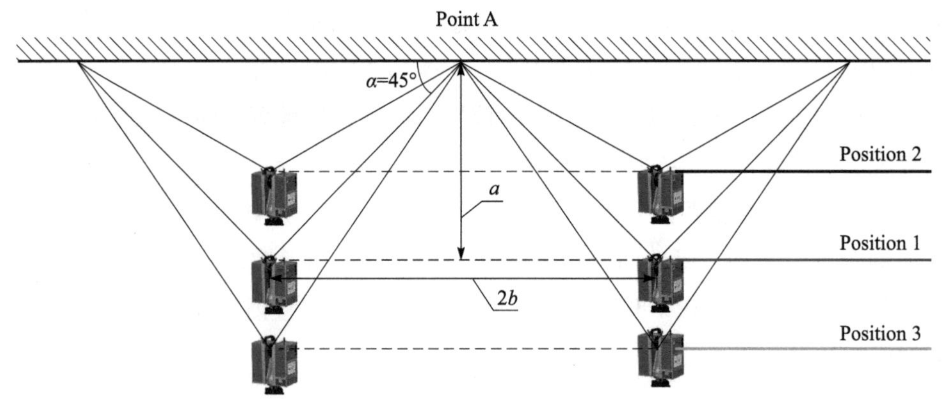

图 3-20 当站间距二倍于被测距，即入射角为 45°时，点云最终最大点间距为最优

物体距离，则应视条件尽量同时改变扫描仪的布站间距。然而在采集现场，想要达到适宜布站方式，还需要做更多的工作。

3.3.2.2　三维激光扫描设站标准参考

利用数学工具对点间距进行分析，可以找到点云密度分布的理论最优值，但是这个公式内存在过多变量导致实际使用很麻烦。因为在时间有限的实际测量中，外业人员不可能对每一站都进行站间距和扫描距离的精细测定，更不可能在现场进行公式计算。因此，在实际测量工作中，需要一个切实可行的，针对现场布站灵活调整的有效工具。

在古建筑三维采集测量中，主要的目的是绘制古建筑现状测绘图，如总平图、立面图、平面图都有标准的制图比例要求。通过上一节的研究，可以利用公式计算点云的动态点间距变化，同时制图所需要的点间距需求也可以计算出来。这样，根据公式就可以提前将计算机摆放及布站位置所对应的点间距计算制作成表格。但是在公式中，变量一共有三个：扫描距离 a，站间距 $2b$ 及扫描档位模式 x_{res}，最终还有一个点间距 P，如果制作表格统计，则需要一个四维表格才能展现出来，就算能制作出来，四维表格也只能存在于计算机中，难以在工作现场直接查询，而优化布站的目的就是需要在满足适宜点云精度和分辨率的前提下尽量提高扫描效率，减少扫描工作时间，因此受平方根速查表的启发，我们制作了按照不同仪器的不同档位分类的扫描距离和站间距速查表，以便现场外业人员随时查阅应用。这份表格以 Excel 制作，并可复制自动计算，表格中以米为单位进行了公式计算与嵌套，并利用 Excel 的“条件格式”功能根据数值范围自动标识适合出图比例的颜色区间，可以直接根据颜色查询对应的仪器扫描距离和布站间距，且表格的适应范围不再限定于 45°角摆设，有利于扫描过程中根据现场环境进行灵活调整。

如图 3-21 为 Z+F 5010C 在选择“Super High”档位时，适合出图的布站距离范围。如果现场外业人员需要针对立面出图标准进行扫描时，通过速查表马上就能知道，当据被测面 8 米，两站间距 22 米时，获取的点云密度是可以满足出图需要的；但据被侧面 2 米，两站相距 14 米时，虽然看起来无论是设站距离还是与被测面的距离都有缩短，却不适合出立面图，因为在两站中间距离的垂直方向，点间距是大于 8mm 的。

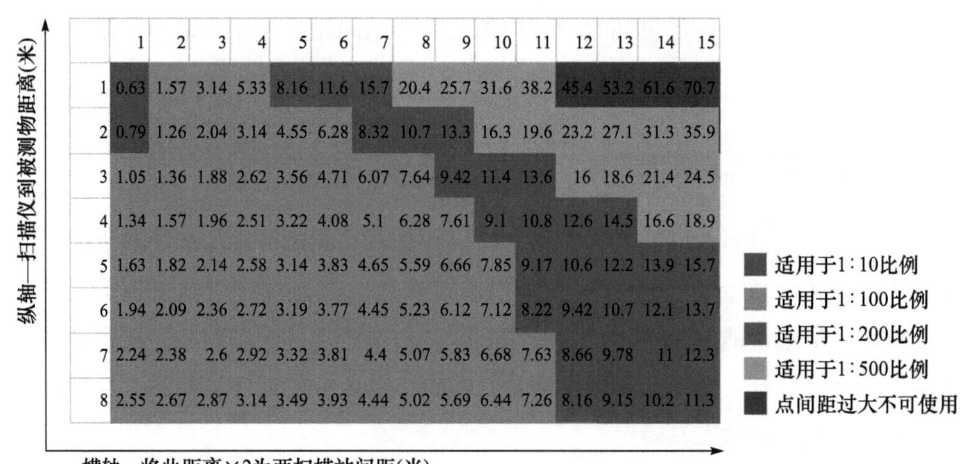

	1	2	3	4	5	6	7	8	9	10	11	12	13	14	15
1	0.63	1.57	3.14	5.33	8.16	11.6	15.7	20.4	25.7	31.6	38.2	45.4	53.2	61.6	70.7
2	0.79	1.26	2.04	3.14	4.55	6.28	8.32	10.7	13.3	16.3	19.6	23.2	27.1	31.3	35.9
3	1.05	1.36	1.88	2.62	3.56	4.71	6.07	7.64	9.42	11.4	13.6	16	18.6	21.4	24.5
4	1.34	1.57	1.96	2.51	3.22	4.08	5.1	6.28	7.61	9.1	10.8	12.6	14.5	16.6	18.9
5	1.63	1.82	2.14	2.58	3.14	3.83	4.65	5.59	6.66	7.85	9.17	10.6	12.2	13.9	15.7
6	1.94	2.09	2.36	2.72	3.19	3.77	4.45	5.23	6.12	7.12	8.22	9.42	10.7	12.1	13.7
7	2.24	2.38	2.6	2.92	3.32	3.81	4.4	5.07	5.83	6.68	7.63	8.66	9.78	11	12.3
8	2.55	2.67	2.87	3.14	3.49	3.93	4.44	5.02	5.69	6.44	7.26	8.16	9.15	10.2	11.3

图 3-21　Z+F 5010C 扫描档位为“Super High”时适用出图距离速查表

上表为了看清具体点间距我们仅选取了 120 个数据，且步进为 1 米，在实际应用中，我们推荐以 0.2 米为步进，并根据仪器数据精度突变阈值为上限，通过公式计算适合当前扫描仪的表格，且表格的制作非常方便，无须编程，仅需要在第一行除以 2 填入站间距，第一列填入扫描距离，然后再第一个格子里填入公式：

$$f(x)=(B\$1-(TAN(ATAN(B\$1/\$A2)-0.000314159))*\$A2)*1000 \qquad (3\text{-}6)$$

其中，“B$1”、“$A2”在输入公式时选择 B1、A2 两个单元格，而“$”符号为 Excel 公式输入通配符，作用为固定符号后的数字。因为最终表格是要让所有的格子自动计算，所以需将公式利用复制填充的方式扩展到所有需要的格子上，然而 Excel 默认在自动填充时，会自动更改所有的行列向前 +1，所以必须要利用通配符将 x 值和 y 值固定在输入数值的行和列上。0.000314159 为步进角的弧度值，是通过分辨率计算出来的，再经过角度转弧度 2π/360 计算得出。最后的 1000 是由于 x、y 两个数值单位为米，而最终需要的数值为毫米，需要做一次单位转换。

这张表格虽然制作简单，且无须任何编程及专业软件，但外业人员可以通过颜色快速判断设站距离及仪器间距是否可以满足出图精度及分辨率需求，这样就可以使布站即在标准之内，又具有一定的灵活性。在实际应用中，我们还制作了多个表格，在此就不一一列举，仅列出 Z+F 5010C“Middle”档位适用速查表及“Super High”档位完整数据列表（图 3-22）。

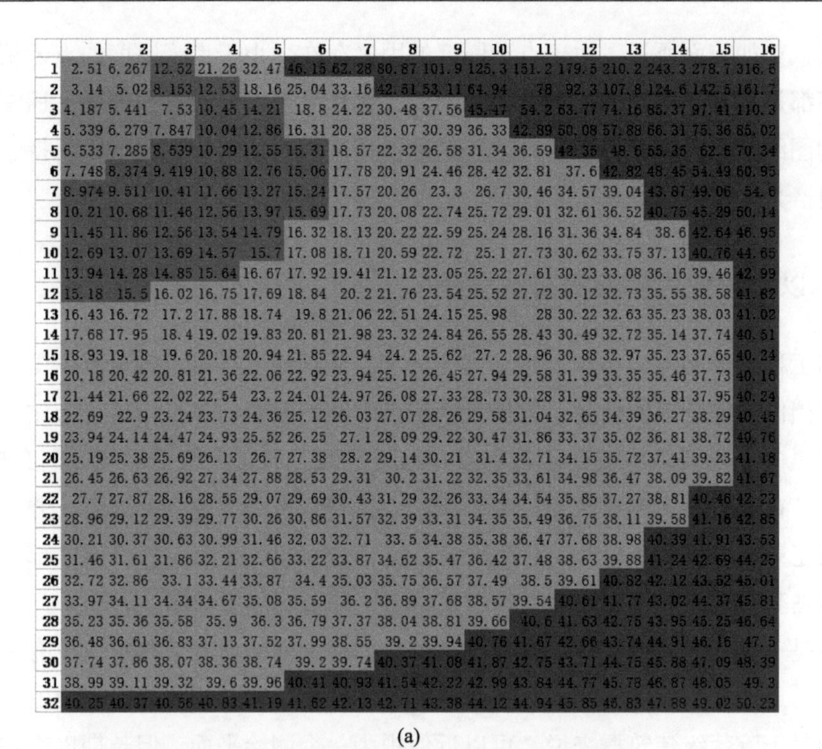

	1	2	3	4	5	6	7	8	9	10	11	12	13	14	15	16
1	2.51	6.267	12.52	21.26	32.47	46.15	62.28	80.87	101.9	125.3	151.2	179.5	210.2	243.3	278.7	316.6
2	3.14	5.02	8.153	12.53	18.16	25.04	33.16	42.61	53.11	64.94	78	92.3	107.8	124.6	142.5	161.7
3	4.187	5.441	7.53	10.45	14.21	18.8	24.22	30.48	37.56	45.47	54.2	63.77	74.16	85.37	97.41	110.3
4	5.339	6.279	7.847	10.04	12.86	16.31	20.38	25.07	30.39	36.33	42.89	50.08	57.88	66.31	75.36	85.02
5	6.533	7.285	8.539	10.29	12.55	15.31	18.57	22.32	26.58	31.34	36.59	42.35	48.6	55.35	62.6	70.34
6	7.748	8.374	9.419	10.88	12.76	15.06	17.78	20.91	24.46	28.42	32.81	37.6	42.82	48.45	54.49	60.95
7	8.974	9.511	10.41	11.66	13.27	15.24	17.57	20.26	23.3	26.7	30.46	34.57	39.04	43.87	49.06	54.6
8	10.21	10.68	11.46	12.56	13.97	15.69	17.73	20.08	22.74	25.72	29.01	32.61	36.52	40.75	45.29	50.14
9	11.45	11.86	12.56	13.54	14.79	16.32	18.13	20.22	22.59	25.24	28.16	31.36	34.84	38.6	42.64	46.95
10	12.69	13.07	13.69	14.57	15.7	17.08	18.71	20.59	22.72	25.1	27.73	30.62	33.75	37.13	40.76	44.65
11	13.94	14.28	14.85	15.64	16.67	17.92	19.41	21.12	23.05	25.22	27.61	30.23	33.08	36.16	39.46	42.99
12	15.18	15.5	16.02	16.75	17.69	18.84	20.2	21.76	23.54	25.52	27.72	30.12	32.73	35.55	38.58	41.82
13	16.43	16.72	17.2	17.88	18.74	19.8	21.06	22.51	24.15	25.98	28	30.22	32.63	35.23	38.03	41.02
14	17.68	17.95	18.4	19.02	19.83	20.81	21.98	23.32	24.84	26.55	28.43	30.49	32.72	35.14	37.74	40.51
15	18.93	19.18	19.6	20.18	20.94	21.85	22.94	24.2	25.62	27.2	28.96	30.88	32.97	35.23	37.65	40.24
16	20.18	20.42	20.81	21.36	22.06	22.92	23.94	25.12	26.45	27.94	29.58	31.39	33.35	35.46	37.73	40.16
17	21.44	21.66	22.02	22.54	23.2	24.01	24.97	26.08	27.33	28.73	30.28	31.98	33.82	35.81	37.95	40.24
18	22.69	22.9	23.24	23.73	24.36	25.12	26.03	27.07	28.26	29.58	31.04	32.65	34.39	36.27	38.29	40.45
19	23.94	24.14	24.47	24.93	25.52	26.25	27.1	28.09	29.22	30.47	31.86	33.37	35.02	36.81	38.72	40.76
20	25.19	25.38	25.69	26.13	26.7	27.38	28.2	29.14	30.21	31.4	32.71	34.15	35.72	37.41	39.23	41.18
21	26.45	26.63	26.92	27.34	27.88	28.53	29.31	30.2	31.22	32.35	33.61	34.98	36.47	38.09	39.82	41.67
22	27.7	27.87	28.16	28.55	29.07	29.69	30.43	31.29	32.26	33.34	34.54	35.85	37.27	38.81	40.46	42.23
23	28.96	29.12	29.39	29.77	30.26	30.86	31.57	32.39	33.31	34.35	35.49	36.75	38.11	39.58	41.16	42.85
24	30.21	30.37	30.63	30.99	31.46	32.03	32.71	33.5	34.38	35.38	36.47	37.68	38.98	40.39	41.91	43.53
25	31.46	31.61	31.86	32.21	32.66	33.22	33.87	34.62	35.47	36.42	37.48	38.63	39.88	41.24	42.69	44.25
26	32.72	32.86	33.1	33.44	33.87	34.4	35.03	35.75	36.57	37.49	38.5	39.61	40.82	42.12	43.52	45.01
27	33.97	34.11	34.34	34.67	35.08	35.59	36.2	36.89	37.68	38.57	39.54	40.61	41.77	43.02	44.37	45.81
28	35.23	35.36	35.58	35.9	36.3	36.79	37.37	38.04	38.81	39.66	40.6	41.63	42.75	43.95	45.25	46.64
29	36.48	36.61	36.83	37.13	37.52	37.99	38.55	39.2	39.94	40.76	41.67	42.66	43.74	44.91	46.16	47.5
30	37.74	37.86	38.07	38.36	38.74	39.2	39.74	40.37	41.08	41.87	42.75	43.71	44.75	45.88	47.09	48.39
31	38.99	39.11	39.32	39.6	39.96	40.41	40.93	41.54	42.22	42.99	43.84	44.77	45.78	46.87	48.05	49.3
32	40.25	40.37	40.56	40.83	41.19	41.62	42.13	42.71	43.38	44.12	44.94	45.85	46.83	47.88	49.02	50.23

(a)

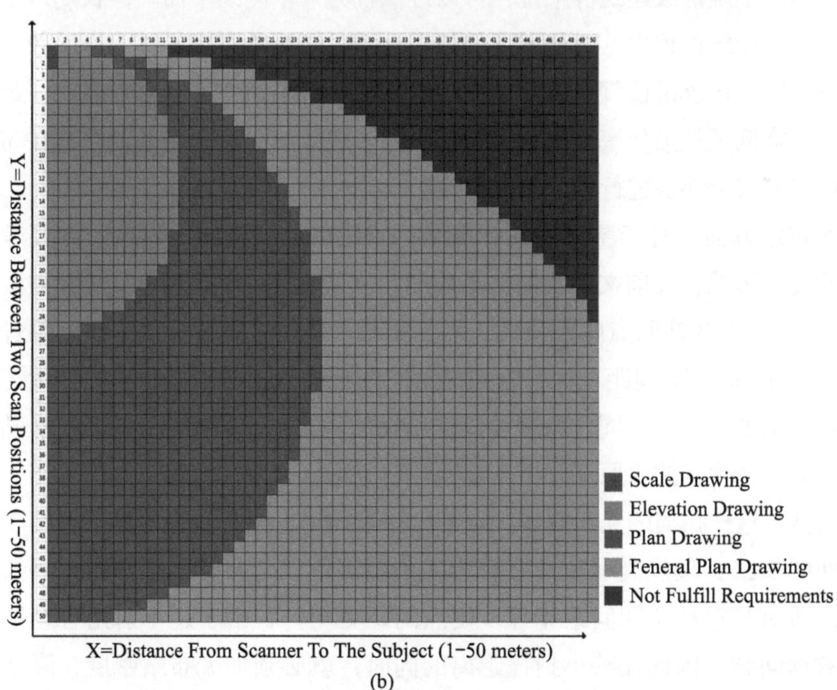

(b)

图 3-22 （a）Z+F 5010C“Middle”模式速查表；（b）“Super High”模式速查表

当然，正如前面所说，由于点云厚度的因素存在，小于点云厚度的点云精度和分辨率都是具有随机性并测不准的，因此，在精度要求高于点云厚度（通常为4mm）的图纸要求时，最稳妥的方法还是更换精度更高的扫描方式（如手持、机械臂、栅格光等扫描设备）。

3.3.2.3 以工程图为标准的布站思考

利用工程图的制图比例作为布站优化标准，从理论上可以有效地减少由于盲目使用高档位扫描造成的精度、数据量及扫描时间的浪费；并且，这种布站方法在通过大量的项目实践中被证明是有效并且科学的。通过大地坐标局域网布控、科学布站，在北京市文物建筑的三维采集中，显著地提高了扫描的速度，并在精度控制及正射影像图[62]的生成上都达到了应有的标准。如图 3-23，就是部分利用科学布站获得的各种不同尺寸文物建筑的点云图及正射影像图。

建筑是三维空间内的实体，具有高程信息，在上面的研究计算中，没有考虑到纵向仰角点云分辨率的问题。只不过在通常的扫描中，扫描仪能够架设的高度有限，相对于院落级建筑群来说，可以近似视为一个测绘平面。但长期以来在古建筑的三维测绘过程中，对于屋顶的扫描总会由于测绘高度不够而产生较为严重的遮挡问题，传统搭设脚手架扫描又不够灵活，对场地空间有一定要求，最关键的是严重降低了扫描效率，增长了扫描时间。想要解决这个问题，需要在布站方案和扫描方式上都要进行进一步的改进。

如布站方面，对于屋顶或具有重檐、二层以上结构的古建筑，需要考虑点间距的互相影响，在前文中我们从平面的角度验证了，站间距的 1/2 到被测面的 90°投影方向为两站间点间距最大，而当扫描距离为 1/2 站间距，即此位置激光入射角为 45°时，点间距最优，若扫描站间距不变，无论扫描距离时变大还是变小，点间距都会变大。同样原理可以应用在高程方向，当扫描距离为 1/2 站间距时，点间距最优，按照原理分析，兼顾效率考虑，合理的高程布站应为正等边三角形网格。这样扫描的立面数据，点云分布最均匀，出图效果最好（如图 3-24）。

如图 3-25，理想高程布站以等边三角网而不以“井”字形排列，目的是为了保证所有扫描站位间间距相等，使点间距更均匀，由于过小射角容易造成的波纹数据问题，因此在减小扫描距离的同时，就必须加大布站密度，降低扫描档位。

图 3-23　经过科学布站获得的点云图及正射影像图

具体操作步骤还受限于许多因素，最主要的就是遮挡和扫描距离。许多古代建筑形制较为复杂，扫描空间距离狭小，且杂物、树木的遮挡对于整体信息的采集难度很大（如图 3-26），需要根据现场条件，利用速查表寻找合适的扫描档位。

如果不进行查询，测站间距依然按照其余立面标准执行，就会出现站间入射角趋近平行，产生数据畸变、点云质量下降及点间距变大等问题。因此利用速查表能有效地提高设站速度，并满足出图要求和拼接要求，其执行流程见图 3-27。

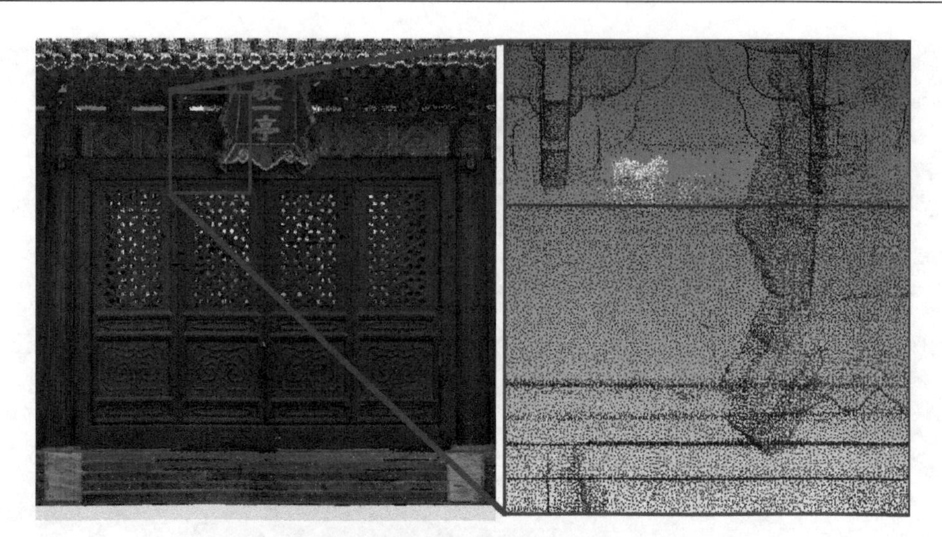

图 3-24　经过优化布站采集的点云有序均匀

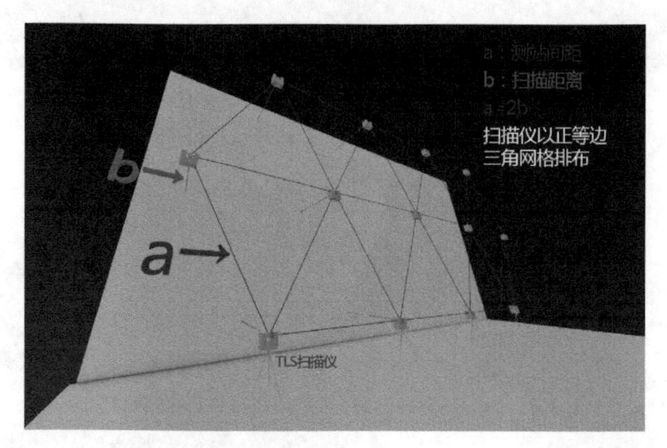

图 3-25　三维激光扫描高程布站优化策略，站位以正等边三角形排布

图 3-26　一部分古建筑设站空间非常狭小

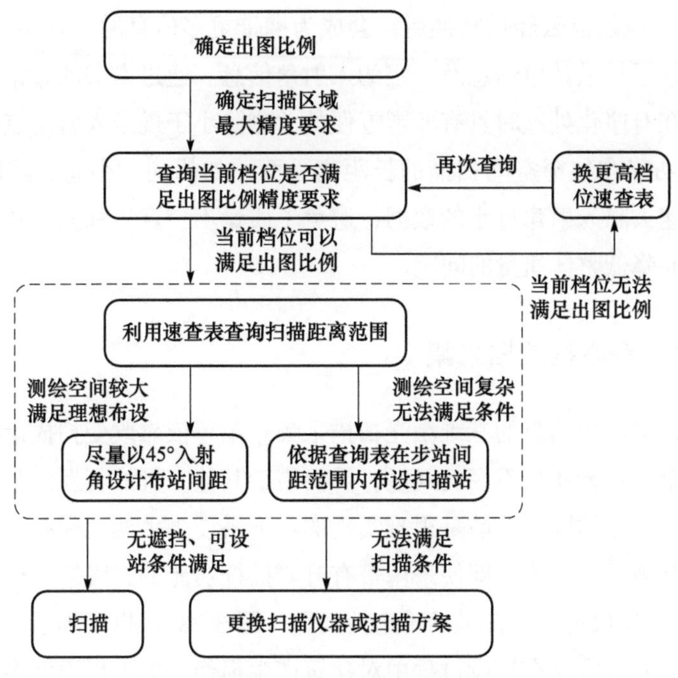

图 3-27　依据标准进行查询及设站流程

其实从三维激光扫描仪获取数据的本质上来说，扫描距离越远，入射角越趋向于平行，则点间距越大、点质量越差，这两个变化都是线性递增的，但是由于有了多站数据的互相弥补，前一站的较差数据会被后一站良好的数据所覆盖，才会产生最优布站的可能性，因此根据工程图为标准的三维激光扫描布站策略是建立在多站扫描前提下的。不过这里就出现了一个矛盾：在理论计算中，站间距是线性递增的，所以这是一个绝对标准，即只要站间距增大，点间距也会增大，而扫描距离则由于多站数据互相弥补存在一个最佳数值，为站间距的 1/2；从原理上来看，最简单的布站方式是在定好站间距之后，调整扫描距离即可。但实际工作中，往往扫描距离会受到环境及遮挡的影响而调整空间不大，如果需要获得良好的数据并兼顾效率，就需要让站间距跟随扫描距离的变化而变化。站间距的变化又会影响最终测站数量，进而影响到整体工作时间，因此，如果需要继续深入研究的化，还应该考虑到扫描距离影响到的扫描档位的变化及对应的扫描时间，将这两个变量加入整体的优化计算，才应是更贴切实际，更适宜的扫描布站方案。

另外，在一部分扫描仪的处理软件中（如 leica HDS6000 的处理软件

Cyclone[63]），原始点云经过转换后，会成为携带更多信息的“有序点云”数据，这种数据记录了扫描站位信息及一定的入射角信息。通过本书的布站策略获得的三维点云，在有序化处理时具有非常方便的“删除小于规定入射角点云数据”的功能。这项功能在狭窄空间扫描的长距离平面（如胡同、小巷、院墙等）处理中，可以快速去除入射角过小的数据，避免了质量不一点云和波纹状点云与高质量点云重合而降低整体质量的问题。

3.3.2.4 屋顶等高程数据采集

对于屋顶等高程信息的三维激光扫描采集，单单依靠改变扫描策略已经难以解决数据不全、点云质量不高的问题，需要借助其他工具的研发。前文所示的高程正等边三角形布站网在以前是很难实现的：不搭设脚手架，现有三脚架无法将扫描仪抬升至需要的高度，即使采用带有升降摇杆功能的三脚架，也无法解决保持 25kg 重的扫描仪抬升后扫描的稳定性问题（图 3-28）；搭设脚手架，则工作进度大大拖慢，并且容易在搭设过程中对建筑产生损伤，更不用说许多古建筑根本没有搭设脚手架的条件。想要解决高程数据的采集问题，必须要设计新工具——可以将扫描仪架设到高空的支架。

解决高程三维激光扫描问题的装置需要满足几点要求：

图 3-28　三维扫描仪升至 3m 时，已无法保持足够的稳定性

（1）占地空间小：中国古建屋檐宽大，建筑雄伟，想要获取完整的屋顶数据就需要扫描仪与屋顶留有一定扫描距离以保持近 90° 入射角，但许多古建筑主体建筑两侧空间都较为狭窄，这就要求支架装置占地面积小，可以适应更为狭窄的扫描空间。

（2）抬升距离大：中国古建筑都建立在台基之上，且存在复杂的梁架结构和坡面屋顶，高级的建筑有不少是重檐结构，尤其是现存古建筑中大量的宗教类建筑，屋顶高度通常已在 12m 以上，而普通的三脚架或支架只能升高到 2m 左右。因此，专用于解决高程问题的装置需要很大的抬升距离，如果想要适应大多数重要文物建筑，则抬升高度应为 10m 以上。

（3）抬升后稳定性好：即使是最轻量化的 FARO Focus3D 系列，仪器重量也有 5kg，并且，三维扫描仪在扫描过程中对于稳定性的要求很高，0.2° 的倾斜就会导致大部分三维激光扫描仪计算错误甚至终止扫描，因此，如果无法保证抬升后的稳定性，频繁地中断扫描不但会造成工作时间的大大延长，同时获取到错误的数据将使原本为了完整准确保存信息的古建筑三维采集工作变得毫无意义。

（4）便于移动：三维扫描，尤其是针对中国古建筑的三维激光扫描，对于完整性的要求甚至大于对于单站扫描精度的要求。而高完整度势必要用大量不同角度的测站进行补全。一栋普通的单体古建筑，正常的测站数量就在 40 站以上，想要对屋顶、重檐等区域重点扫描，则单体建筑测站数可能达到百站以上，频繁地换站要求支架装置应便于移动，减少换站耗时。

基于以上要求，我们设计制作了两种用于获取高程三维信息的支架装置：三维激光扫描专用摇臂（图 3-29）和三维激光扫描专用气炮（图 3-30）。

摇臂和气炮的使用，首先是为了保证三维激光采集数据的完整和客观：在许多针对中国古建筑的三维采集项目中，由于遮挡和高度的限制，许多数据无法做到完整的采集，相应的数据孔洞只能由人工进行修补，这大大增加了人为因素的影响，并一定程度上影响了注重准确性和原真性的文物建筑数字信息模型的可信度，利用支架将扫描仪放置在手工测量和传统扫描难以达到的区域，让扫描仪充分采集信息，是对减小人工干预，保证数据的原真性原则的有效贯彻执行；其次，利用摇臂和气炮，可以将三维测绘布站网从平面转向三维空间，改善点云质量，均匀点间距，优化正射影像图，最大限度地防止由于仰角过大造成的数据畸变，进一步提高三维逆向数据高程信息的准确性。

图 3-29　三维激光扫描专用摇臂及获取的三维数据

图 3-30　三维激光扫描专用气炮

3.4　三维采集仪器介绍与选型

针对不同的构件采取不同扫描设备和扫描方案，在现阶段利用三维激光信息技术采集中国古建筑工作中已被普遍接受，并形成了广泛认同。不过随着三维激光扫描技术在各个领域的应用越来越广泛，三维激光扫描仪的品牌和型号也越来越多，每一种仪器都有各自的优劣势，对应的扫描精度、扫描距离、扫描速度均有差别。另外，每个厂家对于点云的获取与处理都有本厂自有格式，数据格式的兼容性与平台也不同，对于初次使用三维激光扫描技术采集古建筑的研究人员来说较为复杂，单纯根据厂商的参数表格和宣传难以选择合适的仪器进行项目实施。本书将就经过我们实践验证过的，现阶段市场主流三维扫描设备型号进行简单的归纳整理，并对不同扫描对象和制图比例需求给予对应的设备选型建议。

3.4.1　TLS类三维激光扫描仪

在本书 2.2.1 小节中，简单介绍了基于 TOF 飞时测距类扫描仪的原理，其中根据使用载体不同，分为机载空中激光扫描（ALS）与地面激光扫描（TLS）两类，ALS 主要用于地形地貌、山体等大面具区域测量，且近年来由于实景建模技术的发展与普及，其过高的使用成本已经导致使用频率的不断下降，在本书主要针对建筑层面的三维采集中就不再展开说明。

TLS 地面激光扫描是现阶段用于建筑级别三维采集的主力，根据接收器计算方式的不同还分为相位式扫描仪和脉冲式扫描仪。相位式的特点在于扫描精度高、最大最小量程较小（通常为 0.2～150m），并可扫描高反光物体（如棱镜）①；

---

① 虽然相位式扫描仪可以扫描棱镜，但并不代表可以正确识别数据。对于激光测距仪来说，棱镜可以将激光信息收集并准确返回接收器，提高识别率和精度。但是对于本来以接收漫反射信号为主要设计目标的三维扫描仪来说，棱镜对于激光的回溯功率太强，容易造成激光接收器的损坏，同时也会造成严重的数据错误和畸变，所以对于较早期的相位扫描仪来说依然不推荐直接扫描棱镜。最新型号的扫描仪有一部分已经考虑到了这个问题，提供了棱镜后视测量功能，会在正式扫庙前对 360°扫描范围进行一次粗扫，识别高反光棱镜区域，然后以单点测距模式对棱镜进行标记。在实际扫描中，这片区域的数据会降低激光功率甚至关闭激光躲过棱镜。如果设备中标识了可以扫描棱镜，或扫描模式中有针对棱镜的测绘功能，则可以放心使用。

脉冲式扫描仪则在量程上远远大于相位式（通常为0.8～500m），并不少都配备“长距模式”提高远程数据品质和精度，扫描精度略低于相位式扫描仪，且不适合扫描高反光物体。

现阶段常见主流三维激光扫描仪主要有法如（FARO）、Z+F、瑞格（RIEGL）、天宝（Trimble）、徕卡（Leica）等数十个品牌，各个品牌都有覆盖不同市场需求的产品，除了法如和Z+F专注于相位扫描、瑞格专注于脉冲扫描外，其他厂商在相位和脉冲扫描仪均有涉猎，有的还推出了结合了两种原理的自有技术产品，无法完全准确地以原理进行分类，因此本书仅对经过我们实际测试的主流型号扫描仪进行梳理和总结，并阐述不同仪器的重要特点。

3.4.1.1 主流相位扫描仪

由于早期的三维激光扫描仪精度不高，在最初被引入中国时，精度相对较高的相位式扫描仪在参数上更具竞争力，因此从2004年至2010年，在中国文化遗产数字化领域出现的三维激光扫描仪大多为相位式。直到现在，精度高、使用方便的相位扫描仪依然是市场上，尤其是文化遗产和古建筑保护领域中最受欢迎的产品类型，其中最主要的几个品牌有：

1）法如（FARO）

法如是一家来自于美国的三维扫描仪研发生产商，在众多三维扫描品牌中拥有敏锐的市场嗅觉。自从2010年推出Focus3D × 30后，法如就一直贯彻“小巧、轻便、用户友好”的理念，一直将扫描仪重量控制在5～7kg左右，并不断加入包括HDR、GPS、辅助配准等主流功能，使现场扫描的工作效率越来越高，数据获取过程也更简单化、自动化。现阶段FARO主流机型为主打中远距、工业领域（防尘放水）的Focus S系列，主打近距离、高性价比的Focus M系列和市场上保有量最大的Focus X系列。

传统的相位式扫描仪通常扫描距离较短，大部分都在70～90m之间，且30m后数据衰减较为严重，在中国传统古建筑群的三维采集上受到了较为严重的限制，也从一定程度上限制了相位扫描仪在中国古建筑保护采集领域的发展。因此主流相位式扫描生产厂商均投入研发，扩展相位式扫描仪的最大量程。如天宝的Trimble TX系列，就在扫描仪内将相位式与脉冲式采集集成在一起，推出了“Flash”技术，扩展TX系列的适用面，但这种解决方案在初期时不够成熟，导致早期产品精度不如相位扫描仪，距离不如脉冲式扫描仪。经过了几次产品迭代和优化后才解决了相关问题。而FARO公司则一直专注于相位式扫描仪的优化与研发，不断挖掘相位扫描的潜力，从最早的×30仅仅30米的扫描距离，到×130的130米，再到其主流产品×330，突破性的330米，直至现在主攻专业化的S350，据测试可在良好反光状态下接近500米的扫描距离。

法如的Focus3D系列重量轻、体积小、换站速度快，适合站点布置较密、换站频繁的中近距离扫描，同时，新推出的S系列将10m处点位中精度提高到了2mm，测距误差提高到±1mm，理论上已可以满足1：20节点详图的正射影像出图精度（表3-5）。不过，经过实测，FARO的自有处理软件SCENE对于原始数据的转换和抽析虽然降噪效果明显，但同时也会将原始点云中的部分细节剔除，因此在实际使用时，需要人工对数据进行复验，并调整抽析比例。

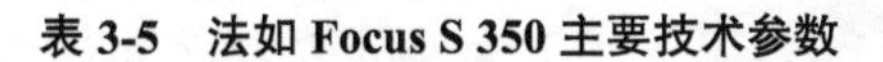

表3-5　法如Focus S 350主要技术参数

 	主要参数： 可视范围：122-488 kpts/sec（在614m处）；976 kpts/sec（在307m处） 测量速度（pts/sec）：122,000/244,000/488,000/976,000 测距误差4：±1mm 测角精度5：19arcsec-竖直/水平角 3D点位精度6：10m：2mm/25m：3.5mm 视差：同轴设计-无视差 视野（垂直7/水平）：300°/360° 步长（垂直/水平）：0.009°（360°含40960三维像素） 0.009°（360°含40960三维像素） 激光等级：1级激光 波长：1550nm 光束发散角：0.3mrad（1/e，半角） 出射光直径：2.12mm（1/e，半角）

2）Z+F

Z+F生产于德国，是Zoller + Fröhlich的简写，而Zoller和Fröhlich是公司两位创始人的名字，如此简单的命名生产的扫描仪却并不简单。Z+F继承了德国产品一贯精益求精的态度和对于专业性的核心理念。自从2002年的IMAGER 5003开始，Z+F就不断更新着当时相位扫描仪的部分记录：如5003在当时同类产品中第一次可以达到53.5m的测距能力和每秒50万点的扫描速度；2006年的5006集成了控制面板、硬盘、电池和机载计算机，是全世界第一套可以单人独立操作的三维激光扫描仪；2008 年的 5006h 则成为了当年全世界扫描速度最快的三维激光扫描仪。2010 年，Z+F 推出的 5010 系列将相位式扫描仪的最大量程测距推进到了 187 米，成为当时相位式三维激光扫描仪测距最远的仪器，具体参数详见表 3-6。

表 3-6　Z+F IMAGER 5010C 主要技术参数

主要参数：	
测程：	187.3 米
最小测程：	0.3 米
分辨率：	0.1mm
数据获取速率：	最高 1016 000 点 / 秒
线性误差：	≤1 毫米
10m 处的误差（均方根误差）	0.3mm
25m 处的误差（均方根误差）	0.4mm
50m 处的误差（均方根误差）	0.8mm
100m 处的误差（均方根误差）	3.3mm
激光等级：1 级激光	
光束发散角：<0.3mrad（1/e，半角）	
出射光直径：约 3.5 毫米（距 0.1 米时）	
垂直视野范围：	320 度
水平视野范围：	360 度
垂直分辨率：	0.0004 度
水平分辨率：	0.0002 度

Z+F 的型号更新非常缓慢，从 2010 年直到 2016 年，推出的所有产品型号都为 5010 系列：5010C 集成了 HDR 同轴相机，5010X 则内置了陀螺仪、惯导、电力罗盘、GPS 传感器。直到 2016 年年底，才进行了型号的更新，推出了 IMAGER 5016 机型。从一个角度来说，Z+F 充满了德国人的作风，对市场不是很敏感，在没有重大技术革新之前很少更新产品型号，而从另一个角度来讲，当年的 5010 系列确实在三维采集技术上处于领先地位，经过 6 年的快速发展，5010 的核心组件依然足够与其他品牌的新产品相媲美。

Z+F5010 系列优秀的核心组件配合其专用处理软件 Laser control 对于原始数据的优化非常优秀，可以在有效去除无效数据和杂点的同时，保留建筑的信息特征，适合针对结构复杂并对数据结果要求精度较高的建筑信息采集。

值得一提的是，Z+F IMAGER 5016 由于推出过晚，在我们的研究中无法实际测试，但是 5016 是 Z+F 产品系列中第一次小型化的尝试，除了在保持 5010 系列的高精度基础上将测程提升至 360 米外，同时将重量从 12.5kg 降低到了

6.5kg。结合之前 5010 系列优秀的数据品质，相信 5016 在未来会由于其轻巧化的举措大大增加 Z+F 产品的普及率。

3）徕卡（Leica）

徕卡是起源于瑞士的全球著名空间信息技术与解决方案供应商，从 1819 年成立伊始至今已有将近 200 年的历史。同样，在三维激光测量系统领域，徕卡的眼光也非常敏锐。1993 年，Cyra 技术公司成立，并于 1998 年发布全球第一台商用三维激光扫描仪，紧接着与 1999 年就发布了当时震动业界的 Cyra 2500。徕卡公司于 2000 年迅速购买了 Cyra 公司的部分股份，并于 2001 年将该公司收购。推出了后来的广泛使用的 HDS 系列三维激光扫描系统。

但是 2006 年，由于 Z+F 精益求精研发，Z+F 5006 在硬件指标、操作便利性等方面超越了当时大多数三维激光扫描系统，对其他产品造成了巨大的压力，于是在当年，徕卡迅速与 Z+F 签订合作协议，将 Z+F5006 作为徕卡 HDS 系列的主力机型推出市场，后逐渐更新至 Z+F 的 5010 系列，即 2010 年在中国爆发式增长的 HDS 6000 系列。

也就是说，在中国保有量极大的 HDS 6000、6200 等型号，其实就是 Z+F 的 5010。当然，Z+F 在借助了徕卡的品牌和销售网络后逐渐成长，最终与徕卡分道扬镳，开始销售自己的品牌，而徕卡的 Cyra 部门也在这期间借鉴了市场大量先进经验，结合自有技术，推出了 scanstation C10。不过从 C10 开始，徕卡扫描仪跨入了脉冲扫描仪的领域，并于后续产品将技术整合，推出 WFD 波形数字化技术，应用在 C5、HDS8800 等型号，直到现在的 P20、P30、P40。

从 C 系列开始，徕卡更加注重工程领域的应用，主打远程脉冲扫描仪，而本书的研究团队也无法取得后续 C 系列的产品进行测试，但经典的 HDS6000 系列直到现在依然被应用在许多工程项目中，并由于其优秀的品质在相位扫描仪中依然占有一席之地，虽然其由于不具备相机，想要获取彩色数据还需要全景相机的配合，相对流程繁琐而困难，但是对于数据本身来说，HDS6000 系列则足够优秀，依然可以满足古建筑立面级别数据的采集（参数见表 3-7）。

同时，徕卡公司的点云处理软件 Cyclone[64] 也借助其在测量领域丰富的经验积累而表现得相当专业[65]，很早就支持对纸质、球状及各种专业标靶、棱镜的自动识别及前后视、导入 GPS 数据及大地控制网平差、等高线绘制等专业测绘功能，对于推进三维扫描仪在行业中的应用也起到了至关重要的作用。

表 3-7　徕卡 HDS6000 主要技术参数

	主要参数：	
	位置	6mm/1m–25m 扫描范围
		10mm/50m 扫描范围
	距离	≤4mm/ 扫描范围 25m 以内，90% 反射率
		≤5mm/ 扫描范围 25m 以内，18% 反射率
		≤5mm/ 扫描范围 50m 以内，90% 反射率
		≤6mm/ 扫描范围 50m 以内，18% 反射率
	角度	25″/25″(水平角 / 垂直角)
	模型精度	2mm/ 扫描距离 25m，
		4mm/ 扫描距离 50m，90% 反射率
		3mm/ 扫描距离 25m，
		7mm/ 扫描距离 50m，18% 反射率
	激光级别	3R 级（IEC60825-1 标准）
	扫描距离	79m/90% 反射率；50m/18% 反射率
	扫描速率	最大 50 万点 / 秒
	扫描视场角	水平方向 360°
		垂直方向 310°

4）天宝（Trimble）

天宝公司与 1978 年成立于美国，相对于测绘领域的领导者徕卡，其成立时间很短，但是它主要的研发方向是 GPS 技术和实际应用，且在此领域一直保持着领先地位。由于三维激光扫描系统与传统测量及 GPS 的结合潜力，天宝公司也开始涉足三维扫描测量领域。但是由于早期缺乏相关的技术团队，天宝公司并没有自主研发的三维扫描系统，而是靠与法如公司和 surphaser 公司合作，对两个公司的产品进行销售，并分别命名为 Trimble TX5 和 Trimble FX。直到 2013 年发布脉冲与相位结合的 Trimble TX8，才算是真正拥有了自己的独立产品。

点云处理软件 RealWorks 具有强大的点云显示和加载能力，并与 AutoCAD[66]、Microstation、3dMax 都有良好的接口，可以按比例输出正射点云图、依据点云进行切片输出 CAD 线段等功能都易用且专业，尤其是 2012 年又从 Google 收购了现阶段建筑行业最为热门的 SketchUp，并推出了针对 SketchUp 的点云插件，使三维逆向数据的应用范围大大增加，直接推进了三维点云数据在建筑领域的应用，极大地增强了三维数据的实用性。

3.4.1.2 主流脉冲扫描仪

相位扫描仪的高精度使其早期在中国迅速普及，但随着时间的推进，三维扫描仪已不仅仅局限于建筑领域的应用。矿山、地形勘测、大坝勘测等其他领域的应用使人们对于扫描距离的需求越来越高，同时对适宜精度的理解与认识也越来越清晰，越来越深入。伴随着市场的更加成熟，人们判断产品的标准更贴近实际生产与工作，而不仅仅以精度高低评价扫描仪的好坏，这也给予了脉冲扫描仪巨大的发展空间，于是近几年来，各个生产厂商也开始逐步推出脉冲三维激光扫描仪，并作为其品牌的主力机型。在这些厂商中，瑞格（RIEGL）公司一直专注在大范围扫描勘测方面，并取得了相当的成绩；徕卡（Leica）、天宝（Trimble）等传统测绘领域大厂也纷纷推出了以相位式扫描为核心的自主扫描仪产品。

1）瑞格（RIEGL）

瑞格公司总部位于奥地利，具有长达30年的脉冲激光测距设备研发经验，创始人于20世纪70年代在维也纳工业大学开发出了自己的脉冲发生器，其核心技术仍应用于现在的RIEGL设备。这是一家以技术研究见长的研发型公司，其独一无二的数字化回波和在线波形分析功能使其VZ系列脉冲扫描仪可以实现超长测距能力并保持足够的精准度，而最大6000米的测程更是在测绘距离和对应精度上将大部分脉冲三维激光扫描仪远远甩在了身后。

但是以技术研发为核心的公司往往都有几个通病，在瑞格身上也同样具备，如缓慢更新换代和较弱的市场推广。RIEGL公司的VZ系列造型以VZ-4000为分水岭，至今只有两种样式。且从2008年其VZ系列的最早型号VZ-400[67]推出后，至今8年的时间里，VZ系列仅有400、400i、1000、2000、4000和6000共计6个产品，并且这是RIEGL公司TLS地面激光扫描系列的全部产品（图3-31）。

瑞格的产品不仅更新缓慢，售价还十分昂贵，从2008年以来，历来最贵的三维地面激光扫描仪均出自于RIEGL。不过昂贵的售价和缓慢的更新同时也代表着RIEGL产品稳定的质量和超前的技术实力。即使在对扫描距离要求不高的古建筑测绘方面，产于2008年的RIEGL VZ-400无论从数据质量还是后期处理上都基本优于现阶段其他脉冲式三维激光扫描仪[68]（表3-8）。

同样，RIEGL的点云数据处理软件RiScan Pro也更新非常缓慢，且还有一些与新Windows系统不兼容的BUG，但是在使用中，RIEGL对于测绘需求的理解深度让人印象深刻。可以自由调整扫描分辨率的设置、照片获取设置的灵活

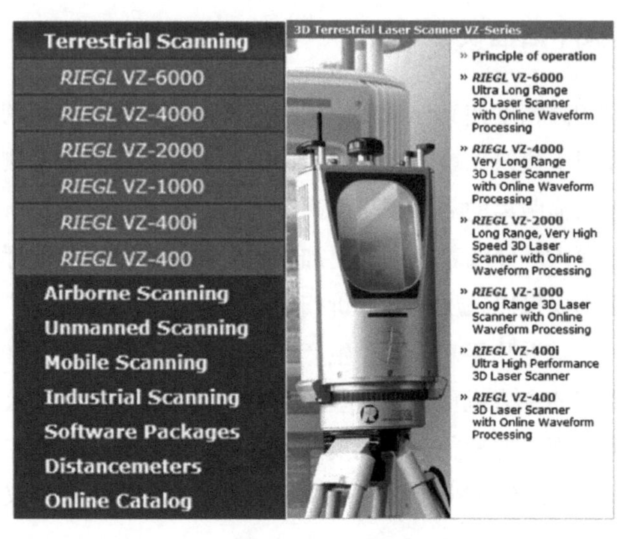

图 3-31　RIEGL 公司地面激光扫描产品线

表 3-8　瑞格 VZ-400 主要技术参数

	主要参数：		
	扫描距离：	600m（对反射率为 90% 的物体）	
	扫描精度：	2mm（100 米距离处，一次单点扫描）	
	激光发射频率：	300,000 点 / 秒	
	扫描视场范围：	100° ×360°（垂直 × 水平）	
		长距离模式	高速模式
	LaserPRR(Peak)	100kHz	300kHz
	有效测量速度	42000means./sec	125000means./sec
	最大测量距离		
	自然目标：ρ≥90%	600m	280m
	自然目标：ρ≥20%	350m	160m
	精度	5mm	5mm
	重复精度	2mm	2mm
	最近测量距离	1.5m	
	激光波长	近红外	
	激光发散度	0.3mrad	
		垂直扫描（线扫描）	水平扫描（面扫描）
	扫描角度范围	100°（+60°～-40°）	0°～360°
	扫描速度	3 线 / 秒～120 线 / 秒	0° / 秒～60° / 秒
	角度分辨率	优于 0.0005°	优于 0.0005°

性、拍照与扫描分离在实际采集项目中的便利性、以单测站为参考坐标的 SOCS 坐标系统，都让我们在使用中感受到了其在实际项目执行中面对各种问题的专业解决方案和系统模式。

当高精度、专业性及便利性完美结合在一体时，即使是针对建筑的三维数据采集，利用 RIEGL 长距模式的准确、大量几何信息辅助大地坐标控制网进行整体控制，也使这台脉冲式扫描仪能在中国古建筑三维信息采集环节中起到至关重要的作用。

2）徕卡（Leica）

徕卡从 ScanStation C5 之后的型号，均采用了以脉冲激光为主的激光测量方式，而新一代的 P30、P40 超高速激光三维扫描仪则采用了超高速 WFD（波形数字化）增强技术将测绘精度提高至接近相位扫描仪的水平，其新一代主力机型参数如下表（表 3-9）。

表 3-9　徕卡 ScanStation P40 主要技术参数

	主要参数：	
	距离精度	1.2mm+10ppm
	角度精度	8″水平 /8″垂直
	点位精度	3mm@50m；6mm@100m
	标靶获取精度	2mm@50m
	类型	超高速 WFD（波形数字化）增强技术
	波长	1550nm（不可见的）/658nm（可见的）
	激光安全等级	1 级（符合 IEC60825：2014 标准）
	激光发射角	<0.23mrad
	前窗激光光斑直径	≤3.5mm
	最小扫描距离	0.4m
	扫描速率	1,000,000 点 / 秒
	范围噪音	0.4mm rms@10m\0.5mm rms@50m
	视场角	水平方向 360°垂直方向 290°

3）天宝（Trimble）

天宝 TX8 是天宝公司自主研发的脉冲激光三维扫描仪。天宝 TX8 能够实现更快的扫描速度和更远的测程，以节省三维扫描任务所需的时间。其快速获取数据的能力能够减少每次测量所需的时间，而其远测程则能够减少完成一项测量任务所需的测量次数。凭借天宝专利的 LightningTM（闪电）技术，在其整个测程范围内，TX8 都可以保证每秒 100 万个精确激光点的数据获取速度。由于天宝 LightningTM 技术受目标表面类型和大气状况变化影响很小，因此在每一个测站都可以获得具有良好完整性的数据结果。通过 RealWorks 的配合，天宝 TX8 的数据能够导入 CAD 软件的高效数据流，其参数如下（表 3-10）。

表 3-10　天宝 Trimble TX8 主要技术参数

	主要参数：	
	最大测程：	120m（对于大多数表面）
		340m（升级选项）
	测距噪声：	<2 毫米（对于大多数表面）
	激光安全等级	1 级（符合 EN60825-1 标准）
	激光波长：	1.5μm，不可见
	激光束直径：	6mm（距离 10m 处）
		10mm（距离 30m 处）
		34mm（距离 100m 处）
	最小测程：	0.6m
	最大标准测程：	120m（对于反射率在 18%-90% 间目标）
		100m（对于反射率在 5% 的超低反射率）
	扩展选项测程：	340m
	测距噪声：	<2 毫米
	测距系统误差：	<2 毫米
	视场角：	360° ×317°
	测角精度：	80μrad

3.4.2　其他扫描仪类型

在古建筑的三维扫描采集过程中，不可避免地要对斗口、额枋、彩画等小尺寸重要构建进行扫描，从而完成整栋单体古建筑或建筑群的完整性、原真性采集。仅凭 TLS 地面激光三维扫描仪是无法满足这些小尺寸构件的精细度及出图比例要求的，因此在古建筑三维数字化采集的过程中，也不可避免的需要接触其他类型的三维扫描仪。了解这些仪器的适用范围对于中国古建筑以适宜精度、适宜方式进行精准、高效地采集非常有必要且非常重要。但由于这些类型的扫描仪种类繁多、数量庞大，完全统计不现实也无必要，在此仅列出我们经过长期使用并通过实践检验的集中有代表性的机型及参数。

3.4.2.1　结构光扫描仪

在 2.2.2 小节中对结构光三维扫描原理进行了简单阐述，我们知道结构光三维扫描仪具有极高的精度和较小的测距范围。并且，结构光扫描仪在每次新项目开展之前均需要经历较为烦琐的校准过程，不过其高达 μm（微米）级的高度精准数据却可以捕获大量细节和准确的形态，适合对于建筑重要的小尺寸构件进行数字化采集。因此，这项扫描技术在中国古建筑的三维信息采集过程中，尤其是针对彩画、壁画或复杂结构的雕塑、吻兽、花纹等小尺寸、拥有大量细节并最终需要绘制构件详图的需求可充分发挥其优势。这里，主要介绍德国博尔科曼（Breuckmann）公司的 SmartScan[69] 结构光扫描仪（如图 3-32）。

图 3-32　博尔科曼 SmartScan 结构光扫描仪

德国博尔科曼公司的 3D 结构光测量系统采用了特有的专利技术“微结构光投影技术”和非对称结构，通过光栅投影，对物体进行扫描，采集物体的三维数据。自从该公司自 1986 年开发出第一个基于相位移技术的光栅投影系统后，就一直致力于向满足最苛刻需求的顶级测量系统前进。经过数次产品迭代，到 SmartScan 系列时，博尔科曼的结构光扫描系统已经相当成熟[70]（参数见表 3-11）。除了项目开始初期需要一次较为烦琐的校准外，十几秒一站的扫描速度，即时可见的扫描结果和具有白平衡、自动融合等多项便利手段的色彩采集都非常适合小尺寸、高精度构件的采集和数据补全。

结构光扫描仪通常被安置在相机三脚架上，搬站轻松，一人即可完成。但受制于相机三脚架的尺寸，对于建筑尺度的数据采集常常有些力不从心。但结合 3.3.2.4 小结研发的摇臂和气炮，结构光扫描仪可以在额枋及彩画三维采集上发挥巨大的作用。

表 3-11 博尔科曼 SmartScan C5 主要技术参数

基架	夹角：27 度，杆长：470mm，扫描距离：1m					
视场 / 对角线 /mm	M-125	M-200	M-300	M-450	M-600	M-850
视场大小 mm	105*90	170*140	240*200	335*280	500*380	650*560
景深 /mm	60	100	150	240	300	400
x，*y* 分辨率 /um	45	70	100	140	205	265
z 分辨率 /um	2	4	5	8	11	15
噪点 /um	±5	±8	±11	±17	±23	±31
特征精度 /um	±10	±17	±26	±38	±51	±72
基架	夹角 32.5 度，杆长 240mm，扫描距离 370mm			夹角 18 度，杆长 470mm，距离 1500mm		
视场 / 对角线 /mm	S-030	S-060	S-125	L-650		L-1500
视场大小 mm	25*20	50*40	120*80	500*400		1175*975
景深 /mm	15	25	60	320		750
x，*y* 分辨率 /um	10	20	50	205		480
z 分辨率 /um	1	1	2	12		28
噪点 /um	±2	±2	±5	±25		±59
特征精度 /um	±7	±8	±10	±55		±128

但是，由于镜头焦距与景深的原因，通常情况下，结构光扫描仪无法采集进深过大的数据，而采集精度越高，所能采集的深度信息越少，因此在一些具有复杂关系的构建上，就需要使用机械臂三维扫描仪进行数据采集。

3.4.2.2 机械臂扫描仪

机械臂，又叫关节机械臂或关节臂，是工业测量领域常见的质量控制逆向采集设备。常见机械臂所携带的是接触式硬质探头［如图 3-33（a）]，用于检测关键点的高精度点位信息，通常点位误差在 0.01～0.07mm 之间。与三维激光扫描不同的是，机械臂硬质探头对于空间坐标的确定完全来自于机械臂内节点的机械运动记录，只要被测物和机械臂保持稳定，在臂展测距范围内，无须进行校准就可直接扫描，且所有被测物都在统一空间坐标下；如果需要搬动机械臂，部分机械臂需要重新校准，部分带有绝对坐标系统的机械臂依然无须校准，只是会生成一个新的坐标体系，需要利用逆向工程的拼接技术进行坐标转换。

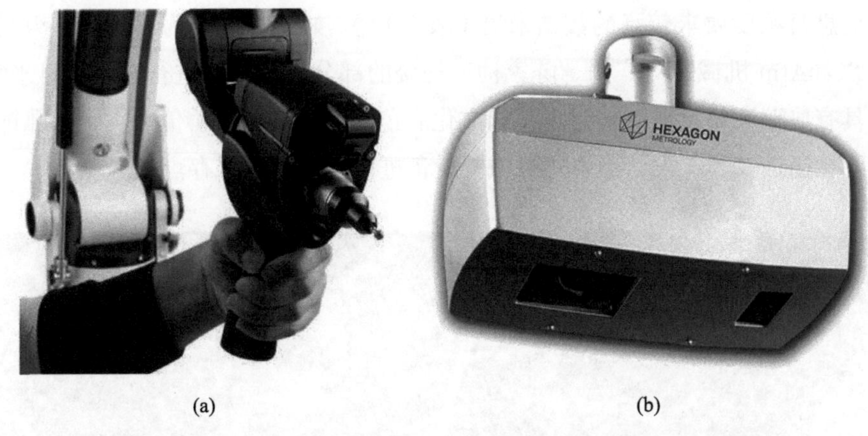

(a)　(b)

图 3-33 （a）机械臂硬质探头；（b）机械臂用非接触激光扫描测头

现阶段由于非接触式三维扫描的应用需求越来越强，传统的机械臂厂商也大多开发了非接触激光扫描测头［图 3-33（b）］，安装在机械臂后，激光发射器通过发射激光线并返回接收器转换为距离信息，空间信息由机械臂关节点进行记录换算，保持了机械臂高精度、角度灵活的优点，也具有了三维扫描仪大量获取数据的能力。

利用机械臂进行三维点云数据采集，最大的优点是在具备手持式三维扫描仪的高精的同时，在臂展范围内完全统一的坐标系，减少了手持扫描仪中大量需要数据拼接的工作，对于扫描尺寸在 0.5～3m 之内，采集精度要求较高的建筑构件非常适合。

机械臂领域中拥有许多优秀的产品制造商，而在中国文化遗产数字化保护领域中，最常见的制造商有以下两家：

1）法如（FARO）

法如在测量领域的发展非常迅速，产品线涉及工厂测量、建筑建造、产品设计、文化遗产及公共安全等多个领域。而且其轻便、小型、易用的产品设计思路不但体现在 TLS 地面激光扫描仪上，同时也在工业测量的机械臂产品上有着同样的特点。法如的 ScanArm、Edge 等系列从重量上及便携性上均比市场同级别机械臂更小、更轻，同时也能保证不错的数据质量。尤其是与逆向工程处理软件的整合非常优秀，可以不需要过多设置就直接在杰魔（Geomagic）等逆向处理平台上直接进行扫描、处理、输出。

由于法如的机械臂可以做到较为轻便易携带，因此适合一些小尺寸、具有复杂信息且精度要求较高的数据采集（表 3-12）。如图 3-34，为我研究小组利用法如 ScanArm 机械臂对广州“陈家祠”神楼的部分建筑构件进行三维信息采集，构件具有典型潮州木雕的精湛工艺和文化底蕴，文化和研究价值巨大，且雕饰复杂，互相遮挡较为严重，需要用机械臂设备进行三维采集保存。

图 3-34 利用法如的 ScanArm 采集广东陈家祠建筑构件

表 3-12 法如 EDGE 9 主要技术参数

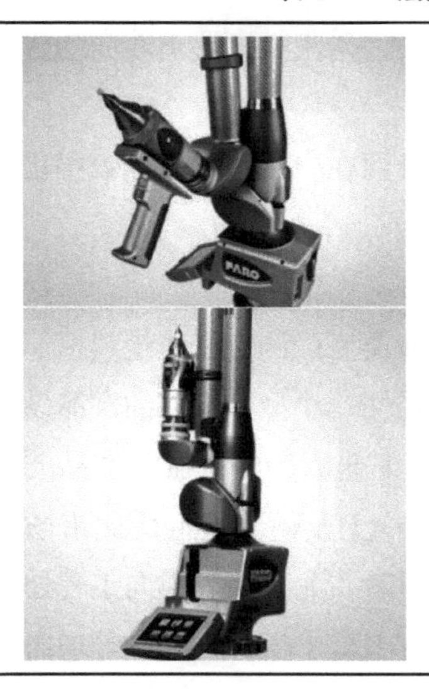	主要参数： 测量臂： 测量范围：直径 2.7m 的空间 单点精度：+/–0.029mm 空间体积精度：+/–0.041mm 激光扫描头： 测量范围：根据所配的测量臂来确定测量范围 精度 2σ 值：±35μm 扫描速率：45120 点 / 秒 扫描距离：53mm to 100mm 扫描宽度：最大 85mm（3.35″） 仪器重量：76.6 克

2）海克斯康（HEXAGON）

海克斯康对于测量领域来说似乎是一个新品牌，而成立于 1975 年，总部位于瑞士的海克斯康集团相对于创立百年以上的老牌测量企业来说确实还很年轻。然而，全球知名的工业测量品牌瑞士 Leica、超高精度的德国 Leitz、生产出全球第一台真正意义上的测量机的意大利 DEA 全都隶属于海克斯康集团，也就是说，海克斯康主要从事的是高科技产业的投资与运营。在前期的二十多年，海克斯康就像个投资者而不是制造商，一直让其收购的企业以原有品牌继续运营。然而 2000 年，海克斯康进行了重要战略调整，重点关注测量及计量行业，并不断将全球范围内代表着测量与计量领域领先技术的知名品牌纳入麾下。2012 年，海克斯康更换 logo，正式以自有品牌进入测量领域，并以其深厚的技术积累和整合能力迅速在市场中推广开来。

海克斯康的机械臂[71]具有绝对编码器，消除了对编码器复位的要求，只要启动设备就可以直接测量。并且，其最新发布的 HP-L-20.8 全新的外接式激光扫描测头，具有独特的可变线宽扫描技术，最大扫描线宽达 230 mm，最高扫描频率达 150,000 点 / 秒（表 3-13）。线宽可调代表着分辨率及单次扫描范围可调，并且，这款激光头对于黑色、较高反光的物体均有良好的识别率，给予了三维扫描相当大的灵活性。

表 3-13　海克斯康 HP-L-20.8 扫描探头主要技术参数

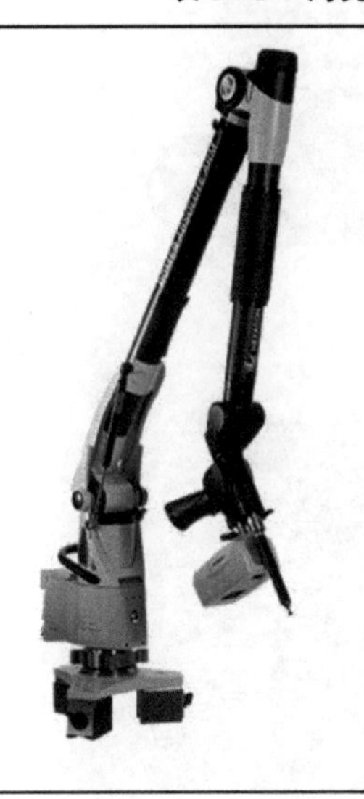	主要参数：	
	激光扫描头：	
	扫描速率	150,000 Points/s
	扫描线包含点	4000（最大）
	线宽范围	
	最小	176mm/104mm/51mm/40mm/20mm
	中等	220mm/130mm/63mm/51mm/25mm
	最大	231mm/148mm/75mm/60mm/30mm
	适宜扫描距离	180mm±40mm
	最小点间距	0.013mm（中档设置）
	精度（1σ）值	9μm
	激光安全等级	Class 2

2012 年，换标后的海克斯康用其 Romer 机械臂与 CMS 108 激光探头和 ScanWorks V5 扫描探头相结合，对重庆大足石刻千手观音进行了数据采集[72]，并全面参与了千手观音的维修保护工程。千手观音的数字化采集对于采集精度、

采集准度及采集环境等提出了近乎苛刻的要求，而海克斯康的 Romer 机械臂则通过不同的扫描探头与方案相结合，满足了濒危文物数字化的严格要求。

由于海克斯康的高精准度及可调分辨率的 HP-L-20.8 激光探头，现阶段可以在中国古建筑数字化彩及领域中适应更多不同尺寸、不同比例标准的构件信息采集。

3.4.2.3 手持扫描仪

手持扫描仪也有很长时间的发展历史，甚至在西方针对三维扫描技术的分类时，专门把“手持类扫描仪”（Hand-Held scanner）分为一个类别。由于手持三维扫描仪体积小、携带方便，同时成本较低，技术门槛也不高，因此这个品牌极多，型号更是数不胜数。而在众多品牌中，现阶段以阿泰克（Artec）、形创（CREAFORM）扫描仪最为主流（图 3-35）。

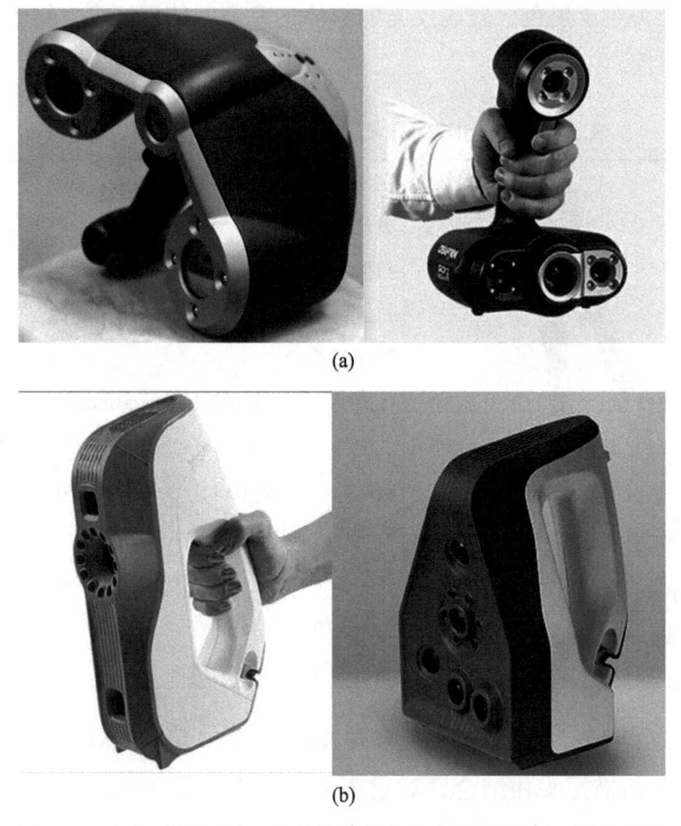
(a)

(b)

图 3-35 （a）形创手持三维扫描仪；（b）阿泰克手持三维扫描仪

手持三维扫描仪最大的优势就是便携型与便利性。相对于机械臂的大体积和重量，手持扫描仪通常尺寸较小，且轻便易持，可以单手进行三维采集工作。并且，手持三维扫描仪基本都有自动拼接功能，可以在一次扫描过程中扫描所需区域和角度，唯一的限制是计算机内存、传输速率。

常见状态下，手持扫描仪单点精度较高，可以媲美机械臂扫描仪，但是由于其大部分自动拼接技术依然存在一定的误差，因此对于较大范围的数据采集，手持三维扫描仪的累积误差普遍比拥有绝对坐标系的机械臂扫描仪高。

手持扫描是对古建筑小尺寸构件进行三维信息采集重要辅助手段，不过由于手持扫描仪获取的数据大部分为三角面模型数据，在于三维激光地面扫描仪进行数据融合时，通常需要进行数据转换。

在这里不得不提到法如（FARO）公司的 Scanner Freestyle3D 手持激光扫描仪（图 3-36），这是一款迥然区别于其他手持扫描仪的产品。首先，他的扫描范围从常见的 0.2～0.4m 提高到了 0.5～3 米，而从最小 0.5 米的扫描范围来看，显然这款扫描仪不是针对常规文物、小构件等扫描对象而设计的；其次，传统发射线型激光的手持激光扫描仪通常在获取数据时，如图 3-37 可以看到数据是从红色激光线的位置计算出来的；而 Scanner Freestyle3D 这款扫描仪可以从图 3-38 中看出，借鉴了手持结构光和地面激光扫描仪的技术，数据是以一片区域的点云产生的，并且随着在同一区域的不断重复扫描增加点云密度和精准度。

因此，无论从它较长的扫描距离，还是从其区域点云的生成方式来看，这款扫描仪的定位本身就是为了配合 FARO 的 TLS 扫描仪对难以扫描的数据进行补充，并提高部分点云数据精度的。从应用领域上来看，这款手持扫描仪与其他定位于便捷小区域高精度数据采集的手持扫描仪是有本质区别的。

因此，如果说其他品牌的手持扫描仪的作用是对古建筑上的雕饰、花纹等

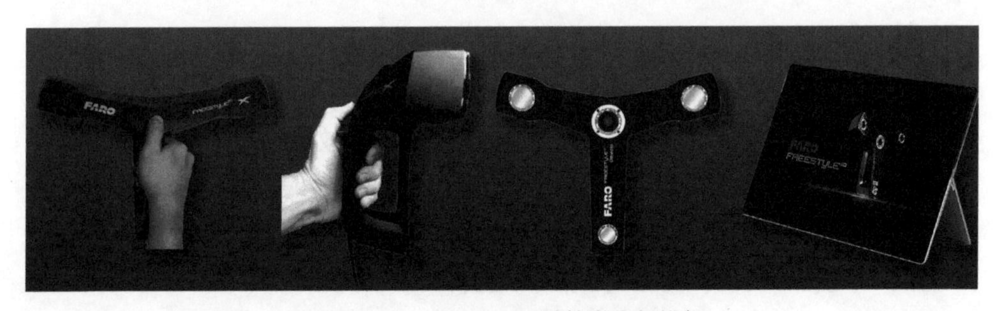

图 3-36　法如 Freestyle 手持激光扫描仪

图 3-37　传统手持激光扫描仪数据，明显可见扫描线的堆叠特征

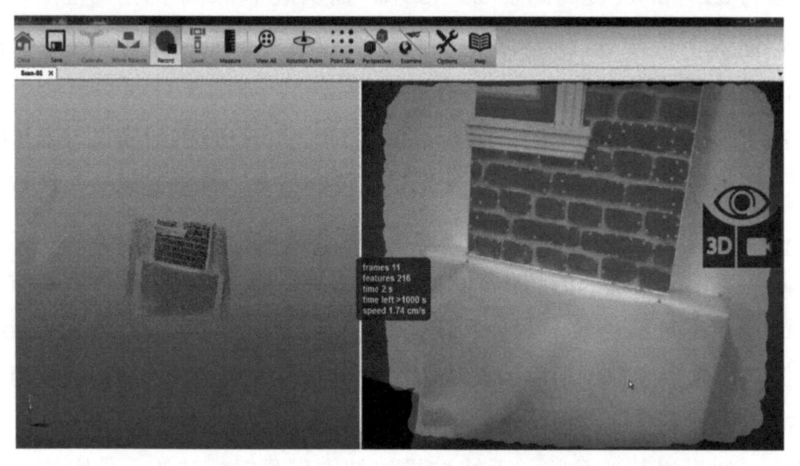

图 3-38　法如的 Freestyle 手持扫描仪直接生成区域点云数据

构件信息进行单独采集的话，法如的 Freestyle 则是直接对 TLS 地面激光扫描仪的主要扫描对象，如墙面、梁架等结构进行数据补充与提升。从古建筑的三维采集实际需求来看，对于 TLS 数据进行快速、便捷、有效的补扫是非常有必要的，也是对中国古建筑数字化采集技术中“完整性、原真性”原则的准确体现。

3.4.3　采集需求与对应扫描仪选择

根据上文总结可以看出，同种类型的扫描仪之间精度差别并不大，更多的是仪器使用便利性和独特性上各个硬件制造商均有自己的优势。点云密度、精度和扫描距离的主要差别还是由于扫描类型的不同造成的。这样，根据图纸比例、点间距要求和布站方式，结合不同扫描仪的点间距及数据精度差别，就可以统计出在利用三维采集技术，以绘制现状图纸为目的的前提下，适宜三维扫描仪器的对应表格（表 3-14）。需要注意的是，TLS 激光由于点云厚度因素的存在，即使点间距已经达到甚至小于 2mm，依然应以点云厚度为其最大精度。在需要绘制如节点、构件详图时，依然应该以更高精度采集设备和方案获取的数据作为补充，才能保证数据即满足测绘需求，又留有一定余地。

表 3-14　不同出图需求适用三维扫描设备统计

图纸分辨率达到 72dpi 的各图纸比例下对应扫描精度			
适用图纸	图纸比例	实际数据点间距	适用设备
总平面图 1	1：500	176.39mm	脉冲式三维激光扫描仪
总平面图 2	1：200	70.56mm	脉冲 / 相位式三维激光扫描仪
平 / 立面图	1：100	35.28mm	脉冲 / 相位式三维激光扫描仪
立面详图	1：50	17.64mm	脉冲 / 相位式三维激光扫描仪
节点详图	1：20	7.06mm	相位式三维激光扫描仪
构造详图	1：10	3.53mm	相位式三维激光扫描仪
构件详图	1：5	1.76mm	手持式 / 机械臂式激光扫描仪
大件陈设	1：2	0.71mm	机械臂式结构光扫描仪
附属文物	1：1	0.35mm	结构光扫描仪
图纸分辨率达到 300dpi 的各图纸比例下对应扫描精度			
适用图纸	图纸比例	实际数据点间距	适用设备
总平面图 1	1：500	42.33mm	脉冲式三维激光扫描仪
总平面图 2	1：200	16.93mm	脉冲 / 相位式三维激光扫描仪
平 / 立面图	1：100	8.47mm	脉冲 / 相位式三维激光扫描仪
立面详图	1：50	4.23mm	相位式三维激光扫描仪
节点详图	1：20	1.69mm	手持式激光 / 结构光扫描仪
构造详图	1：10	0.85mm	手持式激光 / 结构光扫描仪
构件详图	1：5	0.42mm	手持式 / 机械臂式激光扫描仪
大件陈设	1：2	0.17mm	机械臂式 / 结构光扫描仪
附属文物	1：1	0.08mm	结构光扫描仪

3.5 本章小结

利用三维激光扫描手段对古建筑进行测绘，首要工作就是布站的科学性、合理性和逻辑性。本章对三维激光扫描古建筑的布站研究，遵循“安全适用”为核心原则，在测绘中选用的测量方法和精度指标满足测绘目的所确定的测绘需求，同时“留有余量”以实现“精度储备”，既要“够用”，又要避免过分追求高精度造成“浪费”。

测绘的成果标准的设定取决于测绘目的需求，文物建筑测绘成果应该分别满足下述四个层级的需求：一是文物建筑普查的需求；二是建筑理论研究的需求；三是古建筑维修设计、施工对图纸的需求；四是建立科学记录档案的需求。四个需求层级对测绘成果的准确度、精细度要求逐级增高。《全国重点文物保护单位记录档案工作规范（试行）》对此作出了详细规定：建筑图纸应该包括建筑群体总平面图、单体平面图、立面图、剖面图、结构图、节点大样图等，图纸应由受过专业训练的技术人员按照国家相关标准绘制。

在任何建筑，包括单体建筑和院落级建筑的三维测绘中，为了满足最终成果的现状存档要求，必须针对性的布设控制网，并严格遵循国家相关标准。同时根据三维激光扫描特点，对布站的方法进行优化。本章在针对大尺寸建筑群的控制网布设和单体建筑的碎部测量上，依据古建筑保护修缮制图标准进行了深入研究，提出了分层布站，精度逐层提高的技术方案，并针对不同建筑形制，制定了“井”字形、“Z”字形控制网布设和网格型、等边三角形碎部测量布站方案。最终，通过对现有主流三维激光扫描仪的归纳整理，完成了从方案设计，到局部控制，到最后的仪器选型一个完整的测绘控制布站研究闭环。

第4章　三维数据拼接研究

4.1　引　　言

三维激光在扫描过程中，激光束会被建筑物遮挡，因此想要获得完整的建筑几何信息，就必须要更换扫描位置多次扫描，也就是行业内统称的“换站”。但单次扫描的三维点云坐标是由极坐标向迪尔卡坐标转换而成，且每站扫描都由扫描仪产生一个新的自由坐标，如果想要将所有的点云放在统一坐标体系下，就要利用重复面积区域进行点云的拼接。传统拼接会产生累积误差，当扫描站数量不断增大时，累计误差也逐步增大。中国古建形制复杂且造型精巧，尤其皇家庭院、江南园林讲究借景，利用适当的遮挡和通视来创造变化多端视觉感受体验。但这种遮挡和小范围的通视对三维激光采集数据的获取带来了极大的困难，复杂的遮挡需要不断改变扫描角度，增加扫描站数。最终往往造成扫描站数数以千计，累积误差将由于过大而失去资料记录准确性。

传统点云数据拼接的做法，是利用标靶、标靶球、特征点等技术进行特征点拼接，这种拼接自然会产生累积误差。而近几年来，基于 ICP（iterative closest point）算法或经过改进的 ICP 算法的自动拼接技术和基于多站数据的整体平差模型算法虽然可以有效地消除累积误差，但在大规模院落级扫描项目上迭代计算缓慢，海量拼接计算困难。自动化拼站虽然理性计算统计及分析能力很强，但是由于计算机缺乏人类对于造型的感知能力和归纳能力，在平差计算以后依然存在不少单站之间的微小误差是通过纯粹的计算无法解决的，而这些微小的误差在数据进行模型重构后会导致出现极大问题。因此本书认为，由于点云厚度、点云噪声及扫描误差存在的客观前提下，以纯粹算法完全解决数据拼接的整体和微观的拼接误差是不现实的。在现阶段的技术条件下，针对海量点云数据的高精准拼接环节中，人工检查与微调必不可少。

在本章中，作者通过以下四点针对大规模院落级点云数据的实验研究，探索针对中国古建筑的、保证点云拼接过程保持最终数据准确性和原真性的方法与标准，具体过程有：

（1）点云厚度的产生，推测原始点云的“测不准设想”，并通过实验过程验证点云原始数据测量误差范围；然后依据最终出图标准进行点云的抽析与去噪计算[73]，并验证抽析后点云精度的变化；

（2）利用实际点云数据，针对现在主流自动拼接算法进行试验研究，统计自动拼站算法的计算效率和最终精度变化；

（3）通过三维激光扫描标准化操作流程中获取到的局域网及关键数据信息，研究多站平差后最终结果的实际表现；

（4）研究经过平差及自动化计算后的单站误差及表现方式，并利用人工精调站间误差实现最终数据的高精度网格化处理。

4.2 点云测量误差及拼接影响研究

在前几章中，本书描述了点云厚度产生的原因及表现，以及可能影响点云厚度和点云质量的因素，并由此推测出，由于一定范围内噪声数据和接收器对时间判断的误差，点云数据将在一个区域范围内随机性产生和排列，而这个区域内的数据，应该是测不准的，从而产生测量偏差。然而，在点云数据的后期处理中，有许多办法可以对点云进行抽析、整理、简化，这些处理过程从一定程度上可以减小点云厚度。点云厚度减小，对于减小人工测距误差毫无疑问是有意义的，但是对于数据本身，经过抽析处理的数据由于改变了原始数据形态，是否会加大点云的测距误差，这点在我们能力范围内的搜索和查找中没有找到更为深入的研究。需要通过试验，研究针对点云数据的处理是否能够提高点云的测量精度，减少测量误差，并提高拼接精度。

4.2.1 测量误差试验

4.2.1.1 试验思路

现阶段三维扫描仪的竞争越来越激烈，相关的测试也越来越专业，因此对于许多扫描仪已经经过测试并标明的原始数据测量偏差，并不是本次试验的重点。前文说过，点云厚度的存在及不存在的“绝对特征点”都让点云数据完全不同于激光测距或全站仪数据，而是具有了传统测绘的特征。许多研究人员在使用三维扫描的过程中都会注意原始点云数据的保存，是因为许多人认为原始点云没有受到人为影响，其精度应该高于处理后的点云。而点云数据在进行优化处理后是否真的能够减小测量误差，并保持整体数据的准确性才是本次试验的重点。

因此，本次试验的设计也是围绕数据抽析处理后的量测误差展开的，由于具备便利的现场条件和丰富的项目资源，本试验没有采用传统的试验场地和试验材料进行，而是直接扫描现存古代文物建筑的部分建筑数据，通过实际检验进行量测分析。

4.2.1.2　试验步骤

为了验证点云质量与测量误差的关系，实验选取了 FARO Focus3D X330 型号的三维扫描仪（保有量高，点云厚度相对较大），对一栋古建筑单体立面按照 1∶50 出图所需点间距，也就是高于 4mm 精度进行扫描。数据扫描后，先截取立面较为平坦区域进行点云厚度测量并记录，然后按照试验步骤进行量测，步骤如下：

（1）每组数据由 4 个不同测量人员在点云上直接测量，并给出计算机读数与实际测量结果相比对，观察测量偏差是否在点云厚度范围内。

（2）将数据进行常规抽析和简化，设定点间距为出图比例所需点间距，然后进行三次点云抽析：Geomagic 中的统一抽析、栅格抽析和 Autodesk Recap 的点间距抽析，对单站数据进行简化。

（3）对抽析后的点云厚度进行量测，观察抽析后点云厚度的变化，并按照第一步对抽析后的点云由不同测量人员针对选择区域进行测量，然后与实际测量结果比对，观察抽析后对测量偏差带来的影响。

（4）对单站数据进行 remesh 封装，并利用“自动”模式对数据进行去噪、平滑处理，人为消除点云厚度，再对选择区域进行测量，对比测量偏差。

最终，统计测量表格，标定偏差范围。

4.2.1.3 试验实施

试验设置在浙江舜王庙实施，选择原因是其空间较为复杂，但经过整修后，一些特征较为明显。在扫描时，我们选择了在距离立面 1m 处设站，并将扫描精度设置在分辨率 1/2，点质量 1x 档位。设站考虑到 1m 左右距离以高精度需求的檐下密集布站策略是较为标准的中国古建三维采集设站距离，而分辨率 1/2 是由于 1m 处，法如 X330 点间距为 0.5068mm，完全满足立面 1∶50，300dpi 条件下出图的 4mm 点间距要求且完全具有抽析余量；将点质量设置在 1x 是考虑到真实扫描时，单站时间一般控制在 10 分钟以内，而法如的 1x 点质量在 1/2 分辨率下的扫描时间为 7 分 40 秒，同时考虑到 1x 点质量下点云通常质量较差，点云较厚，符合研究点云厚度对测量精度影响的实验目的，也具备后期通过抽析手段优化后点云厚度变薄的提升潜力。

在对建筑进行了一次单站扫描后，在数据中选取了如图三个测距区（图 4-1）先测量了平均点云厚度，然后对三块区域的距离了进行测量，区域选取依据为：区域 1 为平行于底面方向区域，入射角较小，理论点云厚度应该更厚，且具有部分波纹状点云特征，属于质量较差区域；区域 2 正对扫描仪，区域平坦，入射角接近 90°，理论上点云效果最好，质量最佳；区域 3 为常见中国古建筑扫描中具有特征的部分，测量行为也常常在这些区域发生，具有一定代表性。

针对原始点云测量偏差的试验结果如表 4-1。

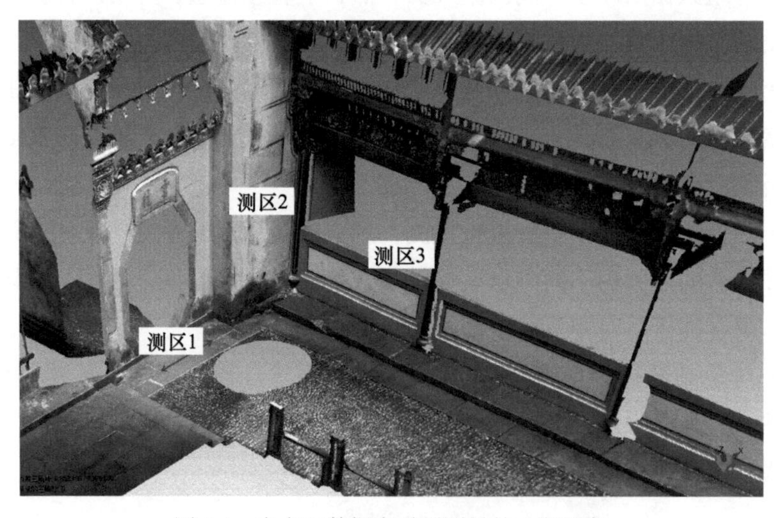

图 4-1 在点云数据中需要测量的 3 段距离

表 4-1　原始点云测量偏差分析

	量测距离 1（mm）	量测距离 2（mm）	量测距离 3（mm）
手工测量尺寸	1378.6	1890.4	2863.2
第一人量测	1372.10	1889.64	2864.71
第二人量测	1378.32	1881.59	2858.22
第三人量测	1386.78	1892.30	2860.46
第四人量测	1373.80	1889.50	2861.03
人工测量平均值	1377.75	1888.26	2861.11
误差值（mm）	−0.85	−2.14	−2.09
测区点云厚度	3.72	2.83	2.90

对测试点云进行抽析分为三次：

1）利用杰魔（Geomagic studio 2013）实施一次点间距为 4mm 的格栅抽析（图 4-2）：格栅抽析是将点云全部数据无差别全部抽析成点间距 4mm 的规律数据，而不考虑点云数据的曲率和密度。格栅是将点云规律化、促使点云密度相等的一步重要操作，在早期对点云密度不熟悉的情况下，可以通过格栅抽析将所有点云的点间距设置为同一个数值，解决正射影像图中数据不均匀，图像质量差的问题，值得注意的是，格栅抽析可以在低密度点云上实施而通过数字插值来实现高密度，但这样的数据理论上来说并非扫描所得，违背了古建筑采集的原真性原则。

图 4-2　杰魔软件中的格栅抽析和统一抽析

2）利用杰魔（Geomagic studio 2013）实施一次点间距为4mm的统一抽析：统一抽析只能从高密度向低密度抽析，并会对曲率进行计算，适当增加高曲率区域点云密度。这种抽析适合Remesh封装计算，最终生成的网格模型细节丢失少，平坦区域又不会有太多冗余数据。是杰魔官方推荐的抽析方式。

3）利用Autodesk Recap进行点间距4mm的抽析（图4-3）：从AutoCAD 2014开始，Autodesk提供了Recap独立软件，这是Autodesk在三维扫描技术已经在建筑领域具有相当的普及率后推出的顺应需求的产品。它可以通过引用多个索引的扫描文件（RCS）来创建一个点云投影文件（RCP），并提供了一定的编辑能力。Recap的推出主要是为了将不同平台、不同标准的点云数据纳入Autodesk体系内进行管理，并给AutoCAD、Revit等系列产品提供点云数据接口。在数据导入Recap时，默认会对数据进行抽析，使用者可以自由调节抽析点间距，如果设置为0，则代表不作抽析，直接导入原始数据。

点云抽析前后数据量及质量对比如下表（表4-2～表4-4）。

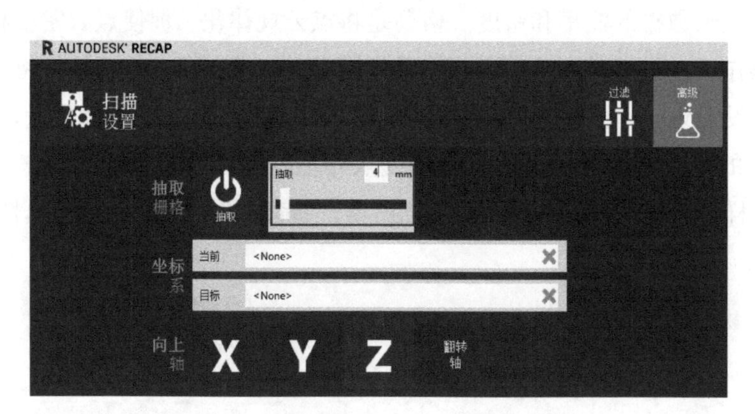

图4-3　Autodesk Recap 360中的点云抽析

表4-2　Geomagic格栅抽析测量结果

	量测距离1（mm）	量测距离2（mm）	量测距离3（mm）
手工测量尺寸	1378.60	1890.40	2863.20
第一人量测	1379.63	1889.52	2861.34
第二人量测	1389.20	1886.65	2852.49
第三人量测	1384.65	1889.21	2861.42
第四人量测	1377.31	1893.24	2862.09
人工测量平均值	1382.70	1889.65	2859.34
误差值（mm）	4.1	–0.75	–3.86
测区点云厚度	2.86	2.09	2.47

表 4-3　Geomagic 格栅统一测量结果

	量测距离 1（mm）	量测距离 2（mm）	量测距离 3（mm）
手工测量尺寸	1378.60	1890.40	2863.20
第一人量测	1374.78	1888.46	2860.05
第二人量测	1385.41	1887.32	2861.87
第三人量测	1380.60	1887.97	2863.19
第四人量测	1392.69	1880.97	2866.85
人工测量平均值	1383.37	1886.18	2862.99
误差值（mm）	−4.23	−4.22	−0.21
测区点云厚度	3.18	2.54	2.63

表 4-4　Recap360 抽析测量结果

	量测距离 1（mm）	量测距离 2（mm）	量测距离 3（mm）
手工测量尺寸	1378.60	1890.40	2863.20
第一人量测	1372.00	1893.00	2869.00
第二人量测	1379.00	1906.00	2866.00
第三人量测	1371.00	1899.00	2866.00
第四人量测	1373.00	1893.00	2864.00
人工测量平均值	1373.75	1897.75	2866.25
误差值（mm）	−4.85	7.35	3.05
测区点云厚度	3.00	2.00	2.00

4.2.1.4　试验分析

通过试验我们可以看出，经过抽析之后的点云数据从厚度上确实有些许减小，但减小幅度远不如预计中大，如果考虑到选择测点的人为因素，可以基本上认为抽析对于单站扫描数据的优化能力小到可以忽略不计。现阶段许多点云在抽析时都使用了包围盒算法[74]，这种算法可以有效地规范点排列，按要求减少数据量，并保持点云数据的细节和特征[75]，但同样地，这种算法将点云厚度也“完美”地保留了下来。

从上面几个测量结果表中能够看出，在点云数据中进行测量，人工误差甚至会大于实际测量，并且成为了测量误差的主要因素。主要原因就像上一章所说，数据的特征都是由大量点组成，而点云数据在放大过程中，点数据不会随之放大显示，在视觉上就会变薄变稀，而同时视野范围又越来越小，导致在点云测量时想要较为精准地选择到特征点，难度要远高于传统测量（图 4-4）。尤其在量测较长距离时，受限于显示器尺寸和分辨率，在一个屏幕上能显示的区域是有限的，想要识别具体的角点就更加困难。因此在这次试验中，出现了人工测量误差远远大于点云厚度的问题，甚至人工测量误差能到达 ±10mm。

图 4-4 在点云上想要准确的选择角点非常困难

最后，由于人工测量误差过大，造成点云进行抽析后降低的点云厚度和精度提升的意义已经小到可以忽略不计，但是点云质量提高，噪音点和杂点的去除对拼站精度的提高从理论上来说应该有益处。但人工测量具有如此巨大的误差很可能会降低拼接精度试验的可行性，从试验数据可以看出仅仅 3、4 次的测量平均值不足以达到 2mm 以内的精度，需要 10 次以上的测量才能有效地降低误差，提高测量精度。因此，在拼接试验中，我们将测量的次数增加到了 10 次。

4.2.1.5 试验结果

通过试验对点云厚度的测量，证明抽析算法由于去除了杂点和部分噪声，对于提高点云质量、减小点云厚度是有一点影响的。但是点云的测量与传统实际测量不同，判断角点的难度直接增大了人工测距的误差，需要反复进行测量计算平均值才能使测距结果接近实际值。

同时，点云质量的提高理论上应能提高拼接精度，减小拼接误差。在下一节中将对这种猜想进行试验测试。

4.2.2　拼接测量精度影响试验

从上节中，我们得到了单站扫描建筑点云分别于原始状态下、格栅抽析状态下及带有曲率因素的统一抽析状态下，对于点云厚度和测量误差的影响，证明抽析能够在一定程度上提高点云质量的猜想是有根据的。那么，下一步就需要验证抽析手段是否会对拼接的点云测距精度产生影响。

现阶段点云数据拼接算法层出不穷，尤其是自动拼接算法各有优劣势[76]，每种算法都有自身适宜或不适宜的数据要求及环境要求，利用同一片数据进行拼接验证既不现实也不公平。因此，在这个试验中，主要验证利用全球逆向处理平台中普及率最高的 Geomagic“注册”功能中，手工注册拼接的最终精度，尽力摒除其他因素影响，单纯探讨抽析算法是否会对数据拼接有实质性影响。

4.2.2.1　传统点云拼接手段

在进行试验之前，有必要对数据拼接进行一些背景了解。最早期的三维扫描技术还不存在拼接问题，因为当时大多数三维扫描都是利用机械臂或固定扫描装置获取有限空间内的三维信息点云数据，一次扫描完毕后共处于一个坐标体系下。但后来，随着扫描内容越来越丰富，扫描的对象尺寸也越来越大，当一次扫描无法获取到全部想要的信息号，点云拼接技术就诞生了。

早期的三维扫描仪厂商，在销售扫描仪时，都会附送根据各自扫描仪专门定制的“标靶球”，并在点云处理软件中专门具备识别“标靶球”的功能。通常来说，标靶球就是一种漫反射、高反射率（白色）的规则球体。一个标准的球体在任何角度看起来应该都是相同的，无论在任何角度被三维扫描仪捕捉，都可以通过部分曲面推算其圆心[77]，因此，也适合作为三维空间定位技术公共坐标系的参考，如图 4-5 所示，为“标靶球”在实际扫描中的应用案例。

但是，标靶球作为三维扫描的公共参考，也有许多弊端：

（1）由于每两站的拼接需要 3 个以上标靶球作为拼接参考，就对设站位置产

图 4-5 标靶球及在实际扫描中的应用

生了一定限制：早期的标靶球并非由扫描仪自动识别，而是需要人工在处理平台中选择标靶球的部分点云进行标定，其耗时和工作量在多达上百站的建筑群三维采集工作中也相当大。因此，在实际操作中，经常为了节省放置标靶球的时间及手工标定标靶球的时间而尽量让多站同时能够扫描到多个标靶球，对于设站的自由度有很大影响。

（2）标靶球的大小对于扫描距离产生限制：软件想要识别标靶球，必须具备足够的信息量，因此在扫描时，仅仅通视还不够，需要将设站布置在标靶球一定距离范围内[78]。距离限制，结合上条摆放位置的限制，真正实施扫描时，我们会发现标靶球极大地影响了设站的自由度和灵活度。

（3）标靶球对最终数据的原真性有影响：由于站位拼接需要两站同时看到 3 个以上相同标靶球，因此如果想要提高现场工作效率，减少现场工作时间，就需要在扫描现场布置大量符合标准的标靶球，而为了一部分建筑物立面的通视，标靶球有时不仅仅设置在地面上，有时还要设置在窗台、屋顶、三脚架等具有一定高度的位置上。在后期处理时，会发现多达成百上千的标靶球点云数据需要删除，并且标靶球也遮挡了相当一部分的建筑区域，最终这些数据都要通过数字技术修补，实质上影响了三维采集数据的原真性和准确性。

（4）标靶球的标准不统一：由于相关的行业标准或国家标准并未出台，各个三维扫描仪厂均根据自有设备的扫描距离、扫描精度，对标靶球的尺寸进行了改良和定制，因此标靶球的尺寸往往并不统一（图 4-6）。虽然在自己的扫描仪和处理平台上能够较轻松地识别，且精度较高，但是对于一个复杂的古建筑三维采集工程，一栋建筑利用两种甚至三种以上扫描仪以获取不同精度数据的情况很常见，而不同硬件对于不同标靶球就很难兼容通用，其识别率和准确度都非常低。这样，对于一个复杂的大型项目，准备两种以上标准的标靶球就成为了常见现象。

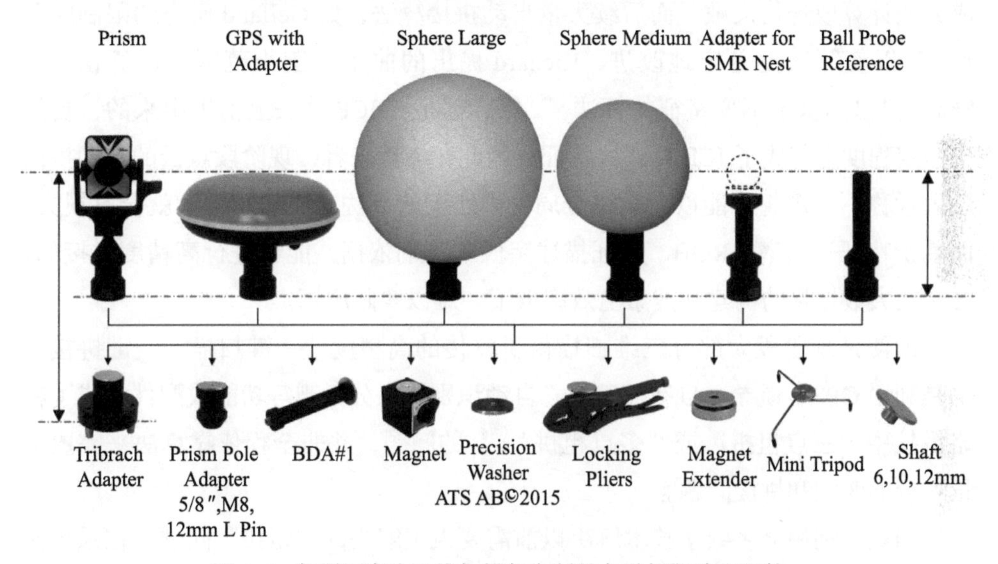

图 4-6　仪器厂商为三维扫描仪定制的各种标靶球和配件

（5）自动识别问题：早期标靶球还需要手工选择标靶球点云、设定标靶球参数才能识别出来，且计算机无法区分标靶球的区别，只能手工给予不同编号以建立统一的公共坐标参考。后来，技术的发展让扫描仪能够自动识别标靶球，并且许多研究也推出了不同的提高标靶球识别精度的算法[79]。但是，由于现在对于扫描仪的测绘范围要求越来越高，三维扫描仪的扫描距离也大多在 200m 以上，远距离标靶球的自动识别率依然不高，且容易被现场球状特征数据干扰，需要手工去除。因此，标靶球逐渐被自动拼接技术所取代，虽然现在依然还有使用，但远比以前少了很多。

点云拼接，从2004年到现在，经历了“标靶球”、“纸质标靶”、“无标靶手动拼接”、“无标靶自动拼接”[80]等几个阶段，并且每一种拼接技术都有大量基于不同原理的算法或改进算法出现。由于各种算法都有其自身的优势和限制，因此直到现在，这些拼接方式都依然各自有使用的需求，没有哪一种技术可以完全替代其他技术[81]。

比如由Paul J.Besl于1992年提出的ICP（iterative closest point：迭代最近点）算法[82]，经过实践证明，是解决拼接问题的有效方法，也是现阶段大多数拼接算法的基础。但是这种算法必须提前经过一次粗略拼接，将两片点云数据放置在可以进行自动拼接的范围内，否则由于搜索范围过大或没有重复区域而造成无法计算或迭代失败。而后续大量自动拼接算法，如Gelfand研究的限制匹配点[83]以使算法更稳定地改进、Richard提出的曲率分割小范围匹配算法[84]、Sharp提出的基于不变特征的算法[85]等，都是在ICP算法上衍生出来的，自然也一定程度上集成了ICP算法的特征。因此，统计来看，现阶段点云的自动拼站还远远称不上理想，能以高效率全局搜索匹配的算法，必然精度上就会有损失，而基于特征、曲率、RGB、特征描述字段等判别依据，能够进行高精度拼接的，必然在大数据量的构建和搜索上效率低下，难以实际应用。

即使是现阶段大部分三维扫描仪所宣传的高精度“一键扫描、一键拼接”，也是利用GPS、惯导、自动前后视、自动识别并区分标靶等功能或配件完成了粗略拼接中“三点粗拼”或“多点粗拼”[86]的问题，并非全程依靠算法来完成大量点云的匹配和拼接问题。

当然，利用众多数字技术解决以前需要人工解决的“粗拼”问题，在采集流程的便利性上和效率的提高上都有非常巨大的进步。但是鉴于现阶段民用级GPS的精度及实际使用时不可预见的诸多因素影响，经过实际测试发现，这些自动拼接的数据稳定性不佳，有时会识别的非常准确，有时却有很大的误差。因此，为了测验抽析点云对于最终拼接测量精度的影响，我们没有在试验中采用现阶段较为流行的一键自动拼站功能，而是依然利用较为传统的人工寻找三点或多点公共点粗拼，再用ICP迭代计算的方法。

4.2.2.2 试验实施过程

在拼接误差试验的场地上，我们选择了北京文天祥祠，选择这个文物建筑单位的主要原因是该建筑场景复杂，建筑体量较小，站位众多，但同时整体建筑呈狭长形，进深达 48 米，宽 10 米，较为适合测试拼接精度（图 4-7）。并且测绘现场形制较为规整，传统测量较容易，方便与点云测量数据进行比对。

图 4-7　北京市文天祥祠

测绘时间上，考虑到文天祥祠为全国重点保护文物单位，庭院的树木也均为国家保护文物，应尽量减少人为对文物单位的干扰，因此选择了树木枝叶稀少的冬天进行测绘。虽然经过精度测试，零下 10℃左右的温度会对数据精度有些影响，但减少了大量植物对于数据的遮挡，总体来说利大于弊。

在实际测量中，依然遵从了与大地坐标对接，利用全站仪和棱镜布设控制网的设站方式对数据进行整体精度控制（图 4-8）。并且，为了将试验结果效果最大化，在全站仪获取站位坐标时，将所有扫描站位分为两组（图 4-9），每一组内全部三维扫描站位均利用全站仪进行记录统一在相同坐标系下。第一组和第二组之间设定 50% 以上重合区域，以满足全局需要。

三维扫描主要以 FARO Focus3D × 330 实施，并对所有三维扫描站进行了全站仪打点记录，以及前后视测量，尽量减小由于现场三维扫描工作所产生的数据误差；扫描仪所有测站均将扫描精度设置在分辨率 1/2，点质量 1x 档位，以模仿常规测绘所用参数，最终由于本次试验对数据完整性及数据精度要求较高，共计扫描 73 站。

经过数据扫描，法如扫描仪的 73 站扫描数据被导入 AutoCAD[87]，利用全站仪扫描的三维站位信息进行拼接及全局平差。经过测量，第一组共计 54 站数据测距误差为 ±5.1mm；第二组共计 47 站数据测距误差为 ±4.7mm（中间重合部分共 28 站，被分别计入两组站数统计）。

图 4-8 在文天祥祠进行扫描拼接精度试验

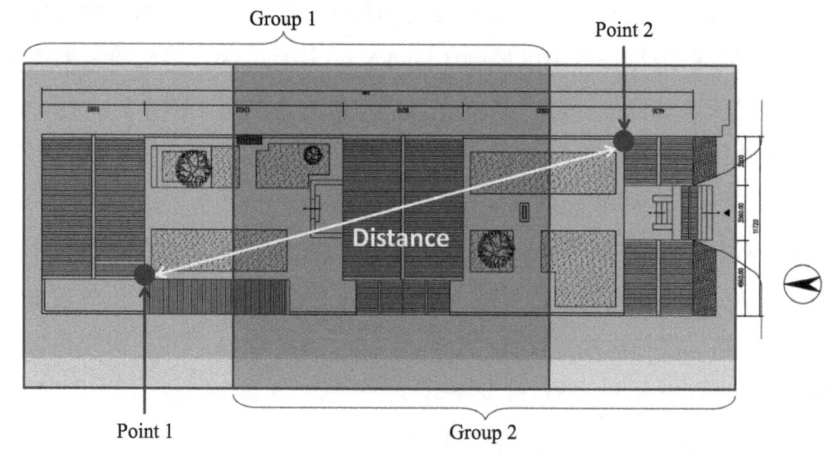

图 4-9 利用全站仪将全部三维扫描站位编为两组，方便后续测试

测点选择为图 4-9 中 Point1 和 Point2 的直线距离 Distance，两点为院内空间有特征宜选择的两点对角线，经过实际测距，两点间距离为 34.31m，读数为毫

米时为 34313.7mm。

拼接环节中，从上节内容可以看出，粗略拼接并不受 ICP 自动拼接算法的影响，而人工选点可能造成的误差已经在 4.2.1 测量误差试验中能够看到，经多次测量计算平均值后可控制在 ±5mm 之内，因此，为了在 ICP 算法对于抽析点云的拼接精度影响试验中尽量减少其他影响因素，本试验在原始点云阶段直接对数据进行了粗拼，并且为了提高最终 ICP 计算的精度，在距离相对较远，角度相差较大的区域选择了 5 个公共点进行粗拼。

多点拼接在 Geomagic 2013 的操作步骤如下（图 4-10）：

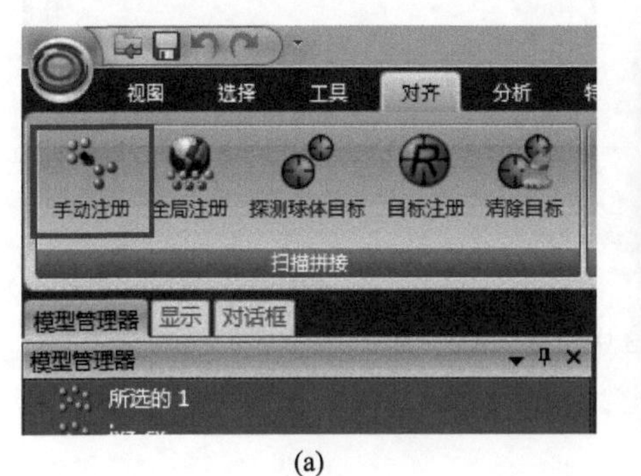

(a)

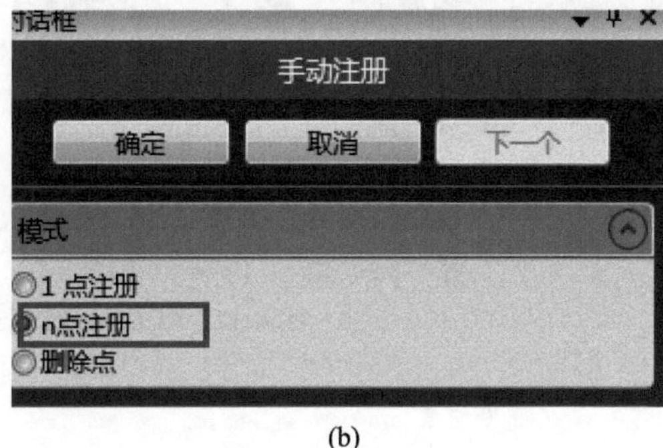

(b)

图 4-10　Geomagic 2013 中多点手工注册拼接

Geomagic 的多点粗拼，并不是绝对的刚性坐标转换，而是加入了简单的拼接计算算法，并可以设置取样百分比。取样百分比的作用是在拼接计算时，以何种比例对点云数据进行采样，并使之参与计算。类似的功能在许多点云处理流程中都有，主要目的是增加拼接计算速度，减少局域杂点和噪声对于拼接的干扰。

拼接完成后，于此处存档备份。然后利用 Geomagic 2013（64bit）对两片数据执行了点间距为 4mm 的“格栅”抽析，最后执行“全局注册”（Global Registration）功能进行拼接计算。

全局注册功能，是 Geomagic studio 系列一直广受欢迎的功能。这种拼接方式会将所有参与计算的点云进行特征采样，在进行迭代平差计算，最终拼接结果以达到拼接公差要求或达到迭代次数为终止信号（图 4-11）。在类 ICP 算法中，这个限制必须要进行设置，因为 100% 的重合从严谨的数学计算角度是不可能达到的，只能无限逼近 100%。如果不设置迭代上限或目标公差，计算机就会永远不停地循环计算下去。ICP 平均距离误差与迭代次数关系图如图 4-12，呈指数关

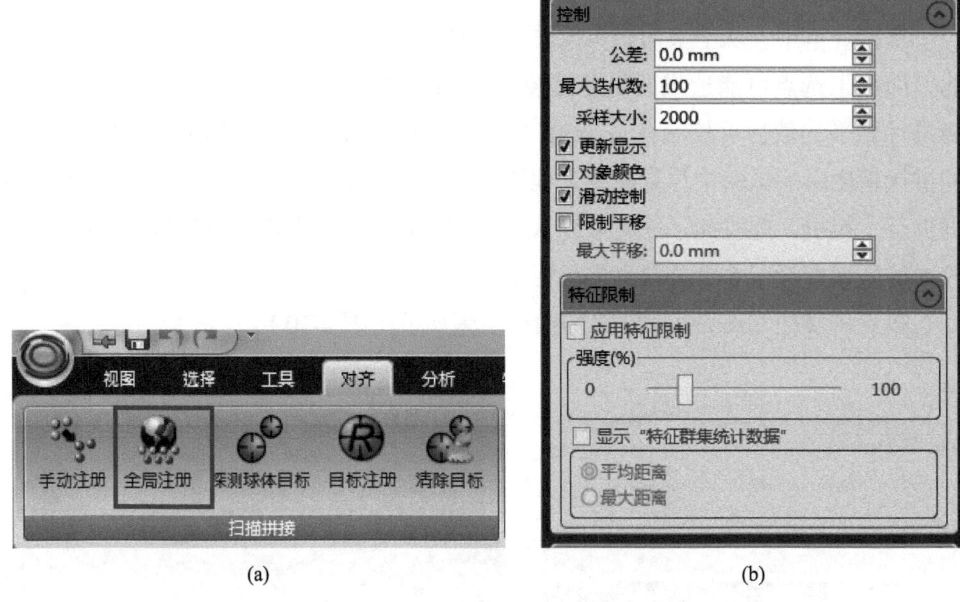

(a) (b)

图 4-11 Geomagic2013 中全局注册拼接

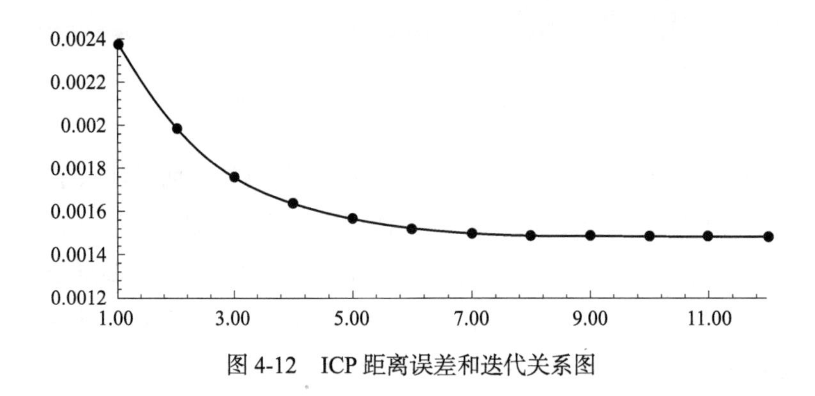

图 4-12 ICP 距离误差和迭代关系图

系，前几次迭代收敛很快，但后续迭代则平均误差越来越小，对于计算时间的损失就应该考虑在内了，因此在做 ICP 类算法拼接时，应该根据测绘精度要求和时间限制灵活设置目标精度和迭代次数。

4.2.2.3 测量结果及分析

在试验中，由于 Recap360 在抽析过程中偶尔的出现抽析后点云数量不变或变化数字明显错误的情况，因此怀疑 Recap 对于文天祥祠的数据具有不兼容的问题，我们没有用 Recap 再进行抽析测试，而是完全使用了 Geomagic 进行数值测试。

但是 Geomagic 对于点云数据的显示上相对于现阶段的 Recap、Pointtools、Arena4D 等对点云先进行 KD 树索引的新产品来说，技术过于陈旧，造成量测过程中选点十分困难。为了准确反映抽析后数值的变化规律，我们将测距次数扩大到了 15 次，并与 10 次、12 次和 15 次分别做平均值计算，直到平均数趋近相同。部分点云抽析测量偏差分析如表 4-5、表 4-6 所示。

表 4-5　原始点云 4mm 抽析测量偏差分析

	点云数据量（points）	点云厚度（mm）	特征测距（mm）	测距误差值（mm）
传统手工测距			34313.70	
原始点云	41928247	3.65	34337.66	23.96
Geomagic 格栅抽取后	37519354	2.04	34302.70	–11.00
杰魔统一抽取后	37756198	2.66	34307.59	–6.11

表 4-6　原始点云 8.47mm 抽析测量偏差分析

	点云数据量（points）	点云厚度（mm）	特征测距（mm）	测距误差值（mm）
传统手工测距			34313.70	
原始点云	41928247	3.65	34337.66	23.96
Geomagic 格栅抽取后	23191530	1.27	34307.42	–6.28
杰魔统一抽取后	24554353	1.35	34301.88	–11.28

4.2.3　点云误差及拼接试验总结

经过试验，得到的结果接近最初的预想。从原理上来说，类 ICP 及其衍生算法在不断收敛过程中，会受到不良数据影响。因此去噪、去杂以及去除体外孤点等优化操作无论从理论上还是在实践上都可以有效提高拼接算法的拼接精度，减小平均距离[86]。虽然在这个实验中，并没有进行去杂、去噪等处理，但是对于点云的栅格抽析是将一部分点云设置包围盒[88]，再取包围盒中心点坐标，一定程度上已经去除了个别离点云主体较远的散乱杂点。从点云厚度的变化情况来看，也确实起到了减小点云厚度，提高点云质量的结果。

同时根据测试结果，我们会看到，抽析过的点云较原始点云在测量偏差上确实有效地降低了，证明经过抽析后的点云可以一定程度上提高拼接精度，减小误差。

对于文天祥祠两点距离的手工测距，由于传统的测量方法需要全站仪经过两次室内室外的换站，可能会造成测量精度的降低，因此我们采取了一个非常古老但有效的办法：寻找一根 50m 左右的棉质线绳，从两点之间拉直，并量取线绳长度，但这样的测距，如果出现较大误差，只有可能大于实际距离。计算机进行两点测量，计算的是绝对直线距离，从理论上来说应该数值小于手工测距。而从上面的测试分析，原始点云的平均测距均大于实际传统手工测距数值，本身就存在着误差更大的可能性。在经过抽析后，这一测距误差都变为负数，我们认为应该更代表了精度的提高。

实验结果同时告诉我们，8mm 抽析比 4mm 抽析点云更薄，理论上点云质量更好、更适宜进行拼接计算，但受制于测量的人工误差，我们无法证明 8mm 抽析比 4mm 抽析拼接精度更高；最后，经过数次测量后发现，格栅抽析和统一抽析两种方式对于测距精度的影响与人工测量误差相比可以忽略不计，但统一抽析会在高区率区域留下更多细节，更适合正射影像图、remesh 模型的使用。因此，如果不考虑两种抽析方式计算时间的差别，统一抽析更适合实际使用。

4.3 主流平台自动拼接流程及精度对比

现阶段，包括 Z+F、FARO、RIEGL、Trimble 在内的几乎所有主流厂商都在点云处理软件里面加入了自动拼接功能。对于普通古建筑保护修缮研究人员来说，大大方便了三维采集的流程，减少了拼接的处理时间，也极大降低了学习成本。并且，自动拼接软件通常会调用机器自身传感器数据，使拼接完全一键化、傻瓜化，也方便了从数据采集到数据输出的整体流程。

但是，大部分研究单位由于经费及其他原因的限制，往往只有一台三维扫描仪，在使用一键自动拼接功能时，盲目相信软件给出的拼接精度①，却并不清楚实际真正的拼接精度。并且，在许多大型项目中，会有多台扫描仪参与三维采集扫描，而许多软件也支持其他数据的导入和自动拼接。因此，将现有主流点云处

① 其实很多时候，软件并不会识别构件信息，能够给出的仅仅是点云平均距离值，这个值普遍远远小于实际的拼接误差，大多显示为小数点后两至三位，单位为 mm 的拼接精度值。其实这个精度值只能作为参考，还需要实际进行测量或将点云数据放大才能看到真正的拼接结果。

理平台的自动拼接技术进行测试及整理，对于大型项目开展时，对技术的选择和应用有很强的实际意义和参考价值。这里，本节将在自身的研究资源范围内，就 Z+F 的 Laser Control Scout[①]、FARO 的 SCENE，以及 RIEGL 的 RiSCAN PRO[②] 等三款常用平台的自动拼接流程、特点进行介绍，并通过实际扫描测试对比三个点云处理平台的自动拼接精度。

4.3.1　Z+F的Laser Control Scout

Z+F 的 Laser Control 一直以较为完美地平衡了专业与简单易用而享有良好口碑，至 2015 年 5010X 的推出，由于内置了 GPS、惯导、蓝牙等定位装置，Z+F 也将易用性发挥到了新高度。Laser Control Scout 是专门为了配合 Z+F 5010X 新特性推出的点云处理平台，与之前的 Laser Control 不同，新处理平台将扫描、拼接等工作大部分安置在了平板电脑端，并通过 WIFI 热点和蓝牙进行远程控制，使扫描仪不再需要笔记本电脑就可以进行采集与处理。

Laser Control Scout 充分利用了 5010X 的优势，将动态采集、实时拼接及动态观察发挥得淋漓尽致。整个数据处理过程几乎完全省去了后期拼接的时间，在每次换站的时间内，系统会根据 5010X 内置的定位系统实时定位，在平板电脑上显示扫描仪所在位置（图 4-13）。并且，如果这不是整个项目的第一站扫描，系统在换站的几分钟内，就会根据定位信息进行拼接，当下一站设站完成时，数据已经拼接完毕。因此，利用 5010X 进行扫描时，默认状态下，当我们完成扫描工作时，就是整体点云拼接完成时。

不过直到各种拼接技术一直在进步发展的 2016 年，全自动拼接的精度依然达不到利用控制网布站在传统手工拼接和全局注册计算后的精度。因此为了提高自动拼接的准确度，Z+F 也提供了后视功能，即利用两台三脚架和两台 5010X 实时获取上一扫描站信息，并利用下一站扫描仪的精准扫描提高已知仪器外形回算的中心点，提高拼接精度（图 4-14）。

---

① Z+F 的 5010C 尚不支持一键自动拼站，只有 2016 年后 Z+F 的 5010X 才支持一键自动拼站，因此软件平台也从 Laser Control 变成了 Laser Control Scout。

② RIEGL 还与 2014 年推出了全自动解决方案 RiSOLVE，但遗憾的是，这套平台需要一定的硬件支持，并且售价不菲，我们无法得到软件进行测试，只能使用 RIEGL 扫描仪标配处理平台 RiSCAN PRO 进行测试。

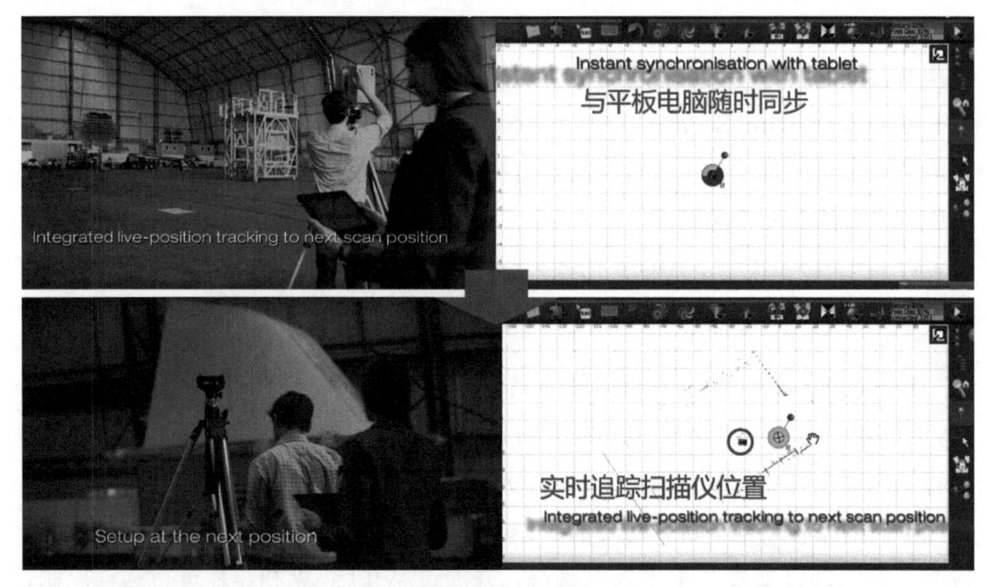

图 4-13 Laser Control Scout 可以实时追踪扫描位置并与平板电脑随时同步

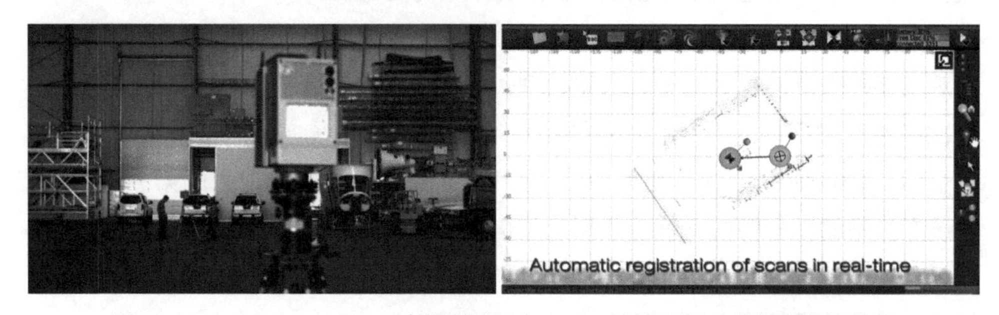

图 4-14 Laser Control Scout 支持利用两台 5010X 实现后视功能提高拼接精度

由于 Z+F IMAGER 5010X 仪器推出较晚，直到测试时国内依然没有几台样机可供使用，并且全国调借，资源较为紧张。于是我们邀请上海华测导航技术有限公司（http://www.huace.cn/）辅助我们进行了此次扫描。第一是由于仪器过新，对于研究小组来说还需要学习和适应，而上海华测作为中国 Z+F 销售总代理，在新仪器的使用和测试上经验都较为丰富，能够比较准确的展现当前扫描仪的真正精度；第二是由于仪器资源紧张，正常中小型销售商普遍存在无样机或样机正在外演示的情况，而上海华测资金较为雄厚，具有一定的样机储备，能让我们使用较长时间用于精度试验。

在测绘过程中，5010X 的使用相较之前的其他三维扫描仪都方便了许多，完全可以做到即扫即拼，扫描完毕就可以输出坐标统一的整体点云数据。当然，这也得益于仪器于 2015 年才推出，应用了许多技术。在 2015 年时，RIEGL 的 RiSOVLE 和 FARO 都有相应的产品问世，也基本可以做到即扫即拼，直接输出成果。

4.3.2 FARO的SCENE

与 Laser Control Scout 不同，法如的 SCENE 的全自动拼接是在扫描完成、数据导出之后进行的。从流程上来说，这种方法比 Z+F 的随扫随拼效率较低，但相应地增加了参考信息和站位对比的拼接精度，从理论上来说应该比 Z+F 的 Laser Control Scout 好。不过 FARO 的原始点云数据相对 Z+F 来说，数据噪音较为严重，点云质量也稍差，是否会影响最终自动拼接精度需要等试验完毕检验结果。

SCENE 的导入拼接流程非常简单，只需要导入扫描站点，然后对扫描进行预处理，在“布置里面”设置抽析值、迭代次数和最大搜索距离，就可以完成全自动搜索及拼接工作（图 4-15）。SCENE 会自动调用扫描时获取的 GPS 信息、高度仪、水平仪等信息进行粗拼，然后进行精拼计算。

4.3.3 RIEGL的RiSCAN PRO

前面说过，RIEGL 的 RiSOVE 是于 2014 年推出的，用于一键扫描一键拼接的全自动产品。但是 RIEGL 公司在国内的代理商较多，而且 RIEGL 公司属于技术型公司，在商业推广和合作上也不够积极，尤其是其软硬件产品也非常昂贵，因此这次测试本书研究人员也无法获得最新的 RiSOVE 进行测试，但是 RIEGL 由于其一贯的技术领先性和前瞻性，其早期经典产品已支持 RTK、GPS、高反光坐标点标靶等多种方式进行辅助定位、后视拼接等功能，可以从一定程度上避开手工选点注册，实现自动拼接功能。再加上 RIEGL 系列产品质量过硬、扫描距离远、精度高，现在也是许多行业和领域在大量使用的主力机型，因此在此次测试中，也同时将 RIEGL 的点云处理平台 RiSCAN 进行了测试。

在 RiSCAN 中想要利用 GPS 和后视功能需要较多处理步骤，其中涉及两个技术名词 TPL 和 GLCS，TPL 是 Tile Points List 的缩写，在 RIEGL 的系统中，是指一切通过标靶识别、手工输入、软件导入的标志特征点。可以说，在 RIEGL 的处理平台中，无论是校准、赋色还是拼接都有 Tile Points 有关。而 GLCS

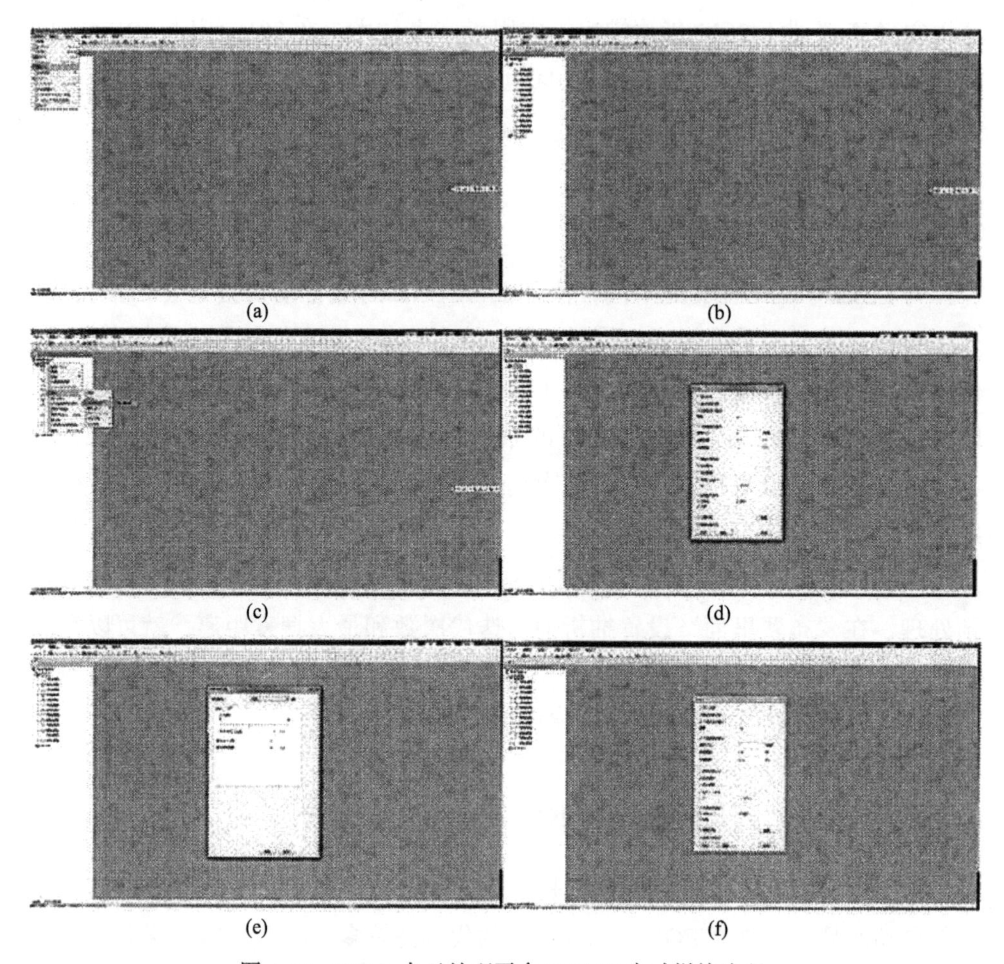

图 4-15 FARO 点云处理平台 SCENE 自动拼接流程

是 Global Local Coordinats 的缩写，代表具有全局坐标体系的本地坐标，可以是 GPS 数据，也可以是根据全站仪打点生成的绝对坐标。

具体来说，在 RiSCAN 中，所有的扫描仪都有 GPS 或全站仪的标识信息，并且在周围有较多标靶点的情况下，将每一个不同扫描站中获取的标靶点与后视点和其他扫描站的相同标靶点关联起来，形成以标靶点为主要参照的区域控制网（图 4-16），RiSCAN 就可以跳过手工多点注册粗阶段，直接进行全局 Fine alignment。

但是严格意义来说，由于需要不少工作在软件中指定标靶点的对应关系，因此这种拼站的流程和方法已经回归了早期标靶球拼接的方式，不能称之为现阶段

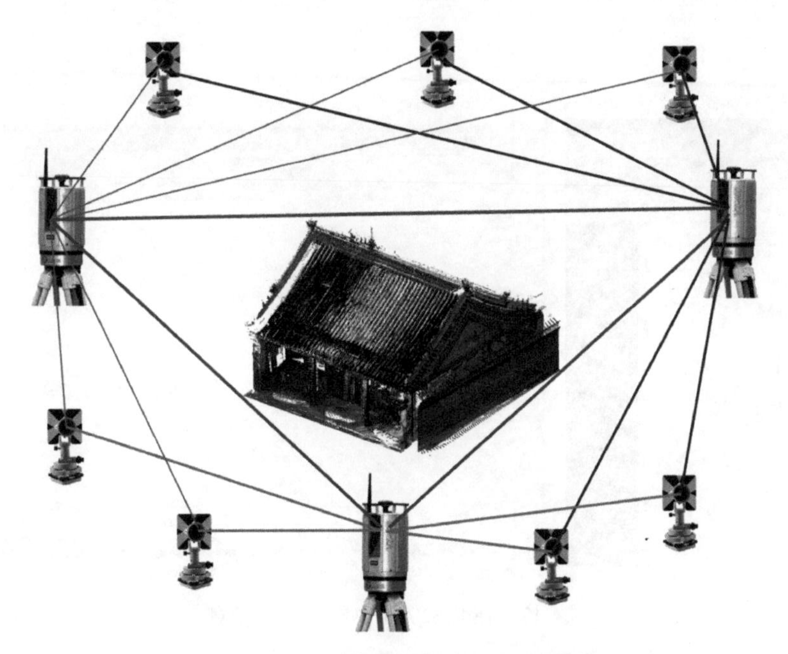

图 4-16　由扫描仪和标靶点组成的控制网

自动化的一键拼接。同样，基于严谨的大地测量精度控制标准，这种拼站方式的测量误差可以控制得很好，与其他一键拼接主要靠算法优化进行拼接的技术来说，对比是不太公平的。

但是考虑到 RIEGL 的 RiSCAN 依然是现阶段最专业，最易用的点云处理平台之一，并且许多研究人员对其基于传统测量的流程并不了解，因此也在这里进行简单的流程介绍。

RiSCAN 导入全站仪或 RTK 并进行后视自动拼接的主要步骤如下：

· 导入坐标点（图 4-17）

· 数据格式规范（图 4-18）

· 转换 TPL 格式（图 4-19）

· 给三维测站指定坐标信息（图 4-20）

在全部指定完毕后，每个扫描仪的坐标和前后视关系，以及标靶点的坐标及关联就会自动计算完成，并将所有扫描站按照全站仪或 RTK 的指定坐标摆放正确，最后进行一次 ICP 计算，而 ICP 计算默认只围绕扫描仪坐标做旋转修正[89]，不做位移修正，理论上来说，最终测距精度只限制于全站仪精度和最终点云厚度所导致的测量误差。

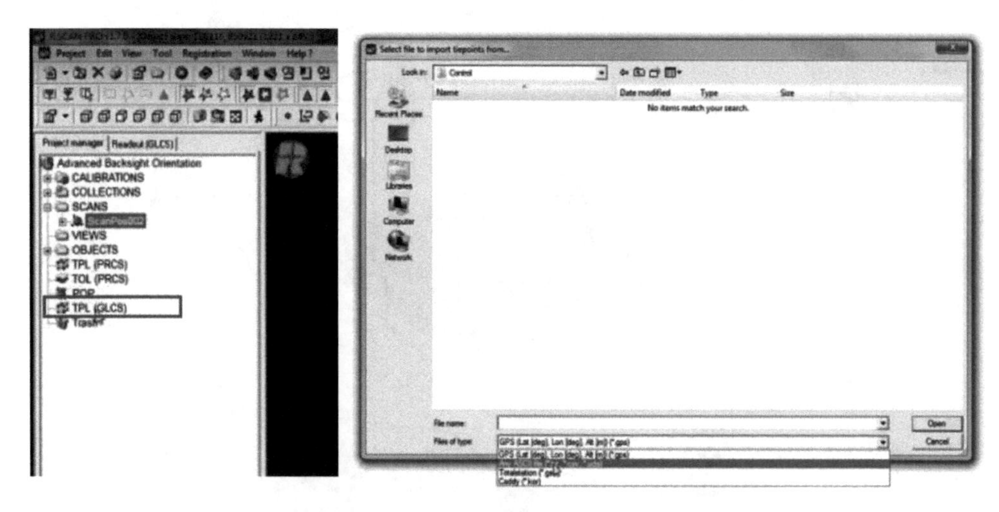

图 4-17　在 RiSCAN 中导入 GPS 信息

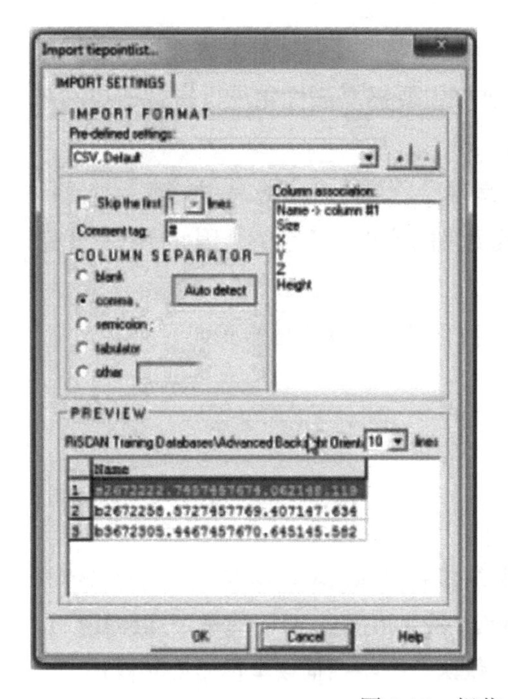

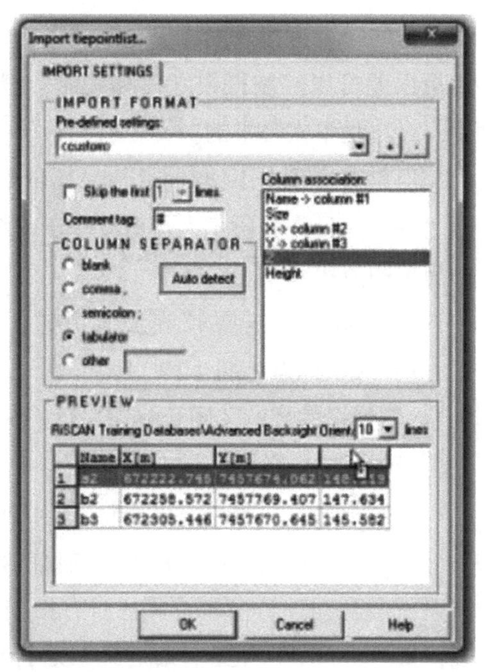

图 4-18　规范 GPS 信息格式

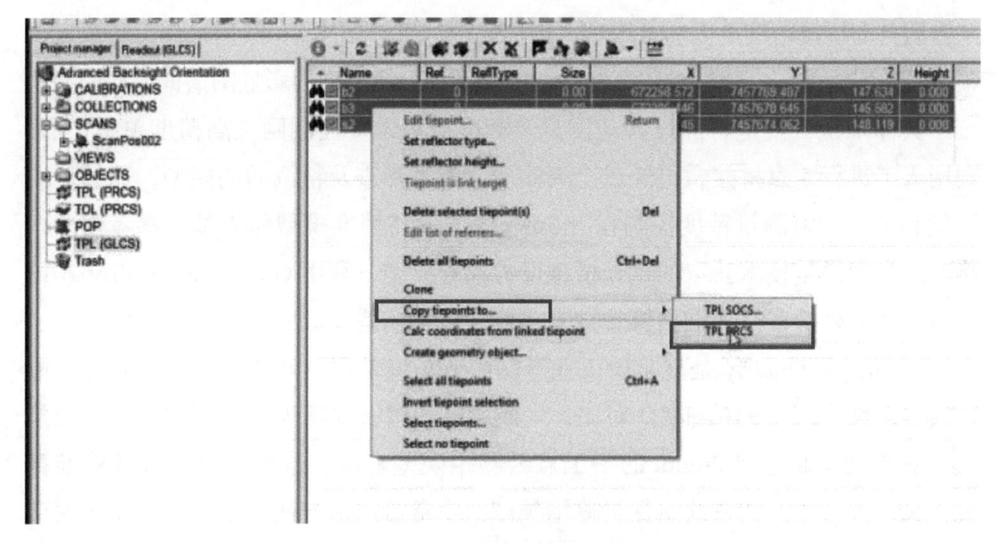

图 4-19　转换 TPL 格式

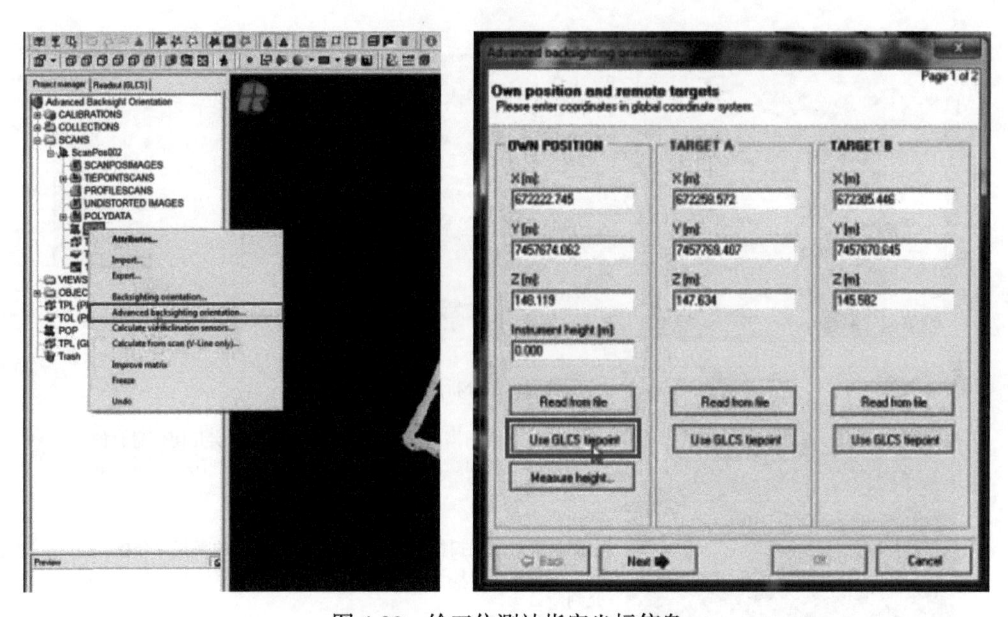

图 4-20　给三位测站指定坐标信息

4.3.4　精度对比结果

4.3.4.1　Geomagic Qualify偏差分析

考虑到在点云上进行测量的难度和巨大的人为测量误差，想要利用直接测量来检验自动拼接精度不但非常困难，也很耗费时间①。因此，我们采用了一个工业领域经常实施的精度流程检测办法：逆向模型与理想模型的彩虹图谱偏差检测[90]。

具体来说，就是将通过大地测量及标准流程设置控制网、高精度单站扫描、利用人工进行 5 点拼接，再经过全局注册、人工筛查及精调后的模型，通过多次测量和调整，将测量精度控制在 ±3mm 以内的高精准模型作为基准参考模型；将通过自动拼接技术获取的点云模型设为检查模型，利用 Geomagic Qualify 2013 进行自动偏差检查，并输出检查结果，检验最小偏差和最大偏差及平均偏差。

Geomagic Qualify 是现阶段工业产品制造领域常用的专业逆向校核软件，可以通过对两个模型的精细 3D 对比，生成彩虹图谱，并标识有区别的区域和偏差值。对于动辄超过 ±20mm 的手工点云测距误差来说，这种对比方式既精准直观，又高效易用。在古建筑保护修缮领域，也常常用来与法式模型或理想化模型对比，查找变形、歪闪等容易造成建筑损毁的构件检查（图 4-21）。

点云墙面偏差分析图
一次整体三维扫描可以获取文物建筑全部真实几何信息。如：针对现有直观问题进行准确的定位和判断，利用技术手段放大微小变化，凸显变化趋势。
上图是针对三维扫描数据对国子监墙壁进行的平整度分析，高精度数字技术可以将毫米级的变化直观的显现出来，有助于研究判断。

图 4-21　Geomagic Qualify 经常用来检查古建筑的微小变形

① 在 2015 年 12 月，Raymond A. K. Cox 发表了一篇文章，对这几个主流平台及扫描仪本身的精度有了更详细、更细致的研究。但是中间过程非常复杂，实验时间也很长，并且获得了硬件厂商的极大支持。最终结果虽然与本书数据有些出入，但整体精度偏差趋势一致，结论与本书实验也能互相佐证。

用 Geomagic Qualify 对建筑变形进行偏差分析，可以有效地找出偏差的位置和偏差距离，但是检查时必须设置一个作为标准的准确三维模型作为 Reference（参考标准），然后将检查件设置为“Test”（测试件）。因此，在本试验之初，就制作了测量精度为 ±3mm 的极高精度模型用于最终的偏差精度实验。

测量过程如图（图 4-22）。

在对比中，我们发现飞点、噪声、非流形的模型缺陷严重影响了最终判断结果。当然，这也是点云数据用 Qualify 这种校核软件的通常问题，因此，在试验中，我们将所有最终数据都手工删除飞点、自动去除非连接项、做两次体外孤点并一次默认去噪后进行了 3D 对比，然后根据报告寻找杂乱错误点，排除干扰

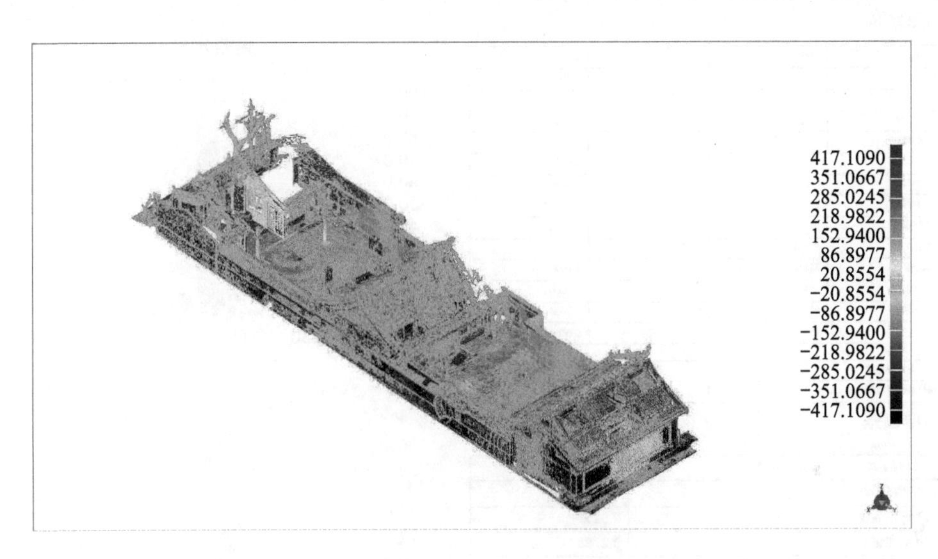

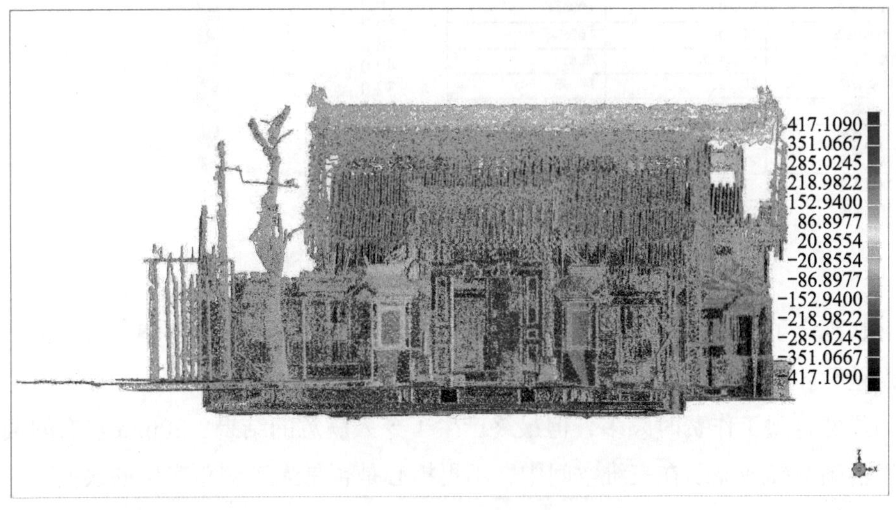

3D比较结果

参考模型	Export
测试模型	WTXZB2
数据点的数量	2601150
# 体外孤点	613942

公差类型	3D偏差
单位	mm
最大临界值	417.1090
最大名义值	20.8554
最小名义值	-20.8554
最小临界值	-417.1090

偏差	
Max. Upper Deviation	417.1090
Max. Lower Deviation	-186.4696
平均偏差	9.0022 /-8.7261
标准偏差	14.9507

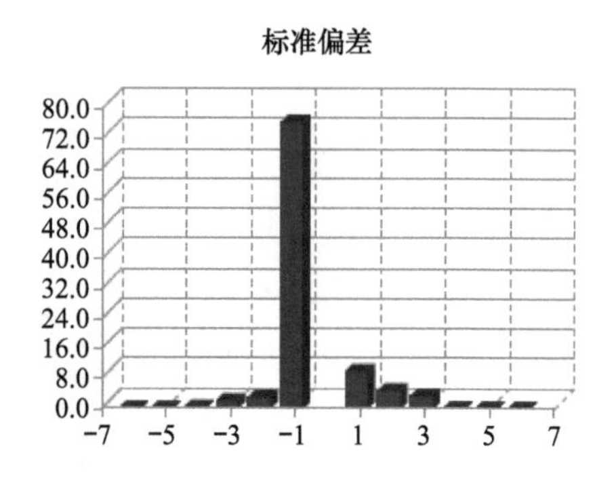

偏差分布

>=Min	<Max	# 点	%
-417.1090	-351.0667	0	0.0000
-351.0667	-285.0245	0	0.0000
-285.0245	-218.9822	0	0.0000
-218.9822	-152.9400	1	0.0000
-152.9400	-86.8977	3	0.0001
-86.8977	-20.8554	84368	3.2436
-20.8554	20.8554	2322829	89.3001
20.8554	86.8977	193947	7.4562
86.8977	152.9400	2	0.0001
152.9400	218.9822	0	0.0000
218.9822	285.0245	0	0.0000
285.0245	351.0667	0	0.0000
351.0667	417.1090	0	0.0000

超出最大临界值	0	0.0000
超出最小临界值	0	0.0000

偏差分布

标准偏差

分布(+/-)	# 点	%
-6 * 标准偏差	212	0.0082
-5 * 标准偏差	656	0.0252
-4 * 标准偏差	7201	0.2768
-3 * 标准偏差	51454	1.9781
-2 * 标准偏差	78179	3.0056
-1 * 标准偏差	1990419	76.5207
1 * 标准偏差	257683	9.9065
2 * 标准偏差	123692	4.7553
3 * 标准偏差	89021	3.4224
4 * 标准偏差	2013	0.0774
5 * 标准偏差	591	0.0227
6 * 标准偏差	29	0.0011

标准偏差

图 4-22 Geomagic Qualify 的 3D 偏差分析及报告

点。在确定了最大点位的区域不再是由于错误飞点造成，而是整体点云拼接产生的误差后才计入拼接偏差统计。

虽然这项工作费时颇多，但最终产生了令人满意的结果：20mm 左右的偏差可以清晰准确地显示在三维空间中，不再担心是否是人工测距产生的误差。并且在何处产生了拼接偏差也一目了然。最终，经过我们筛选和测量，自动拼接测量精度偏差分析结果如下表（表 4-7）。

表 4-7　自动拼站测量精度偏差分析

	最大正偏差（mm）	最大负偏差（mm）	点云厚度（mm）	误差范围（mm）
Z+F 自动拼接	152.64	−79.83	2.81	232.47
FARO 自动拼接	208.35	−157.41	3.17	365.76
RIEGL 扮自动拼接	20.8554	−24.33	3.82	52.29

4.3.4.2　偏差分析结论

测量结果显示，现阶段对于 50m 左右进深院落的全自动扫描拼接，其精度受制于计算效率、计算时间及 GPS、RTK 等测绘手段的精度限制，依然无法与具有严密规定及标准的传统测绘手段相比。两款主流平台的全自动拼接均产生了较大范围的拼接误差[91]，当然这与文天祥祠相对复杂的院内设施，时而经过的游客所产生的噪声及错误数据都有关系，但这恰恰是常规古建筑测绘经常面临的测绘环境，也具有很强的现实性。

经过全站仪和传统测绘手段辅助的 RIEGL 点云处理平台 RiSCAN 毫无悬念地具有极为良好的精度控制和较小的拼接精度偏差，但就像前文分析，RiSCAN 大量需要参考标靶和全站仪辅助的拼站过程与现在一键扫描、一键拼接的自动拼接技术在效率和便利性上而言不可同日而语。

因此，在现阶段，想要充分减少拼接误差，提高数据处理速度，就应充分利用所有资源，优化流程，并按标准进行精度控制及保障。如利用全站仪、RTK 做好控制网，并利用一键拼接技术完成传统人工粗拼环节，然后利用点云抽析优化数据质量，最终利用全局注册完成细微调整。

可喜的是，自动拼接技术现在刚刚起步，且发展较快，Autodesk 公司的 Recap 360 Pro 版虽然无法一键拼接，但利用其他扫描仪的一键拼接技术可以快速导入 Recap 中进行全局计算，并且其评价标准已不仅仅是点云平均距离，而是在覆盖面、数据重复度及特征基准距离等方面均有考虑。并且引入了全景图拼接、平面图拼接等多种新技术，其拼接精度也随着一次次的更新在不断上升。可以预见不久的将来，在完美整合了自动测距技术、现场测绘机器人、全局拼接技术及局域网自动控制技术的新一代三维扫描仪上，拼接数据这种耗时费力的工作可能将一去不复返。

4.4 人工辅助精调

针对大尺寸、院落级建筑群的三维激光扫描采集，最大的问题就是累积误差。而通过与大地坐标对接的全局控制网及分级控制网，已经可以基本解决累积误差的问题。基于 ICP，或类 ICP 衍生算法的自动拼接技术也一定程度上解决了局部站位配准问题。但是，由于点云数据本身是由大量独立点组成，点与点互相之间并无实际对应关系，因此点云数据中没有存储任何具有几何特征的数据。ICP 算法所能给出的精度参考，也仅仅是点云平均距离参考，不代表实际拼接精度。在实际拼接数据中，我们经常能看到大量平均距离极小，但数据不匹配的情况，如图 4-23 所示，为自动拼站中常见点云数据分层情况，这是由于整体点云的平均距离经过迭代达到额定值后就终止了继续计算，但是平均距离并不代表拼接精度，在拥有大量点坐标的数据间进行比对，可能会造成核心区域拼接准确，但较远区域出现数据分层。

图 4-23　点云匹配偏差造成数据分层

还有一种可能导致点云数据分层的情况是：在极端气温下实施扫描工作。就本书所遇到过的情况，分别在 38℃以上的阳光直射下进行扫描，以及在 −10℃气温的室外进行扫描，都产生过点云数据部分变形，导致在大部分区域数据拼接准确的情况下，部分数据产生变形而导致点云数据分层。

细微的数据分层对整体测量结果影响不大，但是在 remesh 步骤时会造成严重的模型分层和局部粘连问题。由于点云数据分层是整体的空间位移，其距离普遍大于点间距，在去噪算法时会被认为是正确完整的数据，因此无法利用去噪减小数据间隔。在 remesh 计算时，会被认为是两片极近的实体而组成三角面模型。但是，在数据的另一端，常常会与正常非畸变数据连接在一起，导致最终 remesh 结果为一个有界组件而无法拆分。但是由于模型具有法线方向和正反面属性的，双面经常会导致两个实体面由于噪声而相互穿插，产生错误逻辑关系（图 4-24）。在普通的多边形观察平台中，这样的数据问题还不大，但是涉及附材质、阴影计算、光照计算和范阴影计算时，就会导致计算错误甚至加载模型的时候系统崩溃。

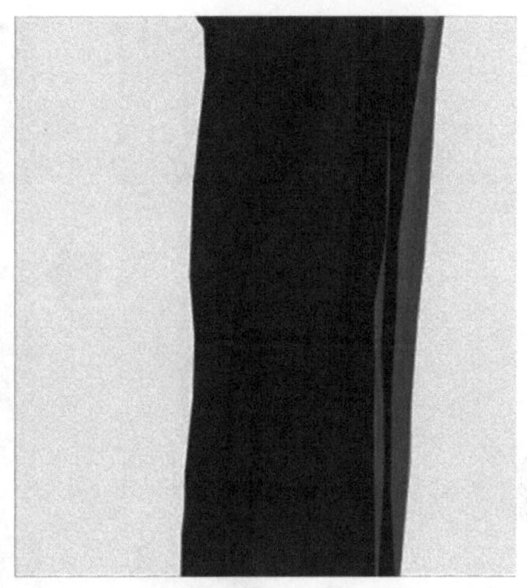

图 4-24　分层点云在 remesh 后会产生双面模型

在 2010 年国家文物局指南针计划——精细测绘专项中，我们利用全站仪对山西原起寺、大云院项目采用了全局控制网。原因是这两个项目的站点设置角度多、公共面积大，采用点云全局拼接法，有利于解决当时技术条件下令人烦恼的累积误差问题。经过原起寺的拼接工作后，我们发现，经软件计算所得到的拼接结果，两站之间的最高精度可达到 3mm 以内，而多站之间累计的平差结果则很难控制在 5mm 以下。由此可见，利用计算机处理的点云拼接工作，由于点云计算的先天劣势，计算机的平差计算有一个极限，即拼接精度无法跨越 5mm，并且在多站环绕型拼接时，这种拼接精度极限造成的环状累计更是难以消除。虽然可以利用一些算法将这些累积误差做平差计算从而减小累积误差[92]，但这样的方法只是将累计误差平均分布到每站（因此叫作平差），而无法从根本上减小累积误差。在这些误差中，虽然算法无法识别构件特征，也无法判别构件的衔接精准度，只能通过点云平均距离判断，但是对于人眼来说，可以在数以亿计的点集合中轻易地识别出构件形状及特征，而其中一些拼接误差对人来说是明显而又易修正的。

因此，在各项扫描数据、参数、流程全部标准化的基础上，我们加入人工核验与修正，利用了 CAD 软件在旋转、平移、放缩工作上对轴点的高自由度设置，由人工选定建筑特征点，设立独立参照坐标系，定义基点、旋转轴，设置旋转角等方法，嵌入局部构件数据。用这种方法，可以将精度控制在 1mm 左右，累计精度控制在 2～4mm（图 4-25）。

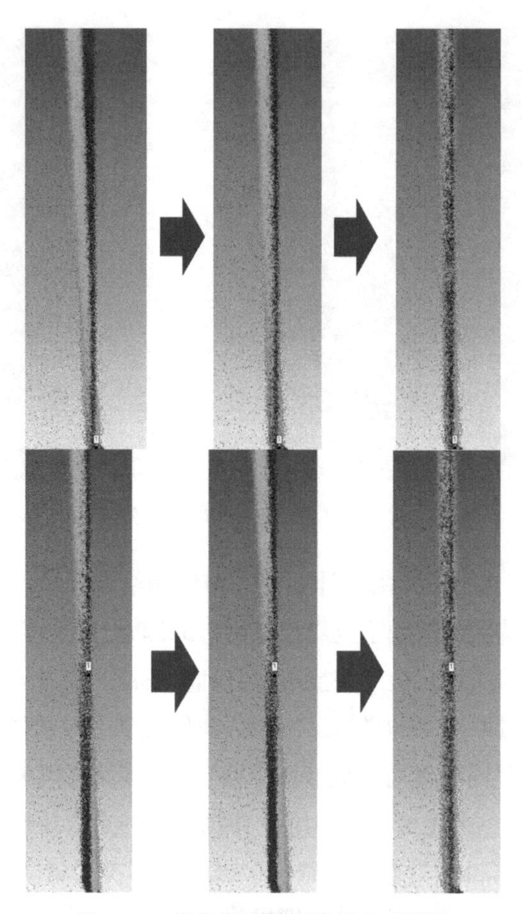

图 4-25　将有偏差数据进行人工微调

尽管人工拼接存在着人为操作误差，但因为采用了高精度下的微调，并有点云厚度作为拼接误差上限，因此我们可以保障在人工操作误差计算在内的情况下，人工精调拼接误差依然保持在小于扫描精度误差，即点云厚度。

单站点云本身是刚性的，不存在变形适应范围，但两站点云之间拼合后，由于点云本身具有的厚度特性，使得公共部分的点云在重合后，有微小的可调范围，这一范围则是吞噬累积误差的容忍范围。同时由于采用人工操作，在某些衔接部分，我们可以根据采用更高精度的数据来进一步接近理想值。例如，在同一公共部分有两组点云，一组是在更好的角度更近的距离所采集到的，其点云质量高、厚度小，而另一组则是在远距离、小角度下获得的质量较差的点云。在我们将第三组点云向这个公共部分拼接时，我们可以有选择地采用质量更好的第一组点云，从而避免了数据采集时所留下的误差。

4.5 本章小结

随着三维扫描技术的不断发展，三维地面激光扫描仪也不断向着简单、易用、自动化的方向发展。现阶段主流三维扫描仪已多数具备一键扫描、一键拼接、一键导出等全自动化功能。但是，对于这些功能是否能够满足数据最终用于古建筑保护修缮需求，自动拼接技术是否能替代现场科学的布站及大地测量控制网流程，还一直没有相应的研究。本章就点云数据的抽析优化对拼接精度的影响、主流平台自动拼接的精度对比设计了专项试验，并对结果进行了验证。证明现阶段受限于定位技术的精度，传统测量布站控制网暂时不可替代，并证明了点云数据进行去噪、抽析等优化后对拼接ICP及其衍生算法具有一定的提高精度作用。最后，通过对自动拼接及ICP微调后点云数据的分析，证明现阶段拼接算法依然无法将点云进行完美拼接，最终的人工检查及局部微调是保障拼接精度的必要手段。

第5章　三维数据压缩存储研究

5.1　引　　言

三维扫描仪获取的数据与人工全站仪获取数据的一个重大区别，就是扫描仪不受人为干预的无差别点位采集方式，但由此得到的就是计算存储量远超传统测量的海量数据。这些数据的调取、浏览、操作、研究，以现在计算机的硬件配置水平来看，无法做到流畅使用。尤其是结构复杂、规模庞大的古代建筑群，其三维点云数据如果不压缩，根本就无法完整调取浏览，更别说使用与研究了。

因此，就像十几年前文件压缩及传输技术层出不穷的原因是受限于当时的网络传输速度而产生的硬性需求，三维采集术数据的压缩，也是由于现阶段计算机的计算能力无法对海量数据进行处理而产生的必然需求。

针对三位采集数据压缩一直是这个领域比较热门的研究方向，相应从不同角度出发解决问题的算法也有很多，但总体来说分为两类：一类是通过实际减少点数量的压缩算法，其研究重点是如何在尽量保持原有点云数据特征的基础上进行点云的抽析与归纳，这种算法实际减少了点云的存储量和数据量，但也造成了一定程度的精度损失；第二类是以自适应八叉树索引算法为主优化类压缩算法，其特点是保证原始点量不变的情况下，通过对存储方式和编码方式的改变加快点云调取速度、减少空间占用，这两个方向现在已发展较为成熟，且向更高压缩比发展的空间不大。在本书中，提出一个利用降维方法对模型数据进行压缩的新思路——置换贴图法。置换贴图的优势在于利用图片存储了大量三维模型信息，且可以通过逆运算再将模型细节还原回去，一张贴图占用的空间远远少于三角面模型的记录量。

本章主要将现有主流点云及模型压缩方式进行了较为全面的整理，归纳了有损压缩和无损压缩对于数据的影响，并发现在存储、格式转换过程中，主流点云处理平台普遍存在着数据损失的状况，并对这种状况进行了统计和分析；统计了主流 CAD 平台自有格式 rcs 和 pod 格式的压缩比，调用时间及硬件配置影响；最后整理利用置换贴图进行数据压缩的整体步骤流程，及对于精度和压缩比的测试。

5.2　点云数据压缩方式

随着三维扫描技术的不断进步，三维扫描仪的精度和分辨率也不断提高，随之带来的就是扫描数据量越来越大。如图 5-1，为通过整体扫描，并单独切割出来的长椿寺主体大殿点云数据。即使通过格栅抽析将点间距增大到适合 1∶100 比例出图的 8.3mm 点间距，数据量也达到了 3400 万，如果不设置显示削减，连基本的观察和操作都非常困难。在这种海量点云对计算资源巨大需求与现阶段 PC 个人电脑有限计算能力的矛盾面前，以及在古建筑每时每刻都面临着风吹日晒、风雨侵蚀而随时可能损毁的急迫需求面前，对于三维激光采集快速保存古建筑信息，并可以方便地将信息用于实际保护工作工作的需求也越来越强烈。基于这些需求，数据压缩技术应运而生，并迅速发展。

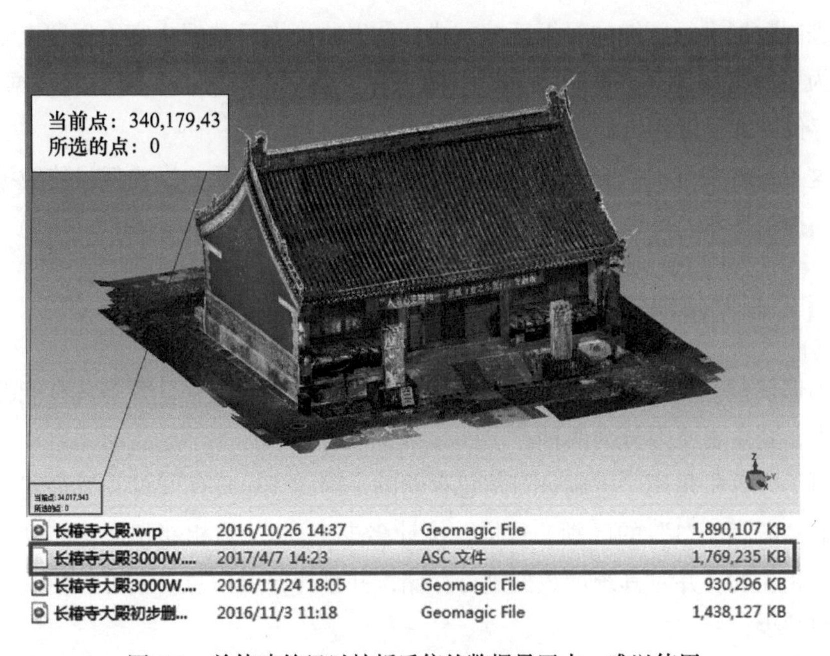

图 5-1　单体建筑经过抽析后依然数据量巨大，难以使用

5.2.1 点云存储原理及压缩方式概述

在本书研究的过程中，我们发现一个问题，即点云的压缩研究全部由计算机相关专业推进，并且全部都是涉及点云数量的不同削减算法，即之前我们一直在说的“抽析”方法。但是，从本书的研究方向和目的，即适合于中国古建筑保护及修缮应用需求的三维扫描技术及相关应用研究来看，对数据进行压缩，其根本的原因是数据量过大而不易使用。因此，在本书中，数据压缩不仅仅局限于数据削减后的压缩方式，而是以目的为标准，根据以下标准判断数据是否实现了有效压缩：

（1）数据存储在存储介质上，占用空间明显减少。

（2）数据经过压缩后可以流畅的调用、浏览及处理。

（3）数据点量发生实际削减，并减少了系统资源占用。

（4）压缩后的数据，在蕴含信息量和精度上不影响实际使用。

上述标准的建立，考虑到数据在应用中并不需要用到全部信息，只要达到使用要求的精度、信息量就可以满足使用的适宜信息含量。从这个角度来看，现阶段数据的压缩方式可以分为三种：①对重复数据进行整理，借鉴传统压缩算法，将二进制数据进行压缩的无损压缩方式；②以减少点云数据内容，保留点云数据特征为主的有损压缩方式；③对点云数据建立索引，计算并整理点云数据规律，改变存储方式和调用方式的无损压缩方式。

这三种方式可以结合使用，对点云数据进行多次优化，以确保最终数据可以方便快捷的使用。

5.2.1.1 有损压缩和无损压缩

不仅仅包括点云数据，只要是通过数字技术存储的文件，大多具有能够压缩的潜力，其主要原因分为两种：

（1）计算机是用二进制进行信息存储的，因此无论任何文件在二进制的世界里只有“0”和“1”的区别，这样，统计多少个“0”是相邻相连，多少个“1”是相邻相连的，并对其统计数据进行存储，并删掉原始信息，就可以使占用的存储空间减少；

（2）人类的视觉、听觉都有极限，而数字记录的内容中，一些信息是人无法察觉到的，删除这部分信息对于直接的感官几乎毫无影响，这也使一部分信息具有了可压缩的潜力。

数据的有损及无损压缩都有其合理性和必要性，并且现阶段来讲，大部分数字存储内容也均存在着无损及有损压缩方式。而这两种压缩方式最方便、最直观的案例就来自于图像文件的存储。

如一张图片，记录了天空白云，那么这张图片主要的色彩构成就是蓝色和白色，但是蓝色可能深浅不同，色彩也有些许的区别，而白色的云则有大片都是纯粹的白色，RGB 值为（255，255，255）。在一张 1024 × 768 的图像上，有 786，432 个点来记录颜色，假设一片白云有连续 50 个纯白色像素点时，压缩算法会将这些白色记录为“50”，“纯白”两个信息，而不是 50 个“纯白”信息，这样，存储在硬盘上的数据确实得到了减少，但是记录的信息却没有变化，这就是无损压缩。

但是，一张图像千变万化，刚才这样的算法压缩比率很不稳定，并且在相对复杂的画上压缩率非常低，这就导致了有损压缩技术的出现。由于人的眼睛对颜色的判断力并没有计算机那么准确，许多色彩在人眼看来是几乎一致的，将这些相似的色彩统一为一个色彩进行记录，是有损压缩技术的基本依据。有损压缩可以有效地减少图像在内存和磁盘中占用的空间，而实际在屏幕上观看图像时，不会发现它对图像的外观产生太大的不利影响。最常见的有损压缩格式就是现阶段在网页、数码图像里常见的 .jpg 格式图像。

有损压缩在图像领域中，最大的特点是利用了人类大脑的识别和修补功能。经过生物学实验证明，人类大脑会利用与附近最接近的颜色来填补所丢失的颜色。与无损压缩的方式不同，有损压缩技术在压缩的过程中确实会删除一部分数据以减小文件占用空间，并且被删除的数据也无法恢复。这就是为什么在图像领域马赛克技术很早就产生了，而去除马赛克技术却一直无法出现。马赛克的处理就是将一部分指定区域的色彩平均化处理，实际上删除了原来有效的像素信息，而这些删除掉的信息是无法恢复的。直到最近非常热门的人工智能技术高速发展，去除马赛克技术才渐渐有所希望，但这也是利用统计学原理推测出来的图像信息，而不是真正的原始信息。

现阶段对于点云数据的压缩方式研究，无论是均匀采样法、栅格法、曲率采样法[93]还是二叉树[94]、八叉树[95]算法，其最终的目的是进行设定范围区域内点云的平均位置计算，并删除原始点数据，都是有损压缩算法（图 5-2）。

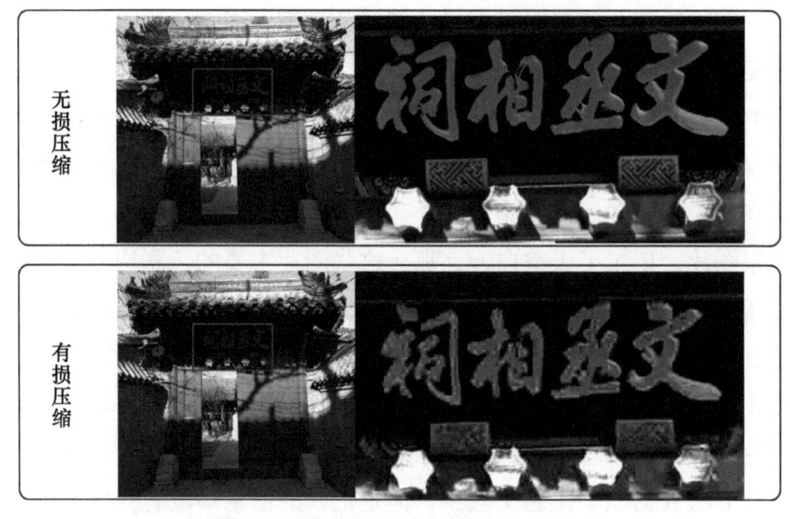

图 5-2 无损压缩与有损压缩细节区别

5.2.1.2 点云格式的存储方式

点云数据以海量信息而著称，相应地对于点云数据的处理平台，对点云数据的压缩也是必不可少。而前文所说的三种压缩方式在整个点云处理过程中，也均有体现。有的是体现在点云的处理过程中（如有损的抽析），有的是体现在点云的文件存储中，还有的体现在文件读入的构建过程中。这其中，有些压缩非常不容易察觉，却是属于损失一定信息量的有损压缩。这里就不得不提到一个点云文件所存储信息的方式。

常见的点云格式多种多样，其中以 ASCII 或二进制记录方式对点云数据直接记录的格式叫作通用格式。这种格式与传统的表格数据在存储上没什么区别，信息也是开源、开放且最原始的（图 5-3）。

除了这些通用的开放格式，三维扫描仪厂家在进行点云处理时，为了方便处理平台，基本都拥有自主格式进行存储。如 FARO 公司的 .fls 格式，Z+F 公司的 .zfs 格式，RIEGL 公司的 .rxp 格式。其中，这些自有格式或多或少都会对数据进行一定程度的压缩以减小数据占用的硬盘或内存空间，或提高数据处理效率。

这种存储方式有些是无损的，有些是有损的，可是这种损失并不容易发现。几乎所有的专有格式都有技术保密，无法直接得知是否有损，需要转成通用格式才能看出点云数据的损失情况。

```
4189746
-306.025545246l243 -151.1282778625488 6.063978113174438 137 157 139 73
-306.200545246l243 -151.4732778625488 6.625978113174439 41 59 34 30
-306.233545246l243 -151.0992778625488 6.086978113174439 94 102 93 78
-306.025545246l243 -151.6632778625488 6.867978113174439 80 103 76 47
-306.002545246l243 -151.0882778625488 6.029978113174439 53 68 51 23
-305.974545246l243 -150.9872778625488 5.904978113174439 66 83 63 38
-306.167545246l243 -151.5942778625488 6.780978113174438 68 95 59 43
-305.985545246l243 -151.1672778625488 6.121978113174438 75 95 71 45
-305.978545246l243 -151.1142778625488 6.055978113174438 57 77 51 38
-306.135545246l243 -151.3352778625488 6.409978113174438 80 105 73 52
-306.069545246l243 -151.6192778625488 6.822978113174439 77 103 71 46
-306.101545246l243 -151.5992778625488 6.818978113174438 92 114 86 72
-306.125545246l243 -151.6322778625488 6.848978113174439 50 63 45 43
-306.079545246l243 -151.6882778625488 6.927978113174438 49 72 43 25
-306.212545246l243 -151.2522778625488 6.287978113174439 36 51 31 30
-306.168545246l243 -151.2622778625488 6.274978113174439 90 112 85 64
-306.169545246l242 -151.3572778625488 6.430978113174438 59 84 51 42
-306.043545246l243 -151.5252778625488 6.684978113174439 59 86 50 34
-306.165545246l243 -150.7162778625488 5.449978113174439 134 121 149 98
-306.012545246l243 -151.7502778625488 7.022978113174439 60 83 55 31
-305.981545246l243 -150.9572778625488 5.808978113174439 58 73 54 40
-305.978545246l243 -150.7212778625488 5.586978113174439 135 124 146 107
-306.018545246l243 -151.1402778625488 6.092978113174438 70 101 62 29
-306.226545246l243 -151.1932778625488 6.229978113174439 75 90 71 57
-305.971545246l243 -150.8722778625488 5.709978113174438 84 99 81 61
-306.193545246l242 -151.5682778625488 6.757978113174438 61 75 60 31
```

图 5-3　通用标准点云格式存储方式

直接作用于文件的无损压缩也可以实现，如利用 RAR、ZIP 等文件对点云数据进行压缩。由于这些文件内存在着大量重复数据，因此常规压缩软件往往可以将点云数据压缩至原始体积的 20% 以内（图 5-4）。

文天祥单体.pts	3,042,684 KB
文天祥单体.rar	472,911 KB

图 5-4　通用文件压缩可以将点云大幅度压缩，并且无损

这样的文件格式我们其实经常能见到，如用于幻灯片制作的 PowerPoint 的新版格式 .pptx，就是一种压缩文件，可以用 WinRAR 直接解压，还原成一系列图片、文字、配置等文件的目录结构。但是据我们从厂商求证，这种压缩方式很少应用在点云数据的存储中，因为点云数据的调用和显示需要耗费大量软硬件资源，而压缩文件在每次调取时都要进行解压缩，严重增加了调用时间。大部分厂商所采取的方式，是一种较为特殊的有损压缩方式。

前面提到，有损压缩是一种实质上删除部分数据信息的压缩方式，抽析就是通过在不影响整体点云趋势变化和特征的前提下删除部分点以减小点云文件的体积[96]。但是点云数据与其他数据的区别是，除了点数量这种硬性指标，其实每个点所含的信息也相当庞大，如果厂商在单点精度上进行一定的压缩，也可以有效地减少点云文件体积，加快调用时间，减少系统资源占用。而且，这种损失精度的压缩方式往往是难以发觉的。

如通用点云格式一般来说常见的有 .txt、.xyz、.pts、.asc、.vtx 等，如果我们用文本书件编辑器、二进制编辑器或 16 进制编辑器，甚至用 Excel 导入文件，会看到这几种格式的存储方式都是将每个点的信息，按照通道顺序逐一记录，并用逗号、空格、分号等分隔符隔开。常见的通道信息见表 5-1。

表 5-1　通用点云存储通道及含义

通道：	X	Y	Z	Int	R	G	B	Time
含义：	X 坐标	Y 坐标	Z 坐标	反射强度	红色通道	绿色通道	蓝色通道	时间戳

在一个点云处理平台导入通用格式时，会出现导入向导，让用户手动设置或调整每一个不同的通道含义。虽然一些平台能够自动识别信息，但是对于反射强度（int）设置为 255 上限的点云来说，从数字到记录方式与 RGB 通道完全相同，计算机是无法自动判断的。在导入时，可以通过手工指定来保证导入数据的正确无误（图 5-5）。

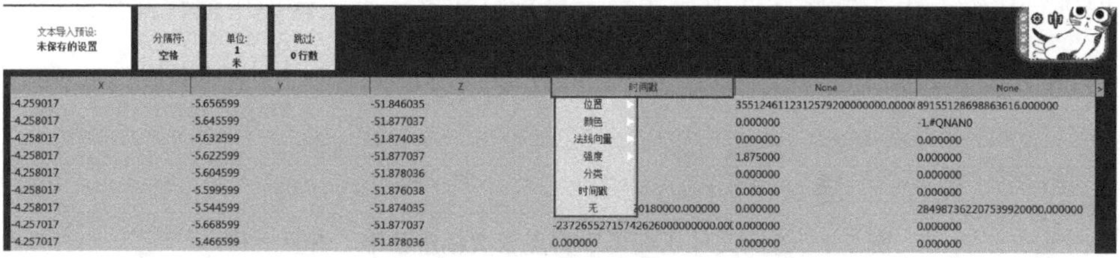

图 5-5　导入通用点云时，需要手工指定通道

可以看出，当一个点云被存储时，所包含的信息量与三个因素有关系：

· 点数量

· 通道数量

· 单点信息量

这三个元素组成了一个通用点云格式的整体内容，这其中最直观最容易分辨的压缩就是对通道的压缩。每一个通道都代表了不同功能，删除掉 xyz 任何一个通道，点云数据就会全部平铺在一个平面上；删除掉 RGB 任何一个通道，点云的色彩就会发生明显变化；只有强度通道删除时，不太容易察觉，因为 int 通道在许多点云处理平台默认是不显示的。

第二个较为容易分辨的就是类似于抽析方式的删除点数量，以一定点间隔或算法原理对过于密集的点信息进行统计、过滤，并删除冗余点（由于点云数据是由大量测站拼接而成，即使单站点间距达到 10mm 以上，在多站拼接后，点间距也往往小于 1mm，具备抽析优化的空间），可以有效地减少点云数据的存储量，当然同时带来的点云稀疏度的变化及实际点量的变化也较容易就能发现。

最后，最不容易被分辨出来的压缩方式，就是单点信息量。由于在大多数处理平台中，色彩、点数量是最容易被看出来的，所以许多厂商在对点云进行压缩时，并没有在这两个方向上进行处理，而是直接将单点存储信息量减少，经过这样压缩的点云数据，无论是色彩、点量都没有下降，但是实际文件体积却下降了 30%～50%，其实当我们将这些文件转换成 ASCII 格式时，压缩的内容就一目了然了。

5.2.1.3　降低点精度的数据压缩

对于点精度的数据压缩，非常难以察觉，却能有效减少空间占用。开发简单却行之有效，还对最终结果几乎没有视觉影响，这让许多三维扫描仪厂商非常中意于这种压缩方式，甚至许多研究机构都没有发现这种压缩方式会造成点云记录信息内容的丢失及精度的下降，而坚持认为只是一种优化很好的无损压缩方式。以 Autodesk 的 Recap 为例：

是一个通过原始数据直接转化，并通过 FARO 的 SCENE 存储为通用格式 PTS 的单体建筑点云。在没有任何压缩的时候，这片点云数据含点 46,476,924 个，并附带 RGB 色彩信息通道（为防止难以分辨，由笔者手动用红线将通道隔开），文件体积大小 3,024,684KB，占用硬盘空间约 2.90GB（图 5-6）。

通过 Autodesk Recap 将该点云导入并指定正确通道信息，关闭栅格抽析，让其以原始状态输入 Recap。在进入 Recap 后，该文件变为了约 4300 万点（图 5-7），即数据在导入 Recap 时，已经在其结构优化和冗余点去除的过程中去掉了 300 万点（Recap 要求巨量点云能够实时浏览，因此在导入数据时会进行一系列检测优化，会将间距小于一定数量的点合并取中间值后将两原始点移除。不过在没有设置抽析时，这个点间距设置量非常小，在 0.0000001mm 左右）。

Recap 还有点云导出功能，当我们将点重新导出成通用格式 PTS 时，该数据并没有像预想中变为原来数据容量的 93%（46476924 点，减为 43267363 点，数据应为原来的 93%），而是变为了含点 43,267,363 个，附带 RGB 色彩信息通道，文件体积大小 1,550,385KB，占用硬盘空间约 1.47GB 的通用格式点云数据。

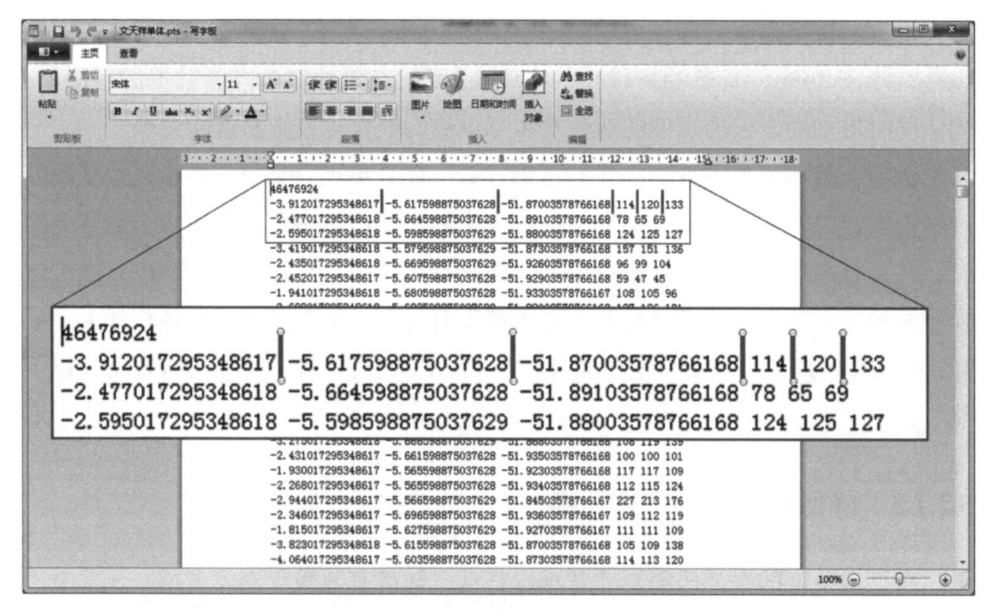

图 5-6　原始未压缩点云数据构成

图 5-7　原始数据导入 Recap 时会自动进行优化，删除重合点

文件体积缩减为原始数据的 51.26%，代表将近一半数据量被所减掉，然而点量只减少了 7%，且色彩通道没有缩减，没有降质，这将近一半的数据量是如何减掉的？通过 ASCII 文本读取，我们发现了原因。如图 5-8，虽然还是 xyzrgb

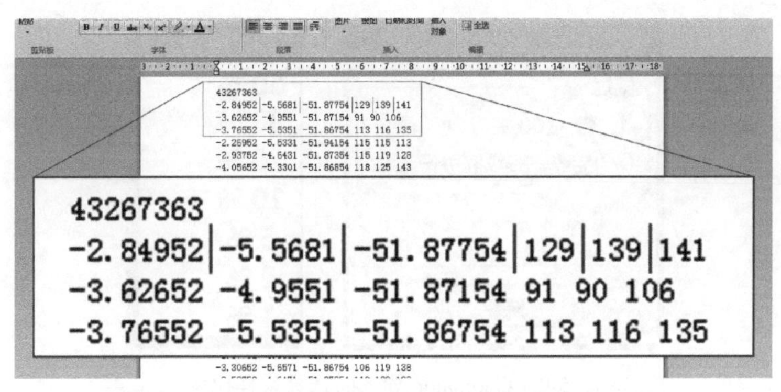

图 5-8　Recap 再次导出的 PTS，点位信息丢失严重

六个通道，但是我们可以发现，每个点的 xyz 坐标小数点后位数大大缩短。在原始 PTS 里，XYZ 轴每个坐标的小数点后记录了 15 位数据，而通过 Recap 导入再导出之后，X、Z 两轴小数点后只精确到了 5 位，Y 轴精确到了小数点后 4 位。这个 PTS 文件是以米为单位记录的，也就是说，由 Recap 导出的文件，即使没有做任何抽析或删减，精度只保留到了 0.01mm。

虽然在许多情况下，小数点后两位足以满足测绘需求，并且经过观察，原始 PTS 的后 7 位有许多数字是重复的，无法推断是通过原始数据解算出来的插值数据还是原始采集的数据，但毕竟这对于原始数据来说是删除了将近一半的信息。虽然在短期内不会对测绘的实质产生什么样的影响，但是对于利用三维扫描技术，利用点云数据进行保护、修缮应用的研究人员来说，应该了解这样的数据转换会带来信息的丢失，并且培养保存原始数据的良好习惯。

5.2.2　主流点云数据压缩方式

对点云数据压缩，是许多处理平台的第一步工作，而在前一节已经指出，在点云的整个处理环节中，有三个环节可以对点云进行压缩，分别是：导入文件时、抽析处理时和最终导出时。

5.2.2.1　导入时的压缩

文件导入时，直接对数据进行压缩是一种有效提高处理效率的方法，仅仅调用适合适用的数据进行处理，已经成为所有点云处理平台的惯例。如杰魔 Geomagic 会在调用文件时，询问需要载入的数据比例（图 5-9），这里的采样率

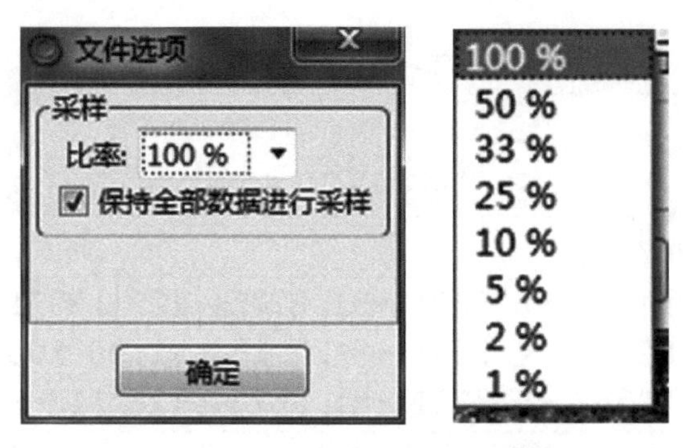

图 5-9 Geomagic 导入时选择采样比率

决定了用于显示、处理及输出的点云数量。而“保持全部数据进行采样”的按钮仅仅影响数据拼接时的采样率，与最终数据导出无关。

Geomagic 平台对于数据的处理是相对较为严谨的，即使点云数据本身有点重合、飞点、杂点等，依然按照原样导入，并可以原样导出。在不同的点云数据格式导入时，还可以区分为有序点或无序点，针对有序点还有更科学的抽析方式，可以过滤质量较差的波纹状点云和入射角度较为平行的点云数据。并且，Geomagic 的点云精度继承导入精度，不用担心产生数据非主动被精简或压缩的情况，比较适合研究使用。

Recap 平台则在导入时，会对点云进行一系列处理工作，如前面提到的删除重复点等工作，并且，Autodesk 的 Recap、Bentley 的 Microstation 这两大 CAD 生产商都在点云导入时要进行“索引”（Indexing）处理（图 5-10），简单来说，

图 5-10 Recap 在导入数据时会为数据编制索引，重排数据结构

就是利用算法遍历点云，对整体点间距和空间进行了解，并将点云根据视距按照树结构进行重新索引编辑，先将点云数据分割成大块，设为首要层级，然后继续根据视距与点间距的对应关系向下分级，不断进行层级定义、编制及记录，直到所有点云分解成完整的树状结构，然后根据数据重复度进行压缩。因此，导入 Recap 的数据会在第一时间被优化抽析，虽然视觉上没有太大变化，但导入 Recap 的数据普遍会在占用空间上减小 50% 以上，并且无论多大数据都可以直接显示，流畅观察，不存在加载时间。

其他主流平台在导入通用格式数据时，也均会提供抽析或压缩选项，便于控制数据量，提高工作效率。而这些平台大多数在后续对于点云的处理中是直接将变换作用于点云数据本身，改变点云坐标的记录。

就我们研究范围内所能接触到的处理平台来看，只有 RIEGL 的 RiSCAN 平台是将坐标转换与点云数据剥离开来的，从此也体现出了 RIEGL 的专业之处：RIEGL 以扫描站（ScanStation）为单元，并将所有于同一位置未经挪动的扫描站全部放在一个“ScanStation”之下，利用 TPL、TCL 等一系列坐标系统进行管理，在拼接完毕后，文件记录的是原始点云坐标与拼接后坐标的转换矩阵，直到文件导出时，才会将矩阵进行实质性计算，并影响点云坐标数据的记录。这样分离的好处是，可以利用不同精度，同一站位的数据进行拼接，整个 ScanStation 下的所有站位都会进行转换，这就有可能让我们专门针对拼接对一些特征区域进行高精度扫描，以提高拼站质量，同时还不会增加扫描本身的数据量和扫描时间；另外，坐标与数据本身分离开之后，即使由于天气、气温或者特征点标识错误，我们只需在矫正后将修正值直接在坐标系统里进行重新校验，就可以修正所有依据于同一个矩阵方程下的所有扫描站的矫正。这种专业的文件记录体系使得 RIEGL 在专业性上远远领先于其他厂商，也同时造成 RIEGL 的软硬件售价居高不下。

5.2.2.2　点云处理时的压缩

点云在处理时所进行的包括去除体外孤点、删除隔离项，曲率抽析、格栅抽析、统一抽析，甚至包括有删减信息的去噪，都是一定程度上数据信息的去除与精简，也可以在一定程度上视为在处理过程中对点云的压缩。

在各种研究文章中，对于抽析方面的压缩研究是非常多的，最常见的集中有均匀取样法、弦高偏移法、均匀网格法[97]等等。其主要区别是：

· 均匀采样法：这是一种最简单、最快捷的办法，其主要思想是通过扩大采集间距，根据点存储顺序，按照一定的间距对数据进行采样；这种算法无须遍历点云计算平均间距，也无需对点云进行结构上的改变，因此速度最快，非常适合大密度点云的压缩[98]。但是其采样效果由于根据点云的点存储顺序而来，因此也受到原始点云排序的影响，稳定性差。

· 弦高偏移法：又叫曲率采样法，是根据点云曲率变化进行采样与保存的方法。曲率是点云反映物体表面的属性信息，同时也反映了其点云变化的趋势，小区率区域表面趋于平坦，大曲率趋于表面变化明显，因此需要在大曲率趋于保留较多点来保持原始点云数据的精确性，在小区率区域采用较大点间距标识几何特征。该算法最大的优点是可以较好保留原始点云几何特征，保证点云数据抽析后的原真性和准确性；但最大的缺点就是在抽析前要进行曲率计算，耗时较长[96]。经实测：5300 万数量级的点云通过均匀采样法进行抽析需要 1 分 27 秒，而曲率采样法抽析则耗时 5 分 12 秒。

· 均匀网格法：也叫栅格法，主要思路是遍历整个点云数据，并求出最小长方体包围盒，再依据点云密度将包围盒继续细分成小方格（栅格），将每个点映射至小方格中，最后计算栅格内所有点的平均点，并保留此点删除栅格内其余点[99]。这种算法兼顾了之前两种算法的优点，计算速度快，且基本保留了原有点云模型特征，但同时其对于高区率区域特征保留不如曲率采样，计算速度又不如均匀采样。

采用抽析算法对点云进行压缩，实际上是对实际数据信息的删减，因此在使用抽析法进行压缩时，必须要谨慎对待，了解点云数据的进一步需求及对精度的要求，去除无用信息，保留有效信息并保持一定余量。尤其不能忽视的是，观察距离、点显示大小对于视觉的欺骗作用。点云数据不能“看起来够用”，而应该根据制图需求、remesh 需求或其他研究需求的标准来制定相应的压缩比率。

如图 5-11，点间距在不断增大的过程中，数据量不断减少，视觉效果也越来越稀疏，但是在增大显示尺寸后，0.5mm 点间距显示尺寸为 2 的点云在视觉效果上与 0.2mm 点间距显示尺寸为 1 的点云数据几乎相同，但信息已经产生了实质性的损失，当我们继续加大显示尺寸后发现，图像虽然稀疏感消失，但是清晰度却远远不如 0.1mm 点间距，显示尺寸为 1 的点云数据。

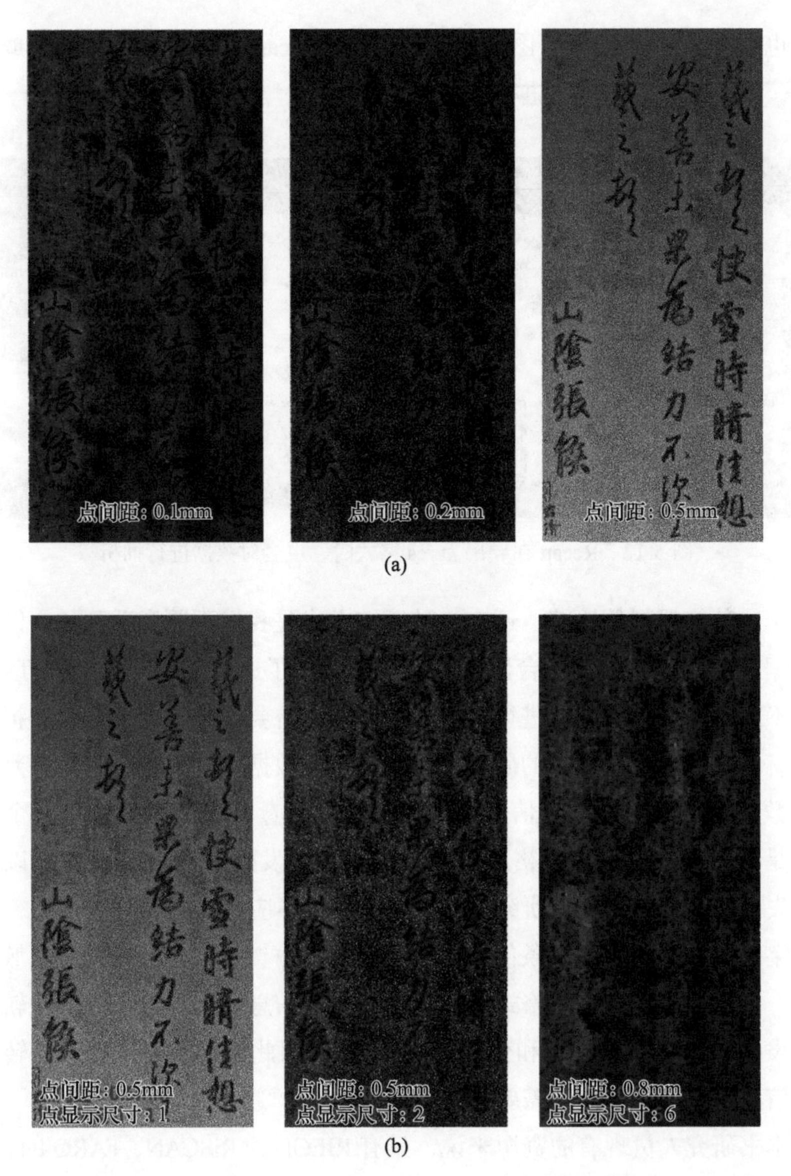

图 5-11 （a）相同显示尺寸不同点间距对比；（b）相同点间距不同显示尺寸对比

5.2.2.3　点云存储时的压缩

大多数平台在数据存储时是没有压缩功能的，但 Recap 平台作为 Autodesk 官方点云处理平台，在存储为自主格式 .rcs 的时候，会有存储时的二次抽析。Recap 在针对通用格式导入时有抽析功能，默认点间距 5mm，向外存储成 rcs 的时候，也会默认抽析 5mm（图 5-12）。在利用 Recap 平台进行点云转存或进一步处理时，需要对点云的输出进行设置。

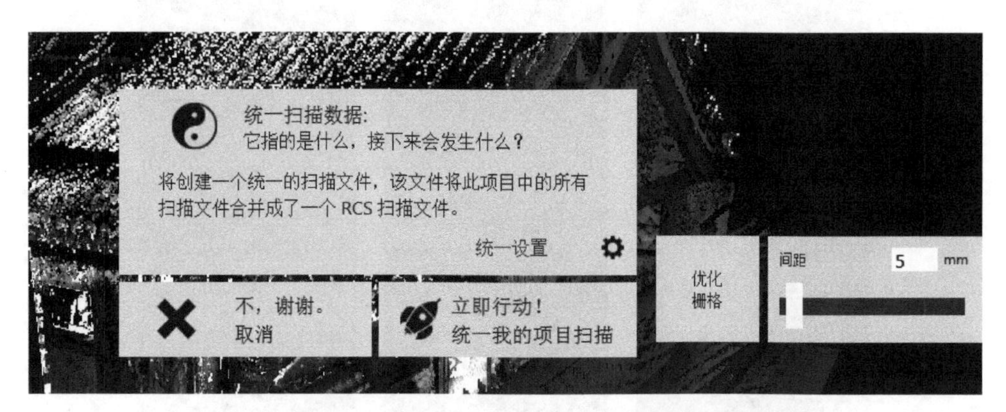

图 5-12 Recap 在导出为 rcs 格式时，也会对数据进行抽析

除了这种能看到的压缩，还有一种压缩方式是我们不愿意看到的，即转制造成的数据降质。由于点云平台数据格式众多且除了通用格式外，大多互不兼容，在利用不同扫描仪对古建筑进行三维扫描后常常需要通过不同平台对数据进行格式转换。许多古建保护领域的研究人员对于点云数据并不熟悉，所能评判地仅仅是点云数量是否变化、颜色信息是否丢失以及测量精度是否变化等几个硬性标准，但是在不同平台的相互格式转换时，是否会发生 5.2.1.3 小节中难以察觉得信息损失，前人暂时还未见研究，同时也是一个不应忽视的问题。

数字化成果的巨大便利条件之一就是方便传输、复制。但在其他领域中已经证明，一个有损压缩，或在格式转换阶段会损失信息的文件，经过多次转存，其结果会发生不可逆转的失真和变化（图 5-13），因此，点云数据在反复转存中是否存在信息丢失的情况，还需要进一步研究。

以本书研究人员现有的资源来说，只有 RIEGL 的 RiSCAN、FARO 的 SCENE、Z+F 的 Laser Control 以及 Autodesk 的 Recap。我们将同一个通用格式 PTS 数据进行导入、转存、导出成 PTS，再重复导入转存到处成 PTS 数据后发现，RiSCAN、SCENE 以及 Laser Control 都在第一次格式转换后产生了容量损失，并普遍由小数点后 15 位下降至了小数点后 4～6 位，但是点数量没有发生变化，并且在第二次转存后，数据容量就不再变化，推测软件对输出精度做出了限制，但是只要在限制之内，软件不会继续丢失信息。但是 Recap 出现了较为奇怪的情况，在转存中，第一次也将数据精度限制在了小数点后 5～6 位，但是在格式转

(a)

(b)

图 5-13 （a）不同格式图像在另存前；（b）不同格式图像在重复存储 500 次后

存中还出现了点量减少的现象，其转存点量变化统计如下（表 5-2）。

表 5-2　Recap 格式转换点量损失统计

转存次数	PTS 格式点数	RCS 格式点数	损失信息
第一次	6,135,177	5,642,653	8.03%
第二次	5,642,653	5,479,172	2.90%
第三次	5,479,172	5,388,565	1.65%
第四次	5,388,565	5,388,565	0%
第五次	5,388,565	5,388,565	0%

如表5-2可见，Autodesk Recap在五次格式转换中，有3次从PTS向RCS的转换中产生了数据损失，之前我们推测是Recap在进行索引时对数据进行的优化，但是在点间距已经适宜、无重合点云的时候依然产生了两次数据损失，这就让我们有些匪夷所思。在第四次我们认为它会继续损失下去的时候，似乎已经达到了软件的极限，再继续转存没有再发生点量减少及容量变化的问题。

这其中的原因受限于我们的能力没有解决，只能寄希望未来的研究能够解惑，并且提醒使用Recap作为主要处理平台的研究人员要注意格式转换所产生的非研究人员期望的数据压缩和精度损失。

5.2.3 平台点云数据压缩比例测试

作为主流管理、输入、输出至CAD平台的两款软件，Autodesk的Recap和Bentley的Microstation都采用了在点云导入时建立索引的方式对数据进行压缩，不但能够显著减小数据体积和内存占用，也极大地缩短了调用时间，提高了观察、应用及操作的流畅度。虽然存在着一定的非人为意愿强制优化和精度降低，但经过精度比较后发现，这两个平台在古建筑保护修缮研究的精度数据损失上完全可以忽略不计。而作为实际应用的需求来说，在同样的数据量、类似的构建时长及导入时间的前提下，哪种格式能够提供更高压缩比，并在中档配置计算机上可以减小资源占比就成为了主要标准。因此，我们将通用ASCII格式点云、Recap的rcs文件和Microstation的pod格式文件进行了压缩比率、调用速度及资源占用测试，以探讨适合于应用在海量数据的大尺寸院落级点云数据的适宜处理、应用及展示平台。

本次测试，硬件统一为中档电脑配置，基本配置见表5-3。

表5-3 电脑硬件基本配置表

类型:	CPU	内存	显卡	操作系统
型号:	17-3770 3.4GHz	16GB DDR3	影驰 GTX950	Win-7 64位

经过测试，结果如下表（表5-4）。

表5-4 rcs及pod格式压缩测试表

	传统格式（txt、pts等）	rcs格式	pod格式
说明:	常规通用ASCII格式，可被大部分点云浏览及处理软件读入处理	Autodesk公司点云专用软件Recap使用专用格式	Betnley公司点云专用软件Pointools使用专用格式

续表

	传统格式（txt、pts 等）	rcs 格式	pod 格式
文件大小：	1,637,152KB（1.6GB）	542,348KB（0.5GB）	389,645KB（0.4GB）
数据比例：	100%（无压缩）	33.13%	23.80%
调取速度：	92 秒	5 秒	3 秒
CPU 占用：	88%	82%	85%
内存占用：	96%	41%	33%

从实验结果可以看出，Bentley 公司的 pod 格式在大部分时候结果均好于 Autodesk 公司的 Recap，但得益于基于优先级的树状分类索引法，其经过转换的格式在调用时间上均实现了快速显示，并且两平台都将数据压缩到了原始数据的 30% 甚至更低。同时，动态流数据保证了根据当前系统资源自动控制显示点量，即使在普通的中档配置计算机上依然可以流畅的观察、使用及测量。

从古建筑保护修缮的需求来看，虽然 pod 格式更占优势，但是 AutoCAD 的普及率和行业渗透率在中国无人能及，rcs 也可以在 Autodesk 旗下的 AutoCAD、Revit、3dsMax、Maya 等软件无缝集成，同样实现快速调用与管理，从便利性上来说，rcs 格式依然是最适合应用于古建筑保护修缮领域的存储方式。

5.3　通过降维进行压缩的新思路

5.3.1　基于Mesh模型数据的压缩

5.3.1.1　Mesh数据的优势

多边形作为点云数据的成果之一，是 remesh 重建产生的数据格式[100]。重建为多边形模型使三维激光扫描技术在古建筑保护修缮领域能发挥更大的作用，其主要优点有：

（1）消除了点云厚度：多边形模型是由 3 点以上定义并构建于三维空间的二维物体。由于计算机的计算能力有限，因此三维模型都可以看作是没有厚度的纸张糊成的“壳儿”，只是在计算机内部标识了模型面的正反让其互相产生遮挡效果而产生立体感。因此，当点云重构为模型时，厚度将会彻底消失，取而代之的是模型噪波。并且，噪波可以很轻松地被注入去噪、光顺、平滑等算法去除（图 5-14）。

图 5-14 利用平滑、去噪功能去除点云厚度重构导致的噪波

（2）消除点云间隙：点云数据是数千万单独点的几何体，各个点之间无连接，因此当数据放大时，点间距会在视觉上放大，点云会逐渐稀疏直到难以辨认。然而模型数据是具有遮挡属性，并且节点之间由面填充，无论模型如何放大，都始终会被距离更近的模型面所遮挡，产生实体感（图 5-15）。

（3）可通过与贴图共同描述物体信息：从点云的存储原理可知，点云的颜色信息是绑定在每一个点上面的，抽析点云的同时就同时删除了对应的色彩信息。而模型系统的形状信息与色彩信息是单独存储的[101]，即使对模型数据进行压缩，但主要形状趋势不变，其保存和传达的信息基本可以保持不变，为数据压缩提供了更多空间和潜力。如图 5-16，上图为附带了贴图的复合模型，下图为纯粹由三角面组成的几何信息模型，当模型从 15 万面压缩到 3000 面时，即使几何信息已经大幅度变化，但与贴图共同作用后，最终呈现结果与 15 万面几乎相同。

图 5-15　无论点间距有多大，一旦重建成模型都会形成实体

图 5-16　无论点间距有多大，一旦重建成模型都会形成实体

5.3.1.2　Mesh模型数据的劣势

虽然多边形模型数据具有许多点云不具有的优势，但其也存在一些劣势致使多边形数据在古建筑数字化保护修缮的工作中使用频率较低。其中最主要的几个

劣势是：学习成本高，计算量大，制作难度高。

（1）学习成本高：点云的原理和数据组成内容单纯，结构简单，理解起来也较为直观，即使没有相关经验的人员经过一周左右的培训就可以基本掌握点云的采集和处理；而多边形模型则增加了许多专业概念，如法线方向、结构分割、优化布线、UV 坐标、材质贴图等，每一个概念都较为抽象，需要长期的学习和实践才能掌握。在专业逆向工程软件杰魔（Geomagic Studio）中，我们可以看到，点云相关处理功能比多边形的相关处理功能少很多（图 5-17），操作也简单很多。由于多边形的相关培训需要大量的基础知识和操作实践，其专业门槛也比点云数据提高了一大截，对于这种处理技术的普及必然比点云技术困难。

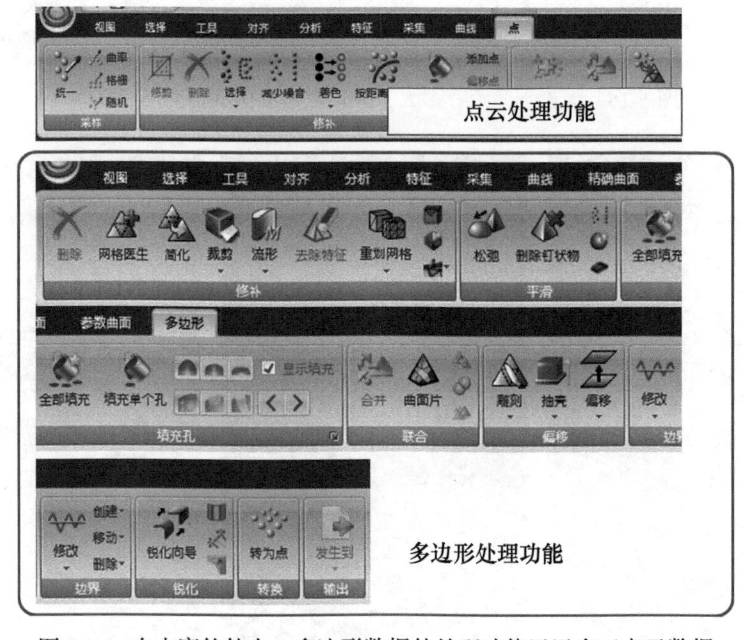

图 5-17 在杰魔软件中，多边形数据的处理功能远远多于点云数据

（2）计算量大：点云数据向模型数据的转化，需要利用 Remesh 算法，在 Geomagic 中，这个算法叫作“封装”（Wrap），在 Meshlab① 中叫做 Remeshing [102]，在其他平台中也有相应不同的命名。但主要思想就是通过三角形对点云数据进行

① Meshlab 是国外一款免费开源的、功能强大的逆向处理软件，但由于它是由开源软件发展而来，大部分功能都具有极强的专业性，需要大量参数进行细微调整，用户界面也非常不友好，学习门槛高，因此在本书中几乎不作提及。

连接，以数千万个三角形组成被测物几何信息[①]。Remesh 的算法极其繁多，名称也各式各样[103][104]，但基本思路都是先遍历点云建立树结构，了解点与点之间的关系，然后从点出发向周围搜索，逐渐“生长”起三角形数据。不同的算法有不同的适用场景，如适合还原曲线，如更少出现错误，如可以自动过滤噪声等，但是这些算法都有一个特点：慢。就像前文对曲率抽析做过的测试，在点云数据想从互相毫无关联的点集合开始建立相互关系时，就必须利用包围盒、树结构等算法对整体点云进行了解，并建立逻辑关系，分割空间等后台操作，这些计算都非常耗时。在实际项目中，3000 万左右数据量的点云可以在大多数主流计算机平台加载处理，但是将 3000 万点量的数据进行重建，许多系统都会因资源不足而崩溃；即使能够计算，也需要耗费大量的时间，往往是曲率抽析算法耗时的数倍。

另外，同顶点数模型数据所包含的信息量远远大于同点量点云数据，因此常常能看到 5000 万点量的点云数据可以正常加载处理，而 2000 万三角面的模型数据则完全无法正常加载或处理，必须进行压缩、减面甚至分割。

（3）制作难度高：当点云通过 Remesh 重建为三角面模型后，就不再是相互离散的点，而是点与点之间构筑了实际关系。但是信息丰富了，规则也就变多了，在点云数据中还可以依靠人脑的自动补全来识别的信息，计算机却常常无法识别，形成“孔洞”（图 5-18），需要通过“补洞”来完善修复[105]，然而“补洞”工作不但烦琐，还非常困难，无论是趋势算法还是曲率算法都难以让计算机能准确判断出原始信息，就需要大量的人工干预，不但影响了数据的原真性，同时制作难度非常高，修补时间也很长。

因此，基于以上优劣势的考虑，在三维数据成果转换三角面模型时，需要先考虑使用场景和使用目标，对于建筑本体的全部三角面 remesh 既困难又无必要，会造成大量的时间成本和人力资源的浪费，但是对于建筑表面的浮雕、小型构件以及利用机械臂、手持扫描仪、结构光扫描仪获取的数据，就非常适合利用 Mesh 模型进行处理。

---

① 在一些论述里，这种模型叫作 TIN Mesh，但在 Timble 和 Cyclone 里面，TIN Mesh 是一种用于 GIS 或大地测量的模型，主要特点是从高向低用三角形进行封装，最终模型像黏性液体从上倾倒形成的固体形状，适合制作地形山体，但无法解决底部镂空问题，因此这种模型在本书中仅叫作 Mesh，并且与以四边形为主的 Polygon 模型区分开来。

图 5-18　逆向三角面建筑模型有大量孔洞需要修复

5.3.1.3　Mesh模型布线与优化

一个 mesh 三角面模型的压缩与点云的压缩方法有一些不同，因为三角面模型多了“线”、“面”两个属性，在压缩时，必须要考虑到线对于边界的界定作用。在 Mesh 模型中，线是描述几何形体最重要的元素，即使 4 个非平面相同顶点，在 Remesh 过程中，也会有两种截然不同的形态产生，因此“布线”就成为了 Mesh 模型非常重要的工作之一（图 5-19）。

Mesh 模型的布线影响着模型逻辑性的正确与否，更关系着模型简化时是否能准确地保留原始信息特征并最大化精简模型数量。在针对 Mesh 进行压缩时，对模型进行重拓扑（Retopo）是非常有必要的。但是 Retopo 并不是一个纯粹的压缩方式，而是 Mesh 模型优化方式。

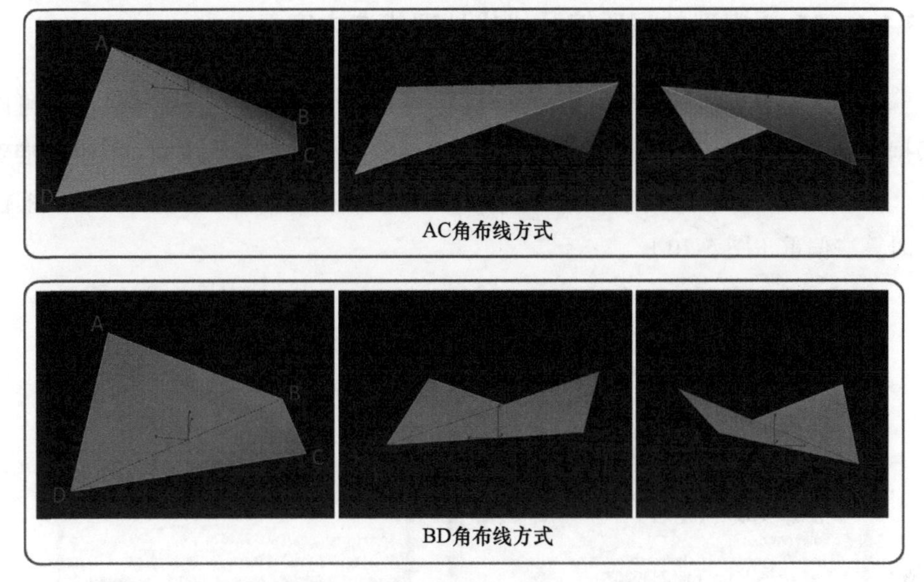

图 5-19 Mesh 模型相同顶点不同布线方式

以杰魔 Geomagic 为例，Retopo 有两种方式，一个是重划网格（Remesh），一个是优化网格（Optimize Edges）。从英文我们可以看出区别，重划网格需要将所有模型面全部去除，根据顶点信息重新封装（Wrap），并在封装过程中优化布线。而优化网格则在原始模型的基础上尝试重新分配三角网分割，使模型布线逻辑性更好，分布更合理。

不过，Geomagic 是从逆向工程领域发展起来的技术服务商，其两种 Retopo 方式都离不开点的限制，无论是点云还是顶点，都限制了其对网格更好的优化潜力。而近几年来，随着数字雕刻（Digital Sculpture）软件的兴起，海量三角面模型在计算机上进行呈现和使用已经成为常态，逆向工程模型输出的对象也不仅仅限于工业制造领域，游戏、CG 艺术、影视等行业也开始大量使用逆向三维扫描技术，对于三角面模型的修整和优化需求越来越强烈，因此近几年的数字雕刻软件都不约而同地加入了 Retopo 重拓扑功能，且表现优异。

作为数字雕刻软件的先驱和佼佼者，Zbrush 逐渐成为三维扫描技术不可分割的处理平台，尤其在处理海量三角面模型上，Zbrush 有多项世界领先的技术和非常优秀的功能，同时，在模型压缩上，也有世界知名的 Decimation Master。因此，在现阶段 Mesh 模型数据的优化和压缩上，Zbrush 已逐渐成为必不可少的优秀工具。

5.3.1.4 Mesh模型数据压缩及优化处理优选方案

以 Geomagic 为例，模型的压缩和优化分为两个模块。在压缩模块中，可以根据需求直接设定最终成品的压缩率，也可以根据公差来限制压缩后模型的准确度。在压缩时可以调整曲率、模型规整度和色彩的比值权重来告诉计算机压缩模型时算法偏重（图 5-20）。

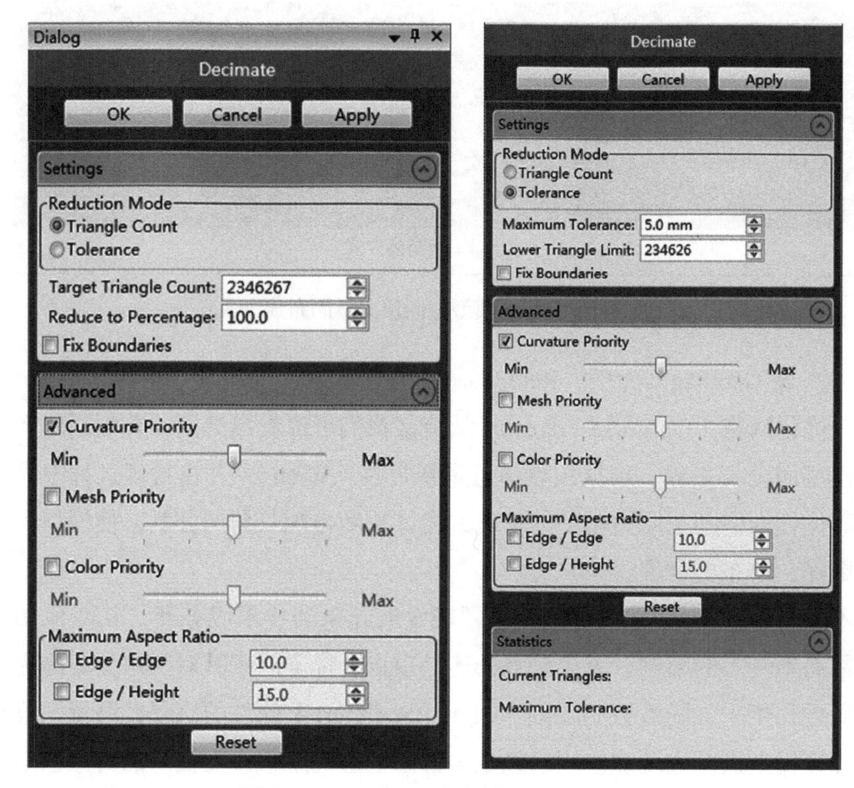

图 5-20 Geomagic 中的模型压缩设置

Mesh 模型的压缩由于在算法上发展远远早于点云压缩算法，因此在压缩效果上、准确率、原始形态保留程度上一直较好，文件容量也随着模型的压缩呈现等比例缩小的状态。经过我们多次测试，在原始模型布线均匀，逻辑良好时，模型可以压缩至 20% 而依然保留大部分细节，中近距离肉眼难以分辨区别；压缩至 10% 时，中小细节依然可辨，但微观细节已经丢失；最高压缩至 5% 时，中等细节已经缺失。因此，在大部分情况下，对于布线良好的模型，最高压缩比率建议设置在 10%，继续压缩则会丢失大量细节（图 5-21）。

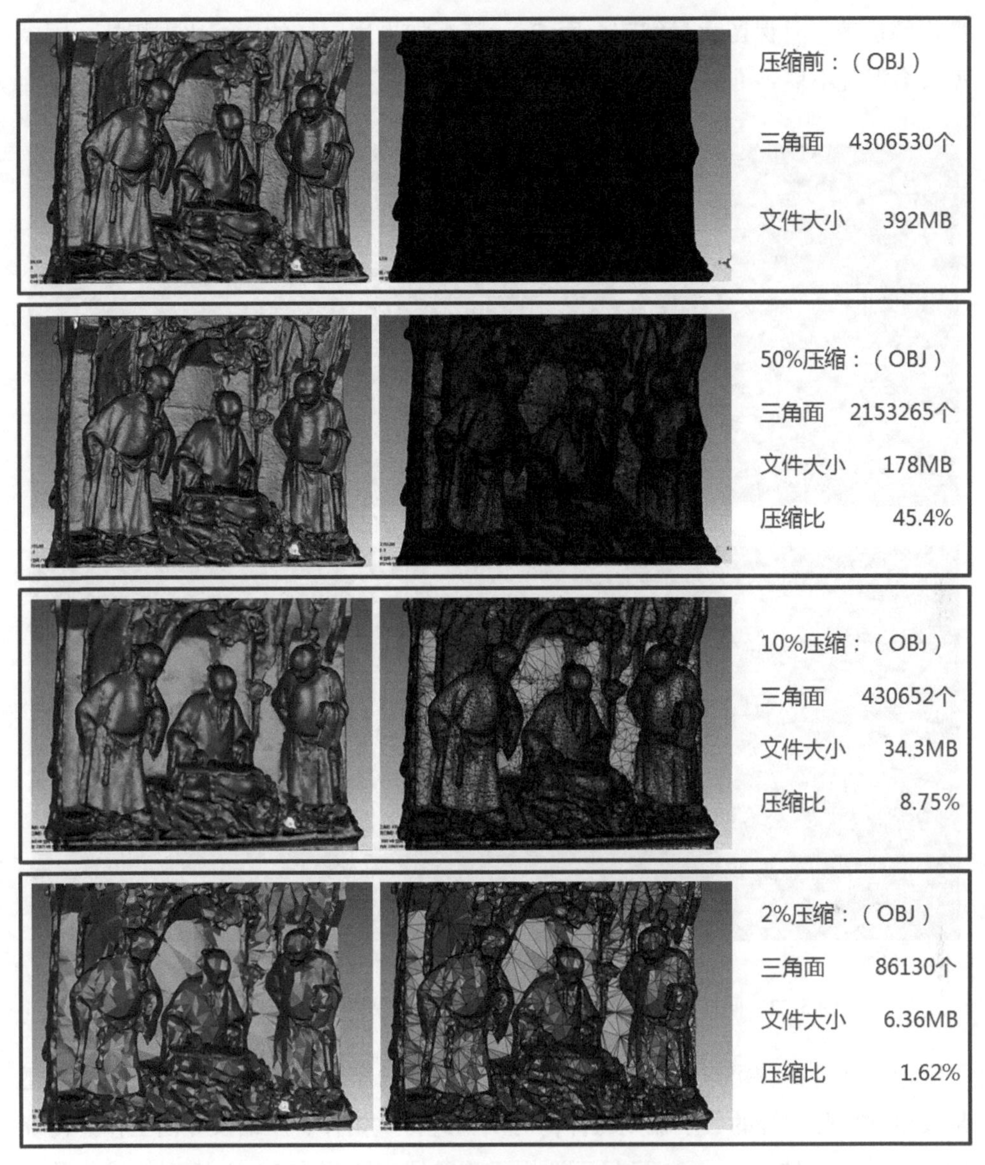

图 5-21　Geomagic 中的模型压缩比率、效果及文件大小对比

在 Mesh 重拓扑（Retopo）方面，Geomagic 与数字雕刻软件相比显然就要差多了，这也受限于软件的专业方向和受众领域。在逆向工程领域，重拓扑的目的依然是用于制作模型或进行精度核验，依然需要大量三角面来呈现逆向模型最细微的特征；但数字雕刻软件的受众领域是影视、游戏或 VR（虚拟现实），在这些领域对于低面数模型的需求很迫切，因此我们常常看到，Zbrush 重拓扑后的模

型规整优美，且保留大量细节，而 Geomagic 如果用同样的压缩比重拓扑，则模型线会混乱不堪，准确度也严重下降（图 5-22）。

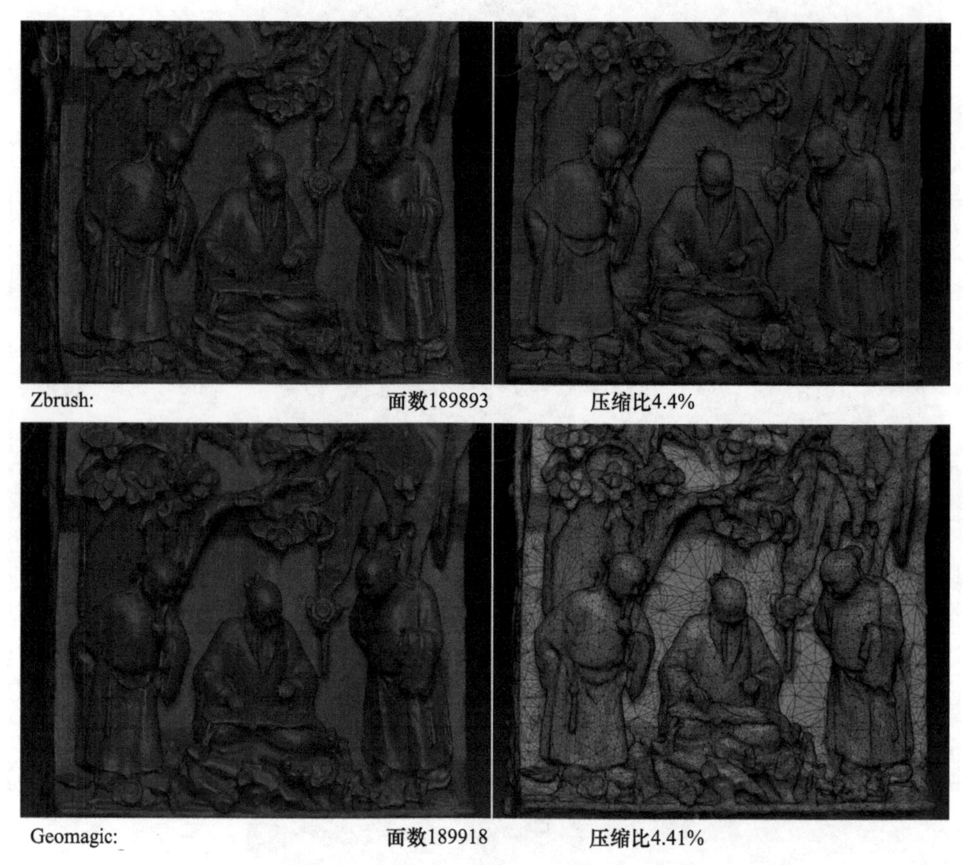

图 5-22 同样压缩比下、Zbrush 的重拓扑效果要远远好于 Geomagic

通过如上比较可以发现，在针对 Mesh 数据的压缩时，应使用无论从效果还是效率都更胜一筹的数字雕刻软件，对模型进行重拓扑、压缩及导出工作。传统的逆向工程软件 Geomagic 已经不适用于现阶段对于逆向 Mesh 模型的优化及压缩处理，应当转为更先进、更高效的 Zbrush 处理流程。

5.3.2 什么是“降维压缩”

从上面的实验对比我们可以发现，点云模型的数据结构简单，影响因素少，处理过程并不复杂，但是其造型、信息量与数据量是强关联，很难通过其他压缩方式进行优化，而 Mesh 模型虽然专业性较强、处理量大，但是在数据压缩方面具有很大潜力。上节的实验可以看出，通过减少模型量而实现数据压缩的方法无论算法多优秀，也是建立在删减信息的基础上的，是否有一种方法可以在尽量保留原始信息的前提下尽量减小数据量呢?

从这个思考方式出发，本书提出“降维压缩”法，专门针对需要大量压缩数据容量却需要尽量完整保持原始信息的数字化存档及展示需求。

所谓“降维压缩”，是指将数据压缩或信息存留这两个看似颇为矛盾的需求从三维空间转向二维空间寻求解决方案的方法。其原理是通过一种特殊图像记录三维空间的深度信息，并以二维图像格式存储，在需要调取细节时，通过将图像逆运算回经过精简的模型骨架，完成细节的还原，并尽量减少失真。

我们知道三维模型的数据记录需要占用大量的存储空间，以一个三角面为例，需记录几何定点坐标、色彩顶点坐标及三角形边线顺序等多项参数（图 5-23），因此其占用存储空间量也远远大于点云。以 86130 个三角面的 OBJ 格式 Mesh 数据为例，其明文 ASCII 码，未经压缩的文件容量为 6.36MB，而将此模型的所有顶点转化为明文 ASCII 码，未经压缩的通用 PTS 格式后，其文件容量仅仅为 2.96M。因此三维 Mesh 模型的存储量是很大的。但当我们将一部分三维空间信息数据记录在二维图像上时，图像仅需要记录 RGB 三个信息就足以保留大量信息了，这就是通过降维方法进行数据存储的理论基础。

```
v -218.957754312728 -75.550587790088 -155.868837686942
v -204.415865251604 1.078721211796 -91.714950791466
v -141.484476065025 -39.737371325547 62.606648838740

# Number of texture vertex coordinates: 41144
vt 0.000000000000 0.000000000000
vt 0.000000000000 0.000000000000
vt 0.000000000000 0.000000000000
vt 0.000000000000 0.000000000000

g Polygonal_Model_1 Triangles_0
# Number of triangles: 86130
f 28880/1 10529/2 29447/3
f 17862/4 34473/5 5554/6
f 28880/1 10616/7 33255/8
f 28880/1 5592/9 9000/10
f 28880/1 8327/11 5592/9
f 17862/4 31525/12 6590/13
```

图 5-23　一个 Mesh 模型存储的信息量和信息类型要远远大于点云和图像数据

这种降维压缩的方式并不是新鲜技术，而是在近几年开始应用在游戏或 VR 领域的置换贴图技术。但传统的置换贴图技术仅仅是将高品质模型的细节计算为贴图文件并赋予低品质模型，然后利用游戏引擎的还原显示方式，使低面模型拥有高精度模型的真实起伏视觉观感，却并没有尝试过利用置换贴图真正将低面模型重新还原回高精度模型上，在本书中，将研究通过 Zbrush 等雕刻软件将置换贴图记录的细节重新赋予低品质模型并评估其还原后的模型精度损失。

5.3.3 置换贴图

置换贴图并不是突然发明出来的，而是经过了长期技术铺垫和基础技术的发展。要想了解置换贴图的产生和原理，则必须要提到三种类似的贴图方式：Bump 凹凸贴图、法线贴图、视差贴图。其中，法线贴图的出现，是促成置换贴图的重要里程碑。法线贴图是凹凸贴图之后通过改变思路而产生的重大技术突破，其从根本上改变了凹凸贴图的原理，并用它独到的思路推动了后续技术视差贴图及置换贴图的出现。现在，法线贴图仍作为改善视觉效果，节省计算资源的主流技术，被应用在 CG 动画的渲染以及游戏画面的制作上。将具有高细节的模型通过映射烘焙出法线贴图，贴在低端模型的法线贴图通道上，使之拥有高细节模型视觉效果，同时大大降低渲染时需要的面数和计算内容，从而达到优化动画渲染和游戏渲染的效果。

5.3.3.1 置换贴图的产生契机

在 CG 行业（Computer Graphic）的早期，计算机的计算能力还很有限，只能制作简单的几何体，无法在模型上面制作大量细节，因此现实世界丰富的质感无法展现，后来贴图技术的出现使人们可以通过颜色区分不同材质的物体，是计算机三维图形领域的巨大进步。但在现实世界中人们不仅仅是通过颜色分辨质感的，还有光线照射之后的阴影、对光线的反射、散射、折射等丰富的物理效果综合形成了我们视觉感受的不同材质。

但是，一旦涉及这些质感的体现，就需要光线真实地通过模型的高低起伏互相遮挡进行计算，而传统的贴图方式就显示处巨大的弊端来：如果视角一变化，那么色彩再丰富的贴图也会看起来像一张简单地画有图案的平面。想要让人感受到真实的立体感，光与影的参与必不可少。

在现实生活中，人之所以能够感受立体感，主要原因是因为人的双眼看到的镜像略有不同，通过大脑的计算处理可以获取世界的深度信息，分辨出物体。然而计算机屏幕仅有一个平面，3D 效果想要呈现的更加真实，只能利用光影和透视让人产生错觉。这就像画素描时，为了不让一个球体看起来像是一个圆圈，必须区分出高光面和阴影面，并且从亮部转向暗部时，遵照物理模型特点进行过渡，这样画出来才从视觉感官上成为一个球体而非圆形，在计算机中，电脑为我们绘制图像的过程也是一样（图 5-24）。

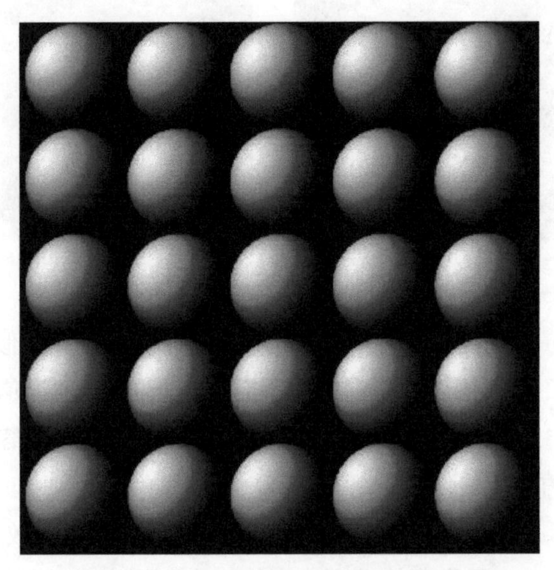

图 5-24 平面的圆形通过光影塑造立体感

基于这个道理，早期的 CG 软件开发者在计算机空间内构件了三维坐标后，就通过光影的实时计算与变化来实现通过平面的显示屏幕来显示三维空间。任何一种三维浏览、观察、制作及处理软件，最基本的就是光照及阴影系统，没有光影，我们就无法从计算机屏幕上感受到三维物体的立体感和质感（图 5-25）。

而当我们需要对一个平面进行光影处理，使其具有立体感的过程中，起码需要知道不同质感物体相对于平面的真正凹凸状况和数值，这样才能让显示芯片进行模拟运算，生成立体效果。显然，我们无法将具有完整立体信息的三维模型直接让显卡去计算渲染。因此，计算机图像开发人员需要用一种极低计算量，并且非常简单的方法来记录一个平面的真实凹凸情况，于是就诞生了一种全新类型的贴图：凹凸贴图（Bump Mapping）。

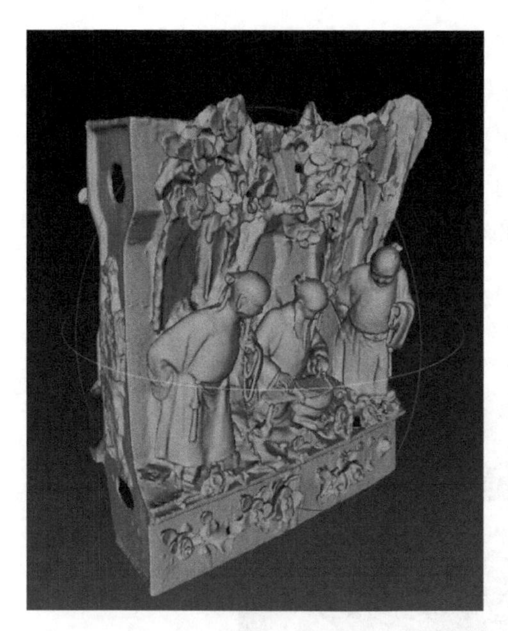
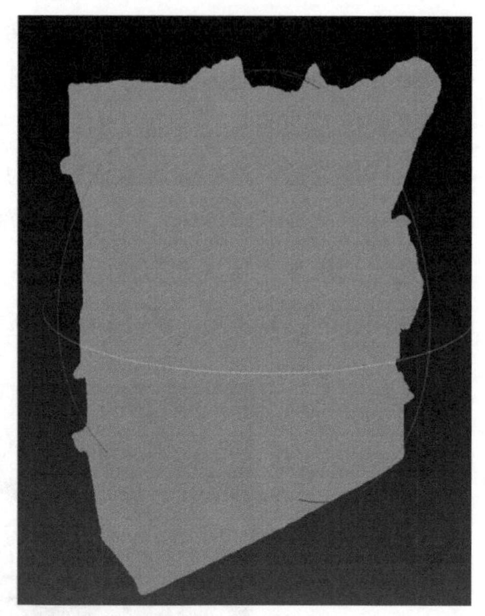

图 5-25 关闭光影后模型立体信息消失

凹凸贴图是一种灰度图，与三维激光扫描记录的强度图类似，都是利用灰度来反应高差信息，由于图像是黑白的，不需要记录 RGB 通道信息，仅需要记录每个像素的 0～255 范围数值，因此无论从计算效果还是记录容量上都不大，适合展现较为微观的起伏变化（图 5-26）。

但是，凹凸贴图最大的问题就是，这是一种假的凹凸效果，行业常称为 Fake Bump Mapping，因为它并没有改变物体表面形态，只是影响了光照效果。这是一种基本加减法的运算，系统资源占用极低，最简单的做法是，直接把 Bump Map 叠加在已经渲染好的表面上，造成亮度上的扰动，从而让人以为是凹凸的。

Bump 凹凸贴图最大的限制是，只能适合表现平面上的深度较小的起伏光影变化和曲面上非常细小的花纹变化，却很难改变曲面上光滑曲率的变化，因为算法仅仅是对阴影的加减法计算，应用在一个有曲率的模型上，则制作人员需要花费大量时间去计算光滑曲线在低面模型上的相对高度变化，从理论上来说有实现的可能性，但从实际工作来说，工作量大到无以复加，完全没有实用性。

因此凹凸贴图虽然到现在依然被大量使用，但对于模型整体的圆润程度及视觉变化的计算依然是无能为力，需要使用新的算法来弥补。于是，法线贴图算法出现了。

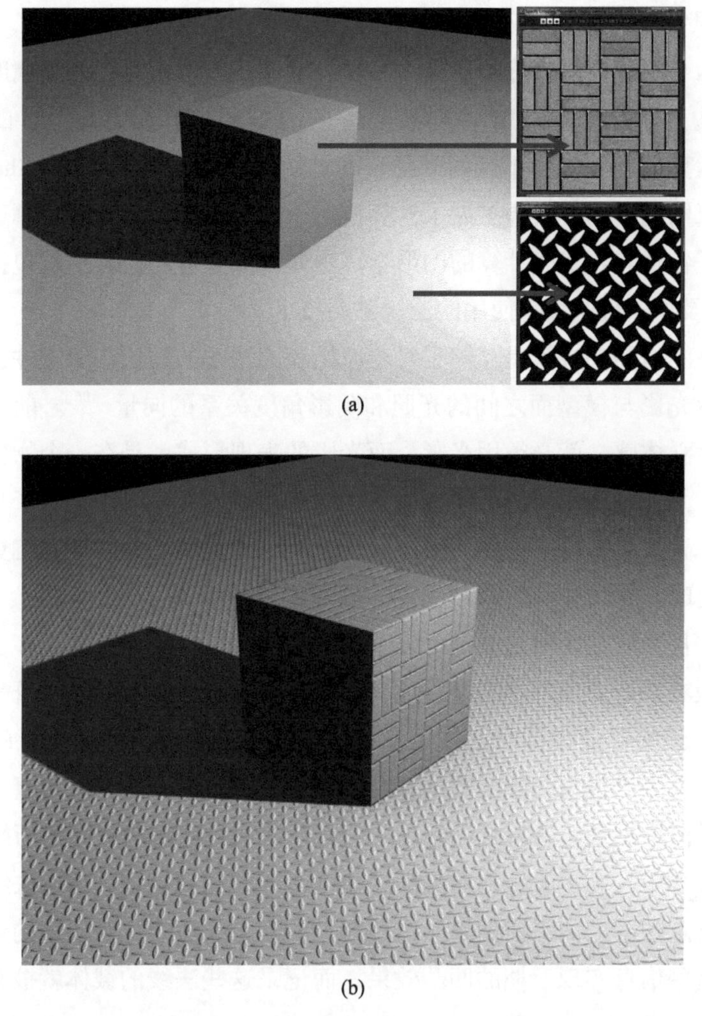

(a)

(b)

图 5-26 （a）Bump 贴图采用前的几何体；（b）Bump 贴图采用后的效果

5.3.3.2　法线贴图记录原理

法线贴图的产生源于个人电脑一个重要硬件的普及——GPU。早期计算机对于三维空间的计算全部交给 CPU 去处理，而对于三维空间的计算主要是由 CPU 的浮点运算部分负担的，但是浮点运算更擅长在图像领域的计算，却对于常规计算不擅长，CPU 大量的工作恰恰是常规的文件处理、逻辑关系等运算，因此 CPU 在设计制造时还是偏向于设计更多的整数运算单元。但是随着大家对于视觉要求的不断提高，一味地提高 CPU 浮点运算能力即浪费，又会增大功耗，更难以在有限空间内集成在小小的 CPU 内部，于是 GPU 的概念出现。GPU 就是把传统显示卡的计算能力进行了极大拓展，专注于图形运算，并大幅度强化显卡单元和结构，使其具有 CPU 一样甚至高于 CPU 的计算能力。GPU 的出现，解决了图形运算的计算能力不足的问题，同时使硬件可编程流水线（Shader）也同时出现在家用机市场，大幅扩展了计算机对于图形的显示能力和运算速度。这才直接导致了各种需要实时计算的图形学算法开始大量应用，其中就包括了现在在游戏、VR 及 CG 行业大量使用的法线贴图技术。

法线贴图概括来说就是存储了每个原始表面法线的迭代图像文件，而法线则是一种表示光影与模型面之间的光照和阴影角度关系的向量[106]。前文讲过，物体想要产生立体感，就必须用光影，而光影的表现形式就是在一个物体表面产生明暗变化。光线照射角度的不同造就了不同明暗反应，光线越垂直于平面，则该区域越亮，光线越平行于平面，则该区域越暗，光线照不到的地方就更暗（完全无光线照射时，物体应该呈现纯黑色，但现实世界中大部分物体不会 100% 的吸收光线，并且光线在物体之间是可以互相弹射产生二次、三次甚至多次光照，因此现实中没有阴影是真正的纯黑色）。这就启发了计算机图形学的研究人员，可以通过图像预先存储模型的法线信息，然后将法线信息与明暗信息的变化相关联，就可以免去光线与三维模型间复杂的遮挡计算，而直接将接近真实模型信息的光影结果渲染出来。这就是利用色彩值记录法线方向进行存储的巧妙之处。

在物理学中，表示光线射向平面的角度时通常使用光线和该点法线角度来表示。这也就意味着，如果我们将一个贴图上所有点的法线记录起来的话，就很容易再利用这些信息实现后期的凹凸效果，而记录这些法线的载体就被我们称为法线贴图。

法线贴图通常看起来是一张偏蓝的图片，而法线贴图的计算原理是由于法线是一个三维向量，一个三维向量由 x、y、z 等 3 个分量组成，这三个分量可以与 RGB 三个通道相对应做图像记录，就是以这 3 个分量当作红绿蓝 3 个颜色的值存储，这样就可以根据高精度模型的变化，记录其在对应低精度模型上光影关系变化的朝向关系，然后利用 RGB 信息记录方向和深度信息，从而生成一张贴图，这就是法线贴图的来历（图 5-27）。

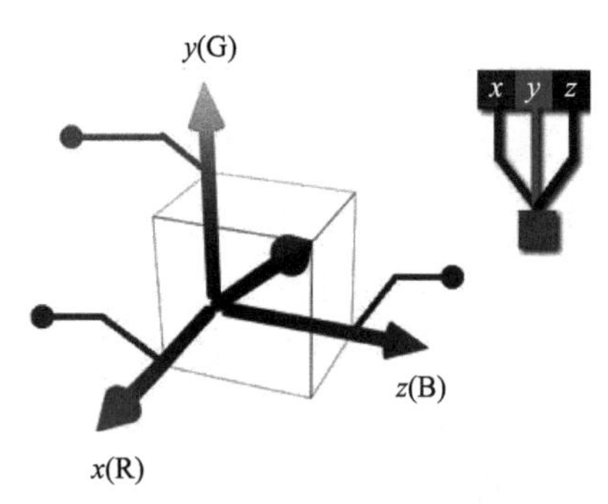

图 5-27　法线贴图存储法线信息原理

法线贴图其实并不是真正的贴图，所以也不会直接贴到物体的表面，它所起的作用就是记录每个点上的法线的方向。蓝色是 Z 轴朝向，而我们常常是将高面模型应用在低面模型上，两个模型在大部分区域都是呈现 90°对应的，仅仅是深度信息有所变化，因此法线贴图通常呈现偏蓝紫色。事实上，真正的法线贴图并不是记录贴图上每个点的法线的绝对角度，而是记录的是相对于平面的一个差值[107]。这样，随着平面的 3D 变换就能够实现即时的法线运算了（图 5-28）。

图 5-28　常见法线贴图形态

法线贴图的出现极大提高了实时运算的光影显示效果，也降低了展现丰富细节所需要加载的模型量，最重要的是法线贴图解决了 3D 模型在空间中曲率的相对变化问题，可以在各种曲面上使用，以正确的改变光影方向，提高显示质量。

但是，法线贴图依然没有解决模型真正的立体结构，虽然法线贴图拥有近乎完美的光影表现，但当变换视角时，我们依旧可以看出模型的平面形态来。但是，正是由于法线贴图的出现和大量使用，才促使了后续技术的发展，出现了真正可以模拟改变模型形态的视差贴图（Parallax mapping）[108]和真实改变模型形态的置换贴图（Displacement mapping）。

5.3.3.3　视差贴图与置换贴图

视差贴图从本质上来说和法线贴图没有区别，是一种法线贴图算法的增强算法。仅需要在法线贴图算法上增加几个 HLSL 语句（高阶着色器语言：High Level Shader Language）和一个控制纹理通道，就可以显著的增加物体表面的深度感。但是视差贴图由于从原理上与法线贴图相同，所以并没有真正改变模型的结构。因此，时差贴图几乎继承了法线贴图中的大部分问题，如视角接近平行的时候，凹凸感消失的问题。但是视差贴图被认为是法线贴图的技术延伸，也是替代法线贴图最有力的技术，其最主要原因是在计算速度和效率几乎相等，以前制作的贴图也都可以兼容使用的状态下，解决了小起伏表面高度差的互相遮挡问题。

这种遮挡与真实模型的起伏不同，如果视差贴图贴在一个有界组件上，可以看到在边界处依然是平滑的模型，但是在视差贴图中，计算机会根据高度信息和观察方向，将距离摄像机较近的图形像素进行位移，挡住距离较远的图形像素，产生模型具有真实高度的错觉[109]（图 5-29）。并且，视差贴图最大的优势就是极低的资源占用和极快的计算速度，因此近几年视差贴图已经开始逐渐替代法线贴图出现在计算机图形技术应用中。

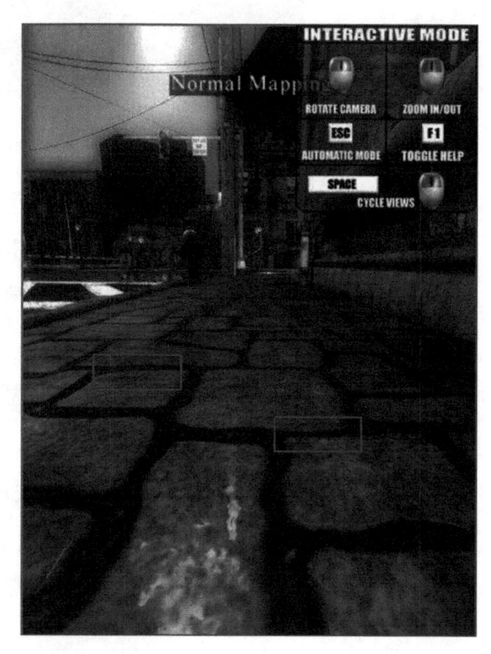

图 5-29　视差贴图带有遮挡效果

而置换贴图（或叫作位移贴图）则和法线贴图与视差贴图完全不同，这是一种真正改变模型结构和物体表面的贴图方式[110]。其原理，是通过一种称为微多边形镶嵌（Micropolygons Tessellate）的技巧来实现真正的改变物体表面的细节。具体实现方法是：首先，根据屏幕的分辨率，在模型的可见面上镶嵌和最终像素尺寸相同的微多边形。这个过程叫作镶嵌。然后读取一张 Bump 贴图。根据表面的灰度确定高度。然后根据镶嵌所得到的多边形，沿着原先的表面法线方向移动微多边形。接着再为新的多边形确定好新的法线方向。此时，物体的表面确实已经真的增加出了细节[111]（图 5-30）。

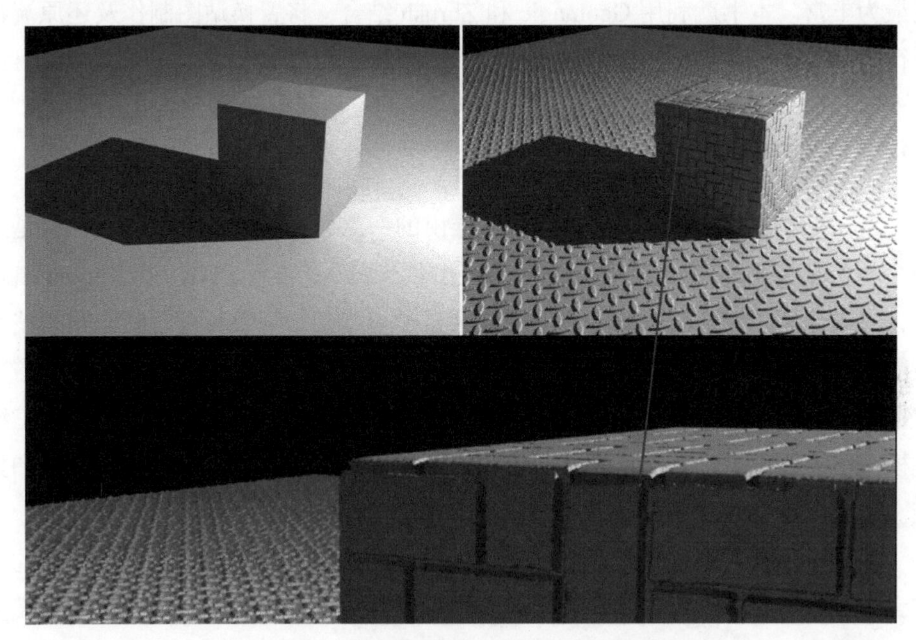

图 5-30　置换截图使模型真正发生了改变

随着计算机图形学的发展，可以让三维模型更加拟真的贴图技术和图形算法会越来越先进越来越完善。在贴图与模型转化领域，现阶段已经出现了浮雕贴图算法（Relief Mapping），这种贴图解决了镂空物体、扣环物体及平视问题，但由于其稳定性和准确性依然存在不少问题，且计算量过大，一直处于试验研究阶段，但相信随着算法的不断改进和计算机计算能力的不断发展，终有一天会替代置换贴图算法，成为主流增强模型表现力、降低系统资源复核的高级图形算法。

5.3.4　Zbrush制作置换贴图及高模还原

前文主要介绍了凹凸、法线、视差及置换贴图的发展与特点，最终目的是通过二维图像文件存储部分三维模型信息，实现降维压缩模型的目的。市面上有不少可以将高精度模型信息计算成置换贴图的软件技术，但是将置换贴图应用在低面模型并还原成高精度模型的工具却极为稀少，仅有少数几款数字雕刻软件如Zbrush、Mudbox、3d Coat 以及近两年才推出的 Geomagic Freeform 具有类似的技术，而在这些软件当中，Zbrush 是当仁不让的领导者和先驱者，同时学习资料也最为丰富。本书就利用 Geomagic 和 Zbrush 结合，将置换贴图制作及还原流程进行归纳整理。

5.3.4.1 Zbrush简介

Zbrush 是 Pixologic 公司与 2006 年推出的一款数字雕刻和绘画软件，也是第一个不需要专业三维模型培训就可以自由创作的 3D 设计工具。在 Zbrush 出现前，三维建模还是一项非常专业、需要大量学习基础知识及大量时间经验的技术技能，尤其是对待如人物、动物、植物这种非机械、非建筑的有机体建模，需要掌握拓扑结构、网格分布、UV 展开等一系列复杂烦琐的操作应用。专业的三维建模人员需要至少半年的培训及半年以上的实际工作才能基本掌握相关知识和技能。这就限制了许多学习三维知识非常困难的设计师、艺术家的创作能力。

Zbrush 的出现彻底颠覆了三维建模的方式和流程，将之前枯燥重复乏味的工作大多交由计算机后台处理，设计人员仅仅专注于利用数字雕刻刀或笔刷在模型上进行自由创作。而且，Zbrush 不仅仅可以轻松建模，同时可以将超高精度的雕刻模型以法线贴图、置换贴图等方式将细节转换出来，用于影视、游戏、VR 等领域，成为现在最为重要的建模及材质辅助工具。

传统置换贴图的制作，需要手工建立低面数模型、人工展开 UV、高面数模型制作、贴图烘焙、赋材质及调整等一系列工作，而利用 Zbrush 则大多可以一键解决，节省了许多复杂枯燥的工作。

本书就是利用了 Zbrush 的便捷特性，将逆向扫描的高面数、高精度模型通过自动减面、自动重拓扑功能、模型投射功能转变为合乎逻辑的低精度模型，并将高精度模型的信息通过置换贴图保存。

传统的流程，重要的 UV 展开工作也可以由 Zbrush 的 UV Master 完成。但是在本书中，并没有使用 Zbrush，而是使用了 Geomagic。原因是 Zbrush 的 UV展开更倾向于有机体模型，其宗旨是尽量减少接缝的存在，但是这样对于雕塑类的模型就会浪费大量宝贵的贴图空间，而利用图像存储深度信息中影响精度的重要因素就是图像的大小和分辨率，因此这里采用了 Geomagic 虽然拆分较碎，但是空间利用率非常高的 UV 拆分方式。

5.3.4.2　整体操作流程

利用逆向模型产生低精度模型及置换贴图流程如下（图 5-31），其中涉及 Zbrush 的大部分处理工作及 Geomagic 的 UV 展开工作（图 5-31）。

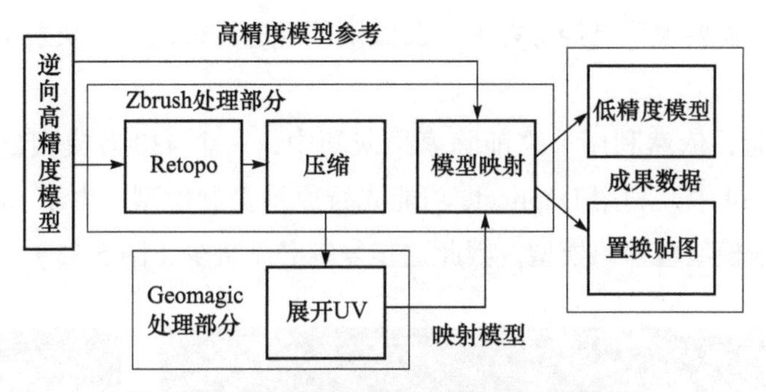

图 5-31　利用置换贴图进行数据压缩流程图

Zbrush 的截面如要进行 Mesh 数据的重拓扑、压缩、映射及置换贴图的输出，着重会用到以下三个功能（图 5-32）：

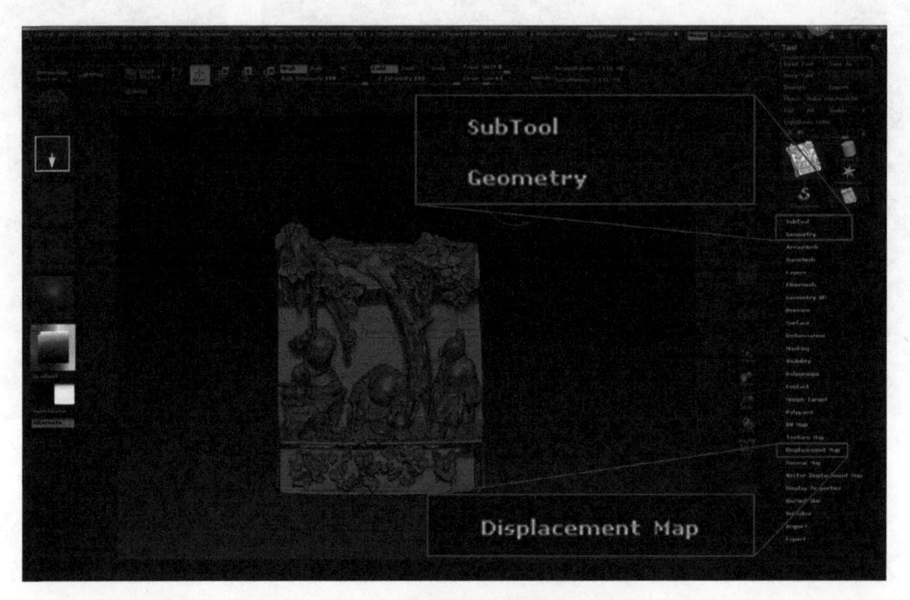

图 5-32　Zbrush 主界面及置换贴图所需工具

· SubTool：用于将多个模型放置在同一空间下统一管理，并提供 Projection（模型映射）功能，用于将 Retopo 的模型数据按照原始数据重新计算，使新模型在重新拓扑布线的基础上从几何形状上贴合原数据。

· Geometry：这里面汇聚了大部分针对 Mesh 直接修改的功能，包括网格的密度变化、Retopo 功能、根据绘画建模功能、减面功能、压缩功能，以及对于模型所产生的整体变形、位移、比例的改变与编辑。

· DisplacementMap：用于置换贴图的计算、调整、预览与应用。置换贴图要想正确启用，需要模型已经分好 UV 及低模已经进行过细分并映射了高精模型两个前提。

本次试验，依然利用了之前陈家祠灰塑中，一个 430 万模型量的高精度模型，在 SubTool 中，利用 Duplicate 功能先行原地复制模型。由于 Retopo 过程中会产生一个新模型覆盖原模型，因此这步复制必不可少（图 5-33）。

图 5-33　对即将进行处理的模型进行复制

接下来，利用 ZRemesher 功能，对复制出来的模型进行重拓扑计算。ZRemesher 是 Zbrush 与 2014 年在版本更新中加入的自动拓扑工具，可以从根本上解决传统模型的布线问题。而在 ZRemesher 功能加入前，即使计算机能够辅助布线，主线流向还是需要人工绘制出来，这项功能的加入可以说改变了整个三维模型处理的流程，解决了一大历史难题。ZRemesher 的重拓扑速度非常快，就本案例来说仅用时 1min36sec，就完成了重新布线工作，将模型量从 430 万降低到了 22 万，并保持了原始模型的整体关系（图 5-34）。

图 5-34　利用 ZRemesher 对模型进行重新布线计算

在保持高低精度两个模型均可见的状态下，利用 Subtool 下 ProjectAll 功能，将低面模型像高面模型投射，使其点尽量贴合于高面模型（图 5-35）。

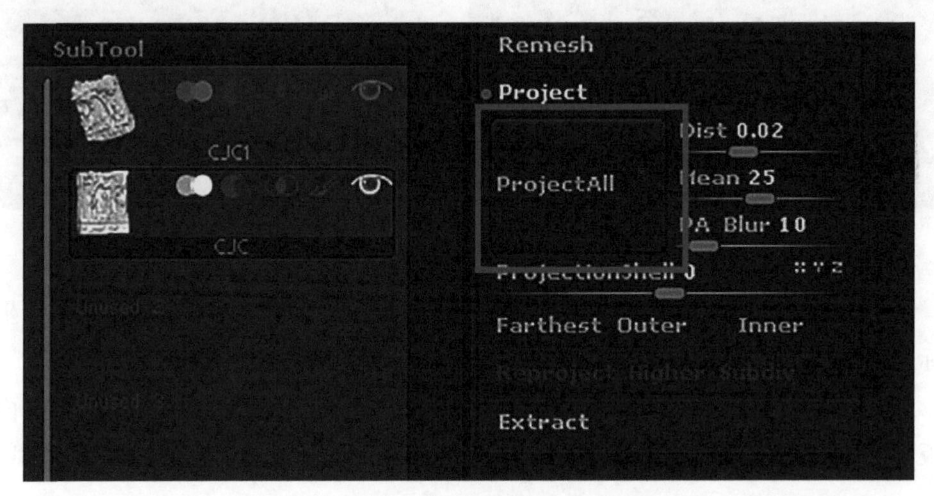

图 5-35　利用 ProjectAll 功能将进行模型映射

由于 Retopo 过的模型在形状上基本接近原始模型，因此 ProjectAll 的映射功能普遍可以非常准确，尤其在逻辑结构良好的模型上可以完美地将所有细节投射在低面模型上，如果低精度模型面数少于高精度模型，则会将现有能够映射的点调整至符合高精度模型的曲率区域上。映射时的 Dist 值代表了映射参考搜寻范围，为了将模型准确与原始模型对应，应设置三次 Dist 值，从 0.02 逐步调整至 0.001。

置换贴图同所有三维模型贴图一样，必须在具有 UV 坐标的模型上才能生效（一种二维贴图与三维模型建立联系的坐标系统，UV 分别代表坐标的 XY 方向）。虽然 Zbrush 也可以完美解决贴图问题，但对于坐标空间的利用率过低，而 Geomagic 采用了碎拆平铺的办法，可以有效利用全部贴图空间，充分利用图像分辨率[①]。如图 5-36，Zbrush 为了 UV 坐标的整体性和衔接性只使用了约 70% 的图像空间，而 Geomagic 则将 UV 坐标彻底打碎成大小不一的小方格，将使用率提高到接近 98%（图 5-36）。

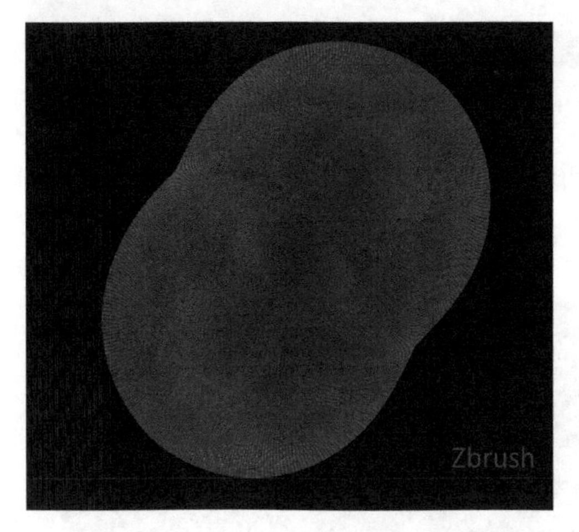

图 5-36 Zbrush 及 Geomagic UV 坐标对比

将 Retopo 过的模型导入 Geomagic，利用生成纹理贴图功能自动生成 UV 坐标（图 5-37）。

将具有 UV 坐标的模型保存为 obj 文件，并导回 Zbrush，利用 Geometry 面板下的 Divide 功能对模型进行细化，直到模型量约等于或高于原始高精模型。

① 即使是改变模型表面结构的置换贴图，也要受到贴图分辨率的限制。贴图分辨率越高，置换结果越精细，因此为了获得良好的效果，需要对 UV 坐标设置较高分辨率才能保证模型细节的完整传递。

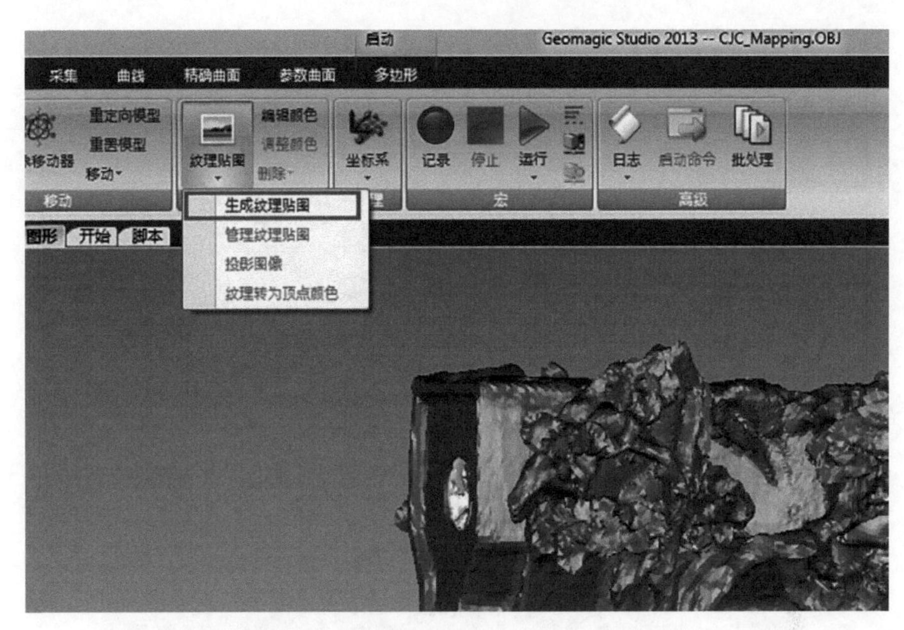

图 5-37　利用 Geomagic 生成 UV 坐标

这样做的目的是将保留 UV 坐标的模型直接提高模型量，用于细节映射。在模型量不匹配的情况下，很容易丢失微小细节，因此进行最后一步映射时，必须将分好 UV 的低精度模型通过 Zbrush 的细分功能提高模型量，使其在承载能力上与原始模型相对应。

最后，对已经过细化的 UV 模型进行三次 ProjectAll 映射，将原始模型的全部细节映射至具有 UV 坐标的模型中，至此，置换贴图全部准备工作完毕。

Zbrush 在制作映射贴图时非常简单，归功于其强大的算法和软件能力，在准备完高精模型和低精度映射模型后，只要点击 Displacement Map 下的“Create And Export Map”就可以将最高精度的映射细节以贴图的方式映射到低精度模型上了。导出的模型是一张基本为灰色的图片，其中的色彩深浅代表了模型的高低修正值（图 5-38）。

在制作完置换贴图后，Zbrush 会弹出置换预览，并通过参数调整置换贴图的置换强度，当置换贴图的 Mode 按钮高亮时，是切换预览模式开关，我们可以通过点击 Mode 按钮确认置换前后的效果，并通过 Intensity 调整置换强度。图 5-39 展示了原始模型与低精度模型关闭置换贴图预览后的对比，我们可以看到在没有开启置换贴图时，低精度目标模型在雕塑脸部毫无细节，而原始模型眉眼嘴唇清晰可见。

图 5-38　置换贴图部分细节

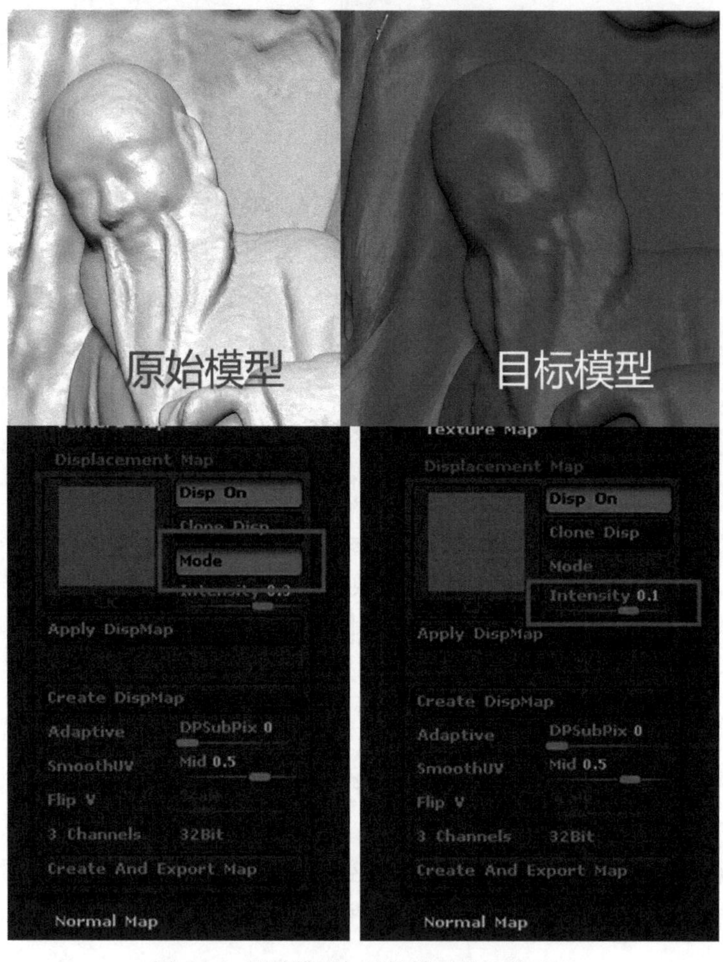

图 5-39　原始模型与目标模型的细节对比

当置换贴图预览开启，我们可以在低精度目标模型上看到脸部细节效果，并且可以通过调整 Intensity 获得比原始数据还要强烈的凹凸效果。图 5-40 展示了 Intensity 在 0.1 和 0.2 时，脸部细节的差异。我们可以注意到，Intensity 数值是可以调节为负值的，也就是说通过调节贴图强度，我们可以控制模型凹凸效果和方向，这是通过贴图直接作用于模型的典型特点。

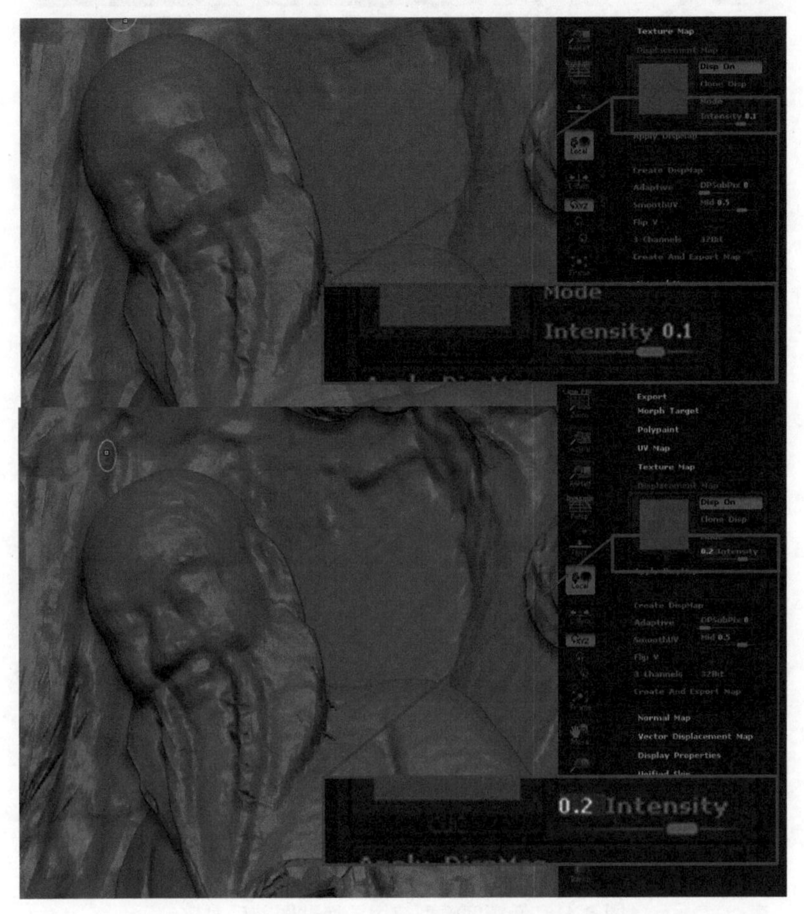

图 5-40　置换贴图可以通过强度参数调节凹凸效果

想要进行高模还原，Zbrush 同样可以通过在低精度 UV 模型上导入置换贴图，并利用 Displacement Map 下的 Apply DispMap，就可以直接将置换贴图的起伏凹凸修正应用回模型，当然，前提是模型拥有足够的面数承载足够的信息量。因此在高模还原时，需要利用 Zbrush 对低精度模型进行细化，然后应用置换贴图，获得高精度模型（图 5-41）。

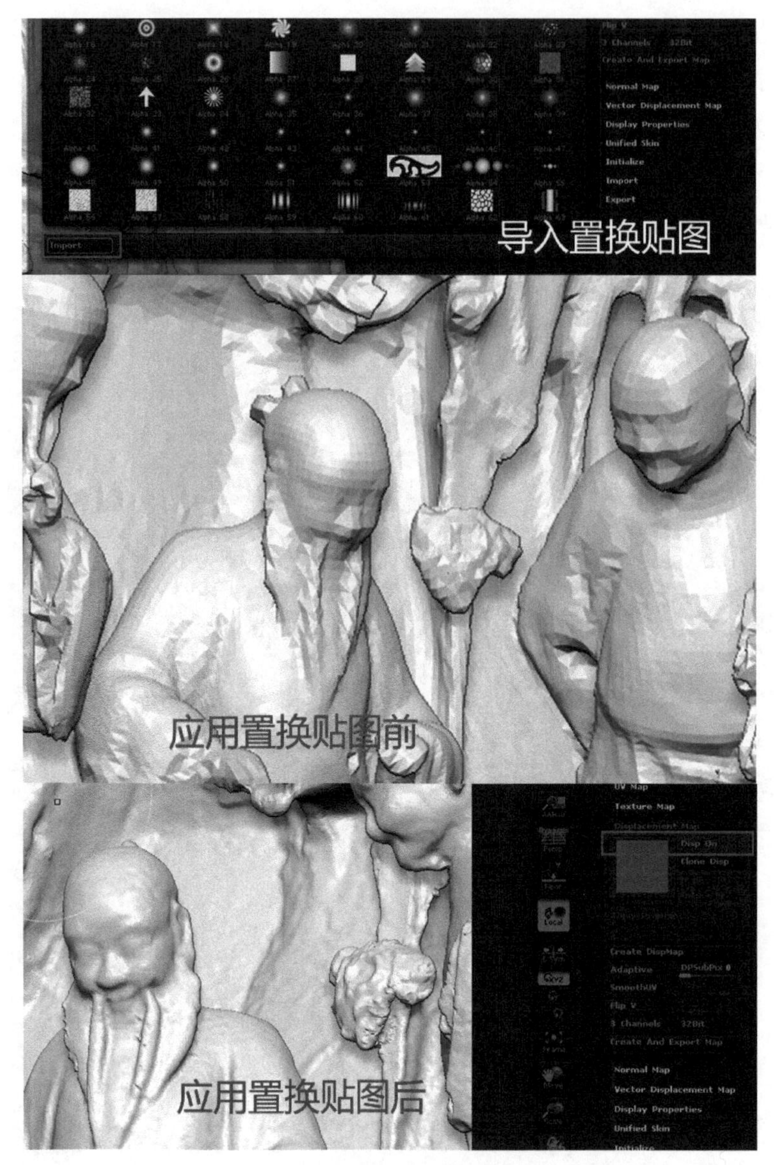

图 5-41　低精度模型应用置换贴图前后对比

5.3.5　精度误差及压缩比统计

无论追求何种压缩比，都应该坚持三维采集技术对“完整性、原真性”原则的坚决执行。置换贴图法进行降维压缩后，模型经过了多道工序和格式转换，是否还能保持原始精度在允许范围内，需要对最终精度进行验证。我们依旧试用了

Geomagic Qualify 软件对置换贴图还原的高模和原始模型进行了核验对比。精度报告如（图 5-42）。

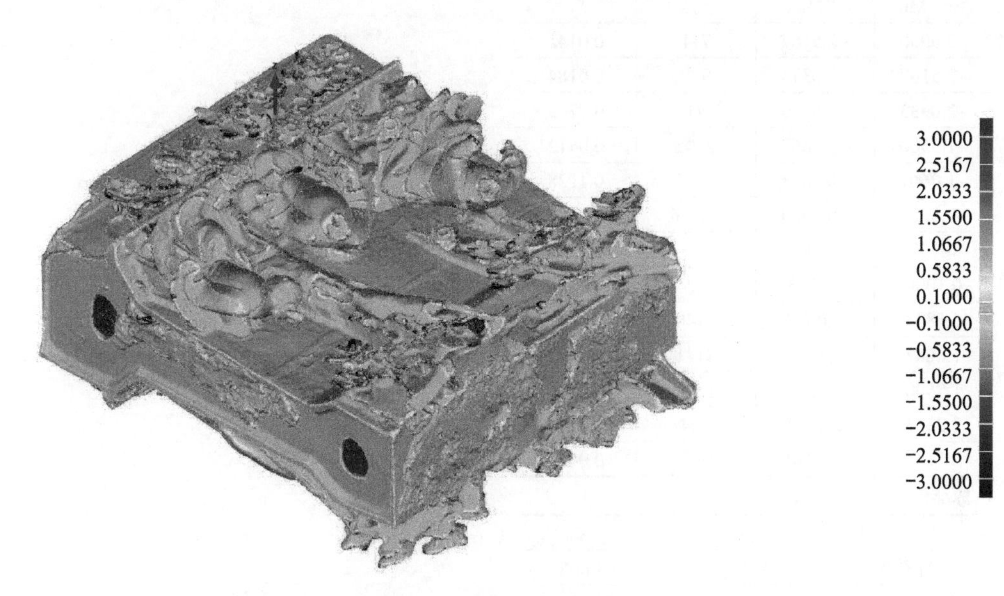

图 5-42　模型精度验证分析

经核验，该灰塑模型长 689.83mm、宽 362.83mm，高 804.87mm，在彩虹图谱上，以 3mm 为最大临界值，以 −3mm 为最小临界值，最大及最小名义值分别为 0.1mm 及 −0.1mm，其偏差表见表 5-5。

表 5-5　模型偏差统计表

偏差	
Max. Upper Deviation	24.8759
Max. Lower Deviation	−32.0187
平均偏差	0.1361/−0.1284
标准偏差	0.3702

其偏差分布图表和标准偏差图表见表 5-6。

经过精度偏差统计，可以发现经过置换贴图重新还原的高精度模型精度很高，完全可以保证原始模型数据的重要信息，保证原真性和完整性。

同时对于压缩比率对比及包含内容统计见表 5-7。

表 5-6 偏差分布及标准偏差

偏差分布

>= Min	<Max	# 点	%
−3.0000	−2.5167	751	0.0141
−2.5167	−2.0333	979	0.0184
−2.0333	−1.5500	1413	0.0265
−1.5500	−1.0667	2195	0.0412
−1.0667	−0.5833	6006	0.1128
−0.5833	−0.1000	98736	1.8546
−0.1000	0.1000	5089593	95.6006
0.1000	0.5833	110247	2.0708
0.5833	1.0687	7140	0.1341
1.0667	1.5500	2141	0.0402
1.5500	2.0333	1216	0.0228
2.0333	2.5167	904	0.0170
2.5167	3.0000	693	0.0130

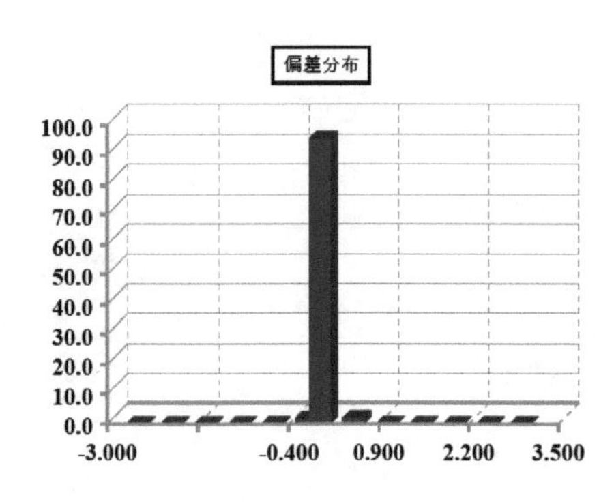

标准偏差

分布（+/−）	# 点	%
−6* 标准偏差	3219	0.0605
−5* 标准偏差	1169	0.0220
−4* 标准偏差	1688	0.0317
−3* 标准偏差	3227	0.0606
−2* 标准偏差	14436	0.2712
−1* 标准偏差	4946052	92.9044
1* 标准偏差	327521	6.1520
2* 标准偏差	17507	0.3288
3* 标准偏差	3513	0.0660
4* 标准偏差	1633	0.0307
5* 标准偏差	1032	0.0194
6* 标准偏差	2813	0.0528

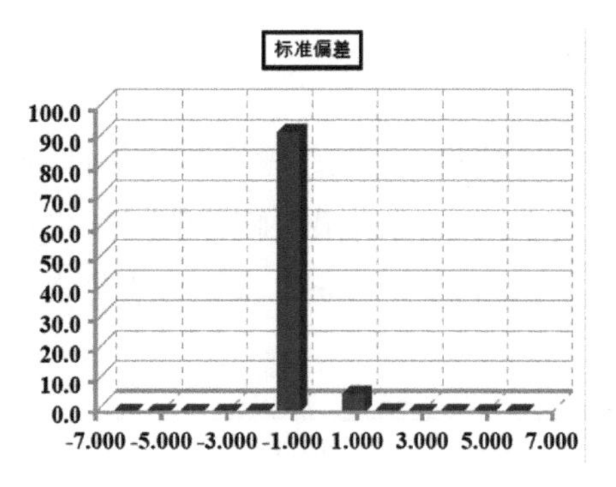

表 5-7 压缩比率统计

	原始文件	降维压缩后
包含内容	430 万面 obj 模型文件	22 万面 obj 模型文件；
		Mtl 材质文件
		32 位 Tif 贴图文件
文件大小	Obj=383MB	Obj=31.3MB
		Mtl=0.1KB
		Tif=32MB
		总计：62.3MB
压缩比率	100%	16.27%

其中，Tif 置换贴图文件使用了 32bit、4096×4096 分辨率无压缩图像格式，如果换成有损压缩 jpg 格式，依然可以被现有技术直接支持（贴图对于 TIF、TGA、PNG、JPG 等全部支持），在置换贴图算法后，会有约 0.003mm 的轻微噪波，但 jpg 文件大小为 1.07MB，可以使最终文件直接缩小为原始文件的 8.5%。

因此，本书认为使用置换贴图将大量 Mesh 模型细节进行降维存储的方法可以在保持原始精度和细节的基础上，节省 80%～90% 的存储空间，不失为一个数据压缩存储的新思路。并且经过这步处理的模型，可以直接应用于 VR、游戏、影视及文化教育领域，可以使三维数据的成果更加实用。

5.4　本章小结

本章对于现阶段三维采集技术获取的海量数据信息进行存储与压缩的主流方式进行了分析和统计，根据点云存储原理分析了不同格式之间存储容量变化的原因及可能带来的影响。在本章中，对于现阶段点云数据格式众多、种类复杂、数据兼容性差的问题现状，从数据存储格式本身入手，分析不同数据格式对于信息量存储及格式转换中产生的信息丢失原因，并分析了主流格式的压缩比率及调用速度。最后，本章提出了利用二维图像记录三维信息，并对三维数据进行高比率压缩的思路，并通过精度验证该方法在信息留存和容量压缩上的可行性及发展潜力。

三维数字化采集技术是近几年发展非常迅速数字化测量技术的维度拓展，高精度的扫描、科学的布站最终目的是为测量及应用服务。而三维采集技术应用在中国古建筑领域带来最大的问题就是巨大的数据量难以存储及调用。现阶段三维信息采集技术依然没有国家或行业标准，存储文件种类繁多、技术保密又互不兼容给技术的应用和普及带来了极大不便，也阻碍了这项技术在领域应用和发展。通过了解这些数据格式的原理、优势及劣势，有利于不同领域及应用需求在技术选择上做到有的放矢，按需使用。并为将来数字化采集技术在中国古建筑保护修缮领域制定有针对性、科学有效的标准和方案打下良好基础。

第6章　三维数据古建筑工程图转化研究

6.1　引　　言

通过三维激光扫描技术获取的点云数据，由于技术较新、平台较多，现阶段还没有一个通用平台能够直接将其应用在常规古建筑保护修缮流程中。而二维工程图纸在一段时间内将依然是古建筑保护修缮最常用、最重要的图纸资料。出于这个原因，需要研究一种通过三维数据获取二维图纸的流程方法。

三维激光扫描所获得的是点云数据，点云数据经过 remesh 重构获得的是三角面三维模型。这种模型直接转化为二维 CAD 图纸直到现在依然是世界难题，其中涉及特征识别、图像识别、古建筑绘图等多个学科知识的交叉，进展缓慢且存在技术鸿沟。

不过，通过三维采集获取的数据精度高、信息量大，可以在 Nurbs 或 Polygon 模型的建造过程中起到良好的辅助作用，提高建模效率，并提高模型的精准度。而 Revit、Microstation 等 BIM 平台的普及使三维体模型可以直接用于 CAD 图的输出，大大提高了三维模型在建筑设计、城市规划及遗产保护等领域的作用和便利性。因此，通过三维激光扫描采集可以通过辅助三维建模，并利用三维模型快速生成三视图来间接实现三维激光扫描成果向三视图的转化。

无论是三维扫描采集技术，还是传统的古建筑测绘技法，其最终目的就是对古建筑进行保护。三维扫描采集技术可以快速获取古建筑的整体几何信息，并保留建筑的原真性和完整性。将三维采集到的数据，用于古建筑三视图的生成，将有效解决现阶段古建筑现场测绘困难、测绘速度慢、图纸资料不全的主要问题，对于古建筑保护研究及对古建筑修缮的指导，都具有重要的现实意义。而通过相关的研究，如果能够辅助现有流程更快、更准确、更方便地生成建筑的图纸资料，将极大缓解现阶段文物建筑点多面广、人员不足的主要矛盾。

6.2　正射影像转化现状三视图研究

6.2.1　现状正射点云图

正射影像原本是从 GIS、遥感测绘等领域中的专业术语之一，指的是“具有正射投影性质的遥感影像”。在地理信息测绘领域，遥感影像非常重要的数据载体和分析依据，但是原始的遥感影像因成像时受传感器内部状态变化（光学系统畸变、扫描系统非线性等）、外部状态（如姿态变化）及地表状况（如地球曲率、地形起伏）的影响，均有程度不同的畸变和失真。而经过重采样、矫正之后消除畸变的遥感影像，就叫作正射影像[112]。

在古建筑保护修缮领域正射图很常见，我们常用的平面、立面、剖面等图纸都是正投影图，而正投影、正交图与摄影图像最大的区别就是消除了透视（图 6-1）。正交投影在建筑中被称为轴测图，因为其绘制难度比透视图小，又可以表现出三个坐标面的形状，并接近人们的观察习惯，因此也被广泛使用。

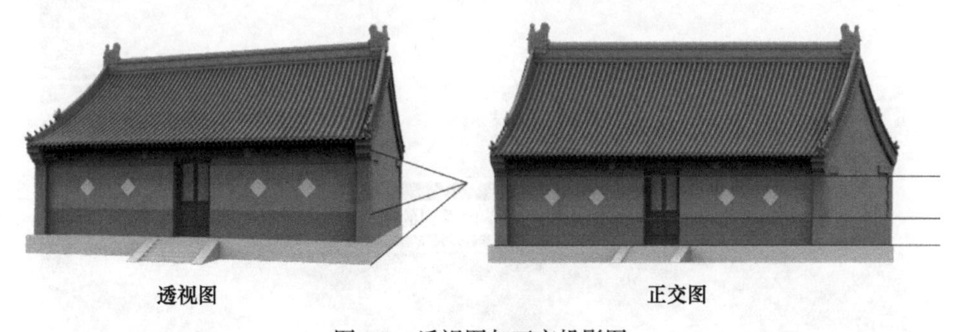

图 6-1　透视图与正交投影图

在建筑领域中，正投影图或轴测图大部分都是依靠人工绘制或三维正向模型生成，而正射影像图极其少见，原因是利用摄影获得的图像全部都存在透视，在遥感测绘中，由于观测距离较远，深度空间与平面空间比值极小，可以通过一定的矫正计算获得类似于正交投影的效果。但是对于建筑体量来说，进深距离很大，透视遮挡严重，仅仅通过矫正及纠偏就无法获得正确的图像。

如图 6-2，左侧为利用点云数据生成的无透视正射图，右侧则是利用单照片透视校正生成的图像，可以看到校正后比例依然不正确，尤其是斗栱以上部分，比例错误更加严重。产生这个原因的主要问题在于：一张照片受拍摄角度限制，

图 6-2 单照片透视矫正无法获得真实建筑比例
（以山西平顺天台庵为例）

必然会有一部分区域属于正交投影不应该看到的（图 6-3），而还有一部分区域属于正交投影能够看到，却在透视中被遮挡的。因此，利用照片校正完成正交视图，必须从不同角度拍摄多张照片进行网格校正，而这个过程费时费力。因此长期以来，建筑行业尤其是屋檐较大、高度较矮的中国古建筑，很少能够见到正射影像图，大部分都是 CAD 工程图。

图 6-3 红色部分区域在正交视图中应与视线平行而不可视
（以山西平顺天台庵为例）

三维激光扫描技术的出现，解决了这个问题。点云数据将整体建筑打散为数以千万计的彩色点，并按照真实坐标位置排列，当我们按照第 3 章的制图比例换算，获取足够密度的点云时，点间距之间的空隙被像素填满，视觉上就成为一张具有照片效果，但透视比例关系正确的“现状正射点云图”（图 6-4）（Present Orthogonal Pointcloud Map，简称 POPM）。

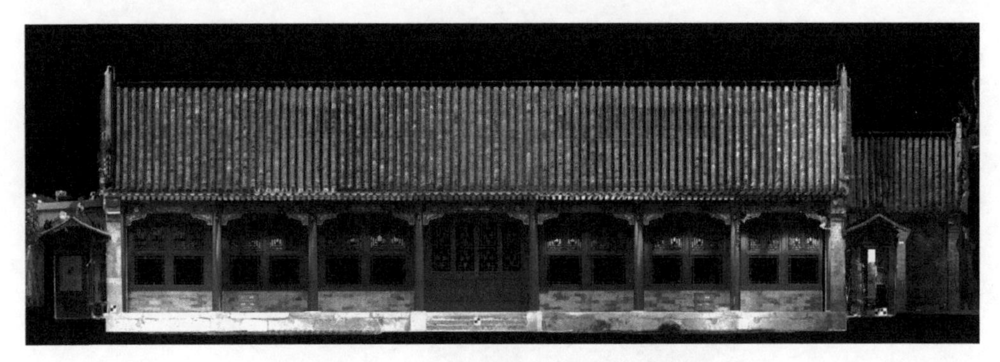

图 6-4　由点云数据生成的正射图纸

传统流程中，三视图是古建保护修缮环节最重要的资料之一，而三视图的制作，是利用全站仪、直尺、皮尺等测量关键点数据，并人工根据法式绘图规则[113]绘制而成。这种流程对于人工的需求量较大，且最终数据的精准度值得商榷，但这部分工作却是现阶段文物建筑保护中非常重要的一环。而“现状正射点云图”正是解决三维数据采集创建三视图问题的解决方案之一。

“现状正射点云图”直接来源于扫描的点云数据，无须数据转换，非常适合古建筑现状的图纸记录。并且，三维数据的优势是包含了建筑完整的几何信息，可以通过剖切等手段快速获取传统流程中需要重新绘制的各种图纸。如图 6-5 所示为国子监辟雍大殿的整体轴测点云模型，这个点云数据包含了三维扫描仪获取的内部结构及周边的环境信息，通过导入 Revit、AutoCAD 等工程制图软件平台，可以针对点云进行标注及观察，也可以通过剖切命令对点云进行剖切，并利用出图功能打印出所需要的任何位置的截面、剖面、平立面图纸。

通过现状正射点云图，可以快速获得照片一般的色彩和细节，以及工程图精度的正确投影关系。现在几乎所有的三维点云处理平台和逆向工程处理平台都或多或少地加入了正射图出图功能，证明这种图纸已在行业内逐渐获得认可。并且，在古建保护修缮领域内，也已经出现利用这种图纸进行资料保存和指导研究的案例。如图 6-6 利用了三维彩色点云，并通过标注和标识生成替代了传统的三维线框图纸。这张图纸准确地展现了建筑构件产生的歪闪、变形、墙面剥落等损害，并真实地反映了当前古建筑的色彩及材质信息。这种从逆向数据直接获取的照片质感图纸所包含的信息及研究价值是现阶段传统 CAD 工程图所不具备的。

图 6-5 辟雍大殿的整体点云数据及相应点云正射图纸

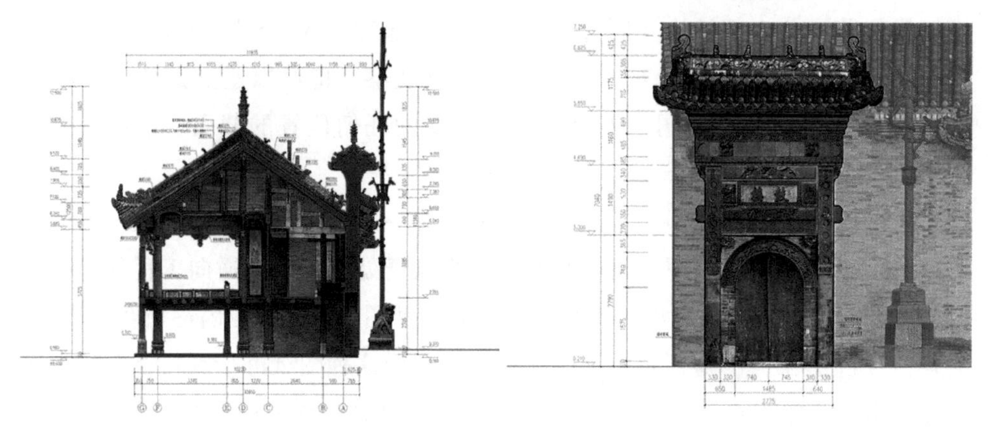

图 6-6 利用三维扫描技术生成的彩色工程图纸

6.2.2 现状正射点云图的优势

现状正射点云图不仅仅在色彩方面占有巨大优势，同时在出图速度上也更快更准。通过截取点云数据出图，仅需几分钟时间，而绘制一张 CAD 图最快也需要几个小时。并且最重要的是，现状正射点云图在保存现状的精度尤其是高程测量数据方面具有极高精准度。

图 6-7 是北海静心斋的单体建筑点云正射图与我们能搜集到的该单体建筑立面 CAD 图。CAD 图采用传统测量方法，由测绘组长带领 5 个组员耗时 3 天，利用皮尺、卷尺、钢尺、铅坠及激光测距仪、全站仪测量了所有关键点数据，并利用数据进行 CAD 绘图，部分由于现场条件限制而无法直接测绘的关键点，利用法式 CAD 制图方式绘制。

图 6-7 中（a）、（b）图左侧是测绘人员根据现状正射点云图，右侧是传统法

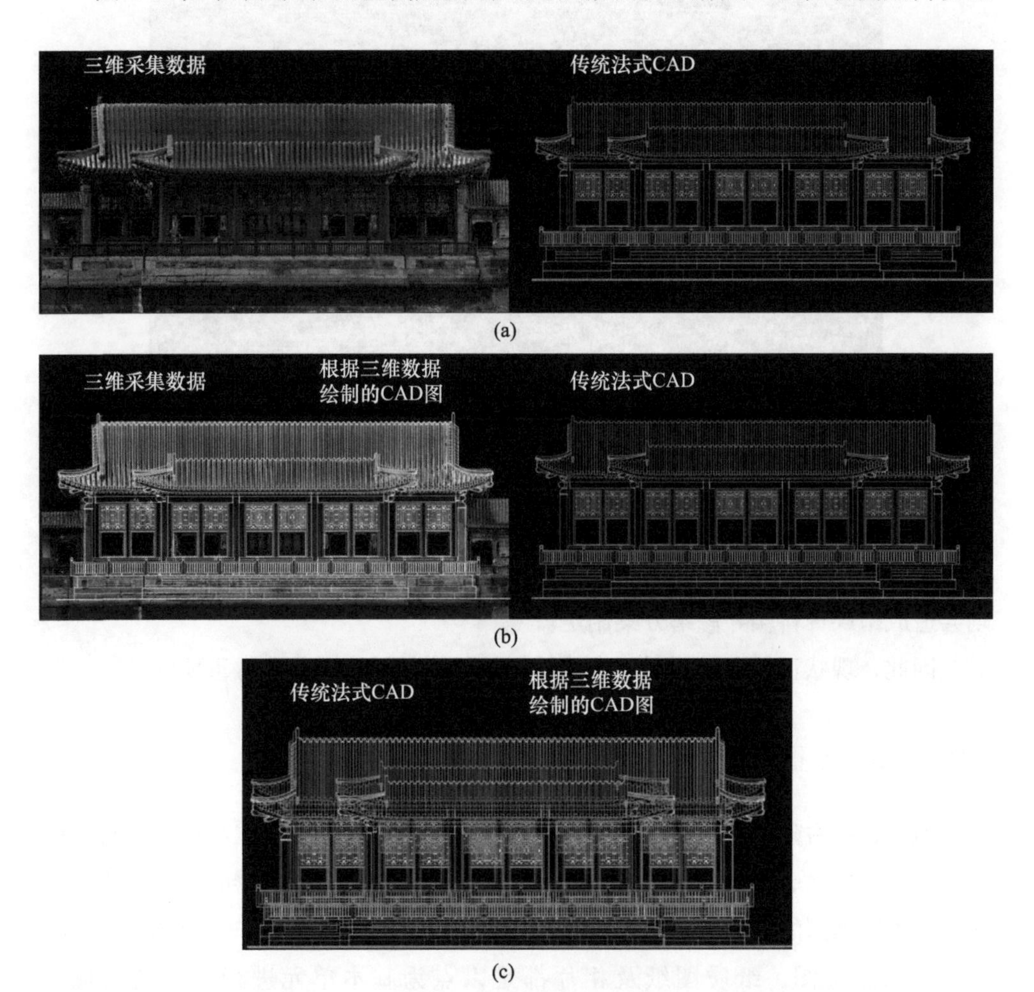

图 6-7　利用现状正射点云图绘制的 CAD 与传统 CAD 图有较严重的偏差

式 CAD 图。

我们发现，由于一部分关键点处于水下，一部分悬空在外，测量难度很大，从而造成测量数据错误及高程信息推算的不准确，导致图纸在不少地方出现了与实际不符的问题。

如果说这个案例有些极端，那么在图 6-8 中，长椿寺形制较小、结构简单，在测绘精度较高的情况下，也依然在细节处出现了偏差，其中，主要偏差出现在高程、歪闪及形变区域。

图 6-8　现状正射点云图绘制的 CAD 与传统 CAD 图对比

如果这些 CAD 图纸是用于设计建造，那么法式 CAD 确实可以让建筑更符合逻辑和规矩，建筑造型也方正挺拔，但是用于对古建筑保护修缮的现状保存，则会造成错误资料误导修缮方案制定。

因此，现状正射点云图对于古建筑保护修缮领域来说是非常重要的。

6.2.3　现状正射点云图转化CAD

但是，在古建、建筑及城市设计、工业设计等传统领域，二维线画工程图的需求量依然巨大，修缮保护人员也以 CAD 线画图作为保护修缮的指导标准，因此对二维线画图的转化需求十分迫切，但从实际来说这种转化非常困难。

点云正射图、纸质图纸及相片都是以点为基本单元进行阵列的格栅图（RasterGraph）类型，而 CAD 则是矢量图类型（VectorGraph），格栅图向矢量图的完美转换直到现在依然无法实现。因为矢量图较格栅图要增加如线型、线宽、边界、填充等诸多属性。矢量图形的存储方式是一系列的参数与公式集合，而格栅图的存储方式则是像素的阵列与像素点的色彩（图 6-9）。在数据压缩章节我们讨论过，高信息量向低信息量转化很容易，但低信息量数据向高信息量数据进行转化就非常困难，删除掉的信息想要重建，计算机只能依靠趋势或概率，而这两种方法都是不准确的。

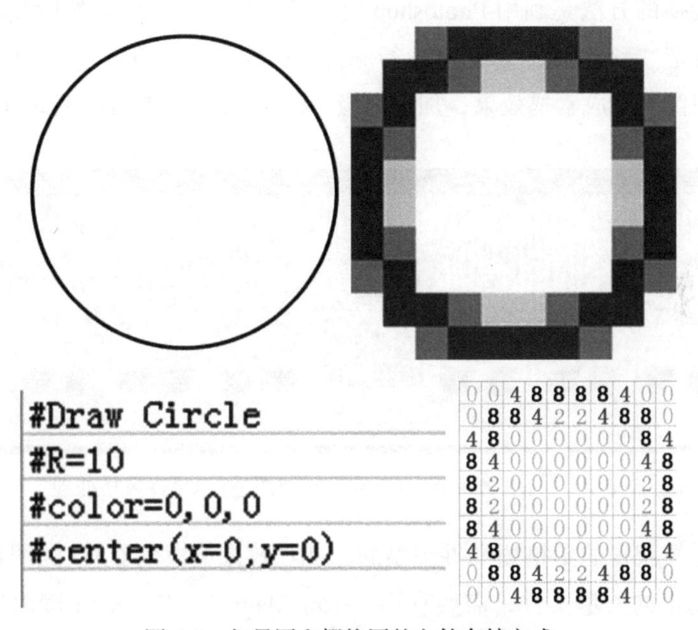

图 6-9　矢量图和栅格图的文件存储方式

因此，以现阶段的技术水平还无法做到矢量向格栅图像的转化，想要完成正射影像点云图的创建，就必须加入人工参与，由人来判断这些属性信息的添加与编辑。而本书也从辅助制图的角度出发，对正射点云图向 CAD 图转化进行研究。

6.2.3.1　格栅图转矢量图

正射影像图的格栅图想要利用算法转化为 CAD 矢量图，可以做到形式上相似，但是转化完成的 CAD 文件中，图元、图层、线型等信息是无法依靠转化识别的，需要人工指定；另外计算机无法判断线型的闭合与开放，因此许多图形的逻辑关系也不正确，对于图纸打印问题不大，而对于图纸编辑来说就会增添很多困难。

想要将点阵图转化为矢量图有许多办法，最常见的就是利用转换工具和利用绘图软件转换。其中专业的转换工具有 Vector Magic、Scan2CAD 等，而绘图软件可以利用 Photoshop、Illustrator 的路径、描摹等功能。无论是用哪一种方法转化，算法都会将原始图形尽量按照色彩范围识别，然后转成对应的矢量图形，因此正射点云图是没办法直接进行转化的，需要在视觉上转化成类似 CAD 线图风格。

一般转换的方法是利用 Photoshop 对彩色图片进行去色，然后复制图层、执行反色、设定“颜色减淡”，最后执行滤镜下面的“最小值”。这套步骤可以把大部分照片图像制作成素描效果，加强边缘。CAD 效果处理后如图 6-10。

图 6-10 利用 Photoshop 对点云正射图进行 CAD 风格处理

这个时候获得的是格栅文件类型的，视觉效果上模仿 CAD 的图片文件，想要转换成真正的矢量文件，需要利用 Vector Magic 或 Illustrator 读取后处理。利用工具对图像进行转化对文件分辨率要求较高，如果分辨率较低则会出现许多信息识别不出来，如图 6-11（a），如果分辨率很高，则原始光影和噪点会被计算进最终的图形文件中，如图 6-11（b）。

从转化结果可以看出，格栅图直接转换矢量图现阶段还存在许多技术问题，因为转化过程中是以颜色定义边界并进行填充识别的，因此这种技术在色彩纯粹、分界明显的图像处理上效果较好，但是对于照片质感的图像文件识别能力很差。并且，转换工具会将线条识别为黑色填充区块，从基本线型和图元结构上也充满了错误识别，很难直接识别转换 CAD 文件。

6.2.3.2 人工绘制CAD

通过正射点云图直接转换为矢量 CAD 难度很大，但是由于正射点云图消除

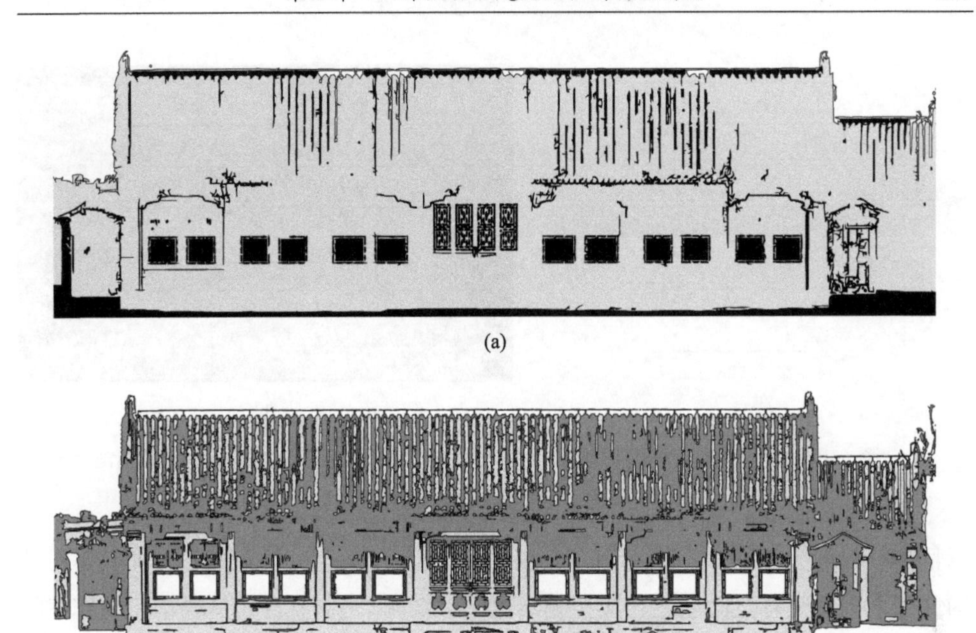

(a)

(b)

图 6-11　格栅图矢量化转化结果：（a）低分辨率图像；（b）高分辨率图像

了透视、畸变等常见照片所遇到的问题，并且具有正确的比例关系和尺寸信息，因此由人工进行描绘可以显著提高传统 CAD 绘制精度，加快绘制速度，也具有很强的实际意义。不过对于人工绘制，以何种精度进行人工取样需要一定探讨。

在山西原起寺项目中，我们尝试过完全按照建筑形变绘制 CAD，却发现 CAD 图形与传统 CAD 大相径庭，真实纯粹的逆向 CAD 与常规文物保护工作人员的直观感觉差别巨大，尤其是修缮工作人员难以接受（图 6-12），因此即使是人工绘制 CAD，也应结合参考传统制图规范，摸索一套以逆向数据为基准的 CAD 绘制标准，在曲率的取舍、构件的描绘关键节点选择都有具体的规定。

在古建筑绘图中，梁架结构的支撑力是影响古建筑安全的首要因素，因此在梁架、柱的绘制上应尽量与点云正射图保持一致，将主结构的变形、歪闪等状态实际表现出来。而墙面在没有出现大范围变形时，个别砖块的错位并不影响整体结构安全，可以采用传统测绘手段，从点云正射图上选取关键点连线绘制；而对待斗栱及其他小型构件则需要根据使用需求灵活调整。如根据国内建筑遗产测绘的深度和广度，古建测绘分为全面测绘、典型测绘及粗略测绘[114]。

全面测绘通常施用于重要古建的大修或迁建，属于古建修缮工程中最高级别测绘，精度要求高，并且对于测绘的完整性也有很高要求：首先，建筑必须要进

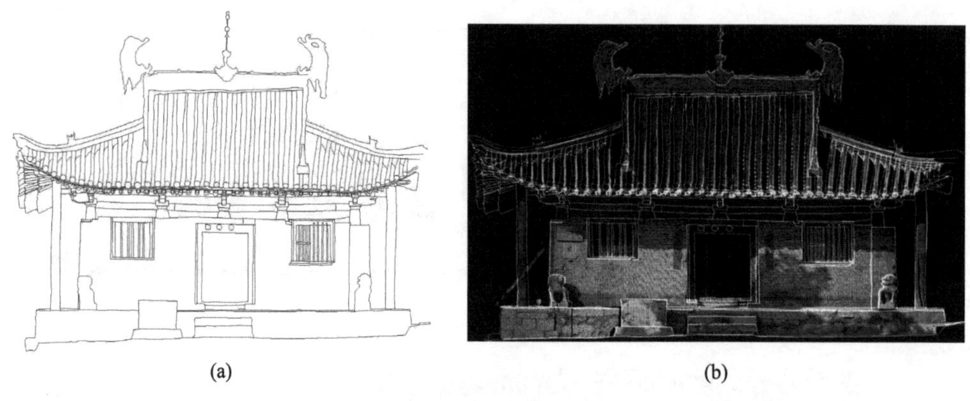

图 6-12 （a）完全依据变形绘制的 CAD 图像；（b）CAD 与点云正射图对比
（以山西平顺天台庵为例）

行整体控制测量，并测量所有不同类构件及相互之间的空间位置关系，尤其是对结构性大木构件要有全面勘测；典型测绘也叫“精测”，主要目的是科学纪录档案的存档测量，同样要求控制测量，但不用覆盖所有构件或部位。重复部件选测其一或几个典型构件。这种级别测绘一般用于建立文保单位记录档案、研究应用或实施简单修缮工程；而没有达到这两项标准的测绘都叫作“粗略测绘”或“法式测绘”。

利用了 GPS、大地坐标及整体控制网，并依照出图比例打印点间距要求进行布站而采集的三维数据，覆盖建筑 90% 以上几何数据，精度高于 4mm，已满足“全面测绘”要求，但在 CAD 图纸绘制时，应该根据图纸需求及绘制用途进行取舍。如在梁架弯曲挠度、截面上采用了实际轮廓线，在椽、檩、望板、瓦面等地方采取了法式绘图、特征点和理想曲率绘图，既能反映建筑实际状况，又能较为符合使用人员习惯（图 6-13）。

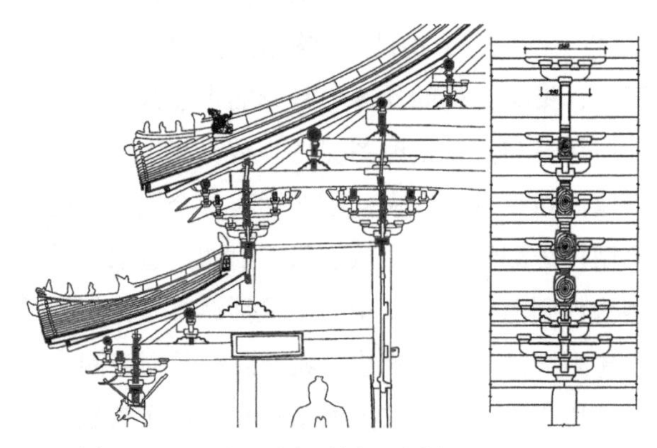

图 6-13　经过“适宜采样”绘制的 CAD 图纸

6.2.4　利用深度学习转化CAD

利用算法无法完全解决 CAD 图纸转化问题，是由于识别算法的原理所决定的，因为算法无法做到整体审视图纸，无法在碎片化信息中建立整体关系，因此在大量干扰因素的影响下，很难对像素图像进行精准识别并转化。但是，近年来计算机 AI 技术获得了极大发展，并取得重大突破，在图像、语音识别甚至翻译领域都取得了良好的成果，其中的重要原因是得益于“深度学习”算法的研发。

6.2.4.1　深度学习技术简介

深度学习技术并不是突然出现，而是建立在长期发展的人工神经网络研究的基础上。深度学习是机器学习研究中的一个新的领域，其动机在于建立、模拟人脑进行分析学习的神经网络，它模仿人脑的机制来解释数据，例如图像、声音和文本。

深度学习在传统算法难以进展的模糊识别领域取得重大进展的原因，不是因为算法本身的巨大改变，而是对于机器学习方式的改变。以语言学习为例，早期的语言学习算法，其研究目的是让机器“明白”语言中包含的语义，并根据逻辑判断给予对应的回应，但是语言中有一项以机器处理能力来说最难以攻克的部分就是“语境”。语境与上下文对语义的影响之大，甚至可以让同一句话产生完全不同的含义。然而早期机器以节点式运算进行语句分析时，需要将一句话中包含的文字和单词拆分成无数个“元素”，每一个元素都对应一个或多个含义。在分析一句话时，需要考虑元素与元素间的关系，并将所有可能的组合进行计算最终“理解”语义。但是我们很容易能看出，这种排列组合的关系是呈几何级数增长的，一句 5 个字的语句和一句 15 字的语句在计算机处理时，工作量的差别不是 3 倍，而是数千倍。而当一句需要结合上下文及语境的句子让计算机理解时，计算量更是无法估算，这就造成了早期的语言处理进展缓慢、收效甚微。

而深度学习则完全转换了研究思路，得益于互联网时代的爆炸式信息增长，大数据时代来临，计算机可以大量收集对话内容，并整体的“看待”一句话，对其进行统计，在大量答案中寻找概率最高的回答。而深度学习的最大特点就是不断地训练及反馈结果，在训练中人工智能会根据结果对参数进行修整，最终将概率最大的结果调整为正确结果。

从这里可以看出，深度学习将所有需要“理解”的内容转变为了“统计”的内容，也就是说当计算机接收了信息并返回正确答案时，其实并不明白信息的本意，而只是根据大量数据参考选择了正确概率最大的结果而已。

这种思路的转变，使得图像、声音、语义等传统计算机识别的软肋获得了极大补足，并迅速发展。同时我们也可以看出，深度学习要想获得良好的结果，必须经过大量的实例训练，并得到及时正确的反馈。

同时，我们也能看出，深度学习所给出的结果是从“库”中选择概率最大的答案，因此“库”也是深度学习想要正确反馈而必不可少的内容。

6.2.4.2 SCAN2CAD Pro

现阶段对于深度学习在CAD图纸转化中的应用还仅仅属于研发初期，许多研究人员甚至刚刚处于立项阶段。然而国外有一款OCR识别CAD软件Scan2CAD Pro（图6-14）却内置了“深度学习”功能，可以通过训练逐步提高识别率。

图6-14 Scan2CAD是一款将工程图纸转化为CAD的软件

Scan2CAD Pro是一款可以识别纸质工程图纸，并利用OCR（Optical Character Recognition，光学字符识别）技术实现CAD转化的专业软件。其提供了丰富的格栅图编辑及矢量编辑功能，其最大的优点是完全根据CAD制图需求开发，基本不会用封闭区域填充色块，而是全部用线进行识别，并且内置了圆形、长方形等基本形状特征识别，可以较为准确地识别出干净的现状矢量图，并可以利用内置的矢量编辑功能修正。

利用 Scan2CAD Pro 进行 CAD 识别，基本步骤仅需要 4 步就可以获得较为准确的 CAD 图纸。

（1）加载格栅（光栅）图像：即打开需要转化的图纸文件；

（2）调色板→选择调色板→灰阶：将图纸去掉其他色彩信息，防止产生识别干扰；

（3）光栅特效→平滑：在软件内部构建像素间的联系，减少过渡色信息干扰；

（4）F8 进行识别。

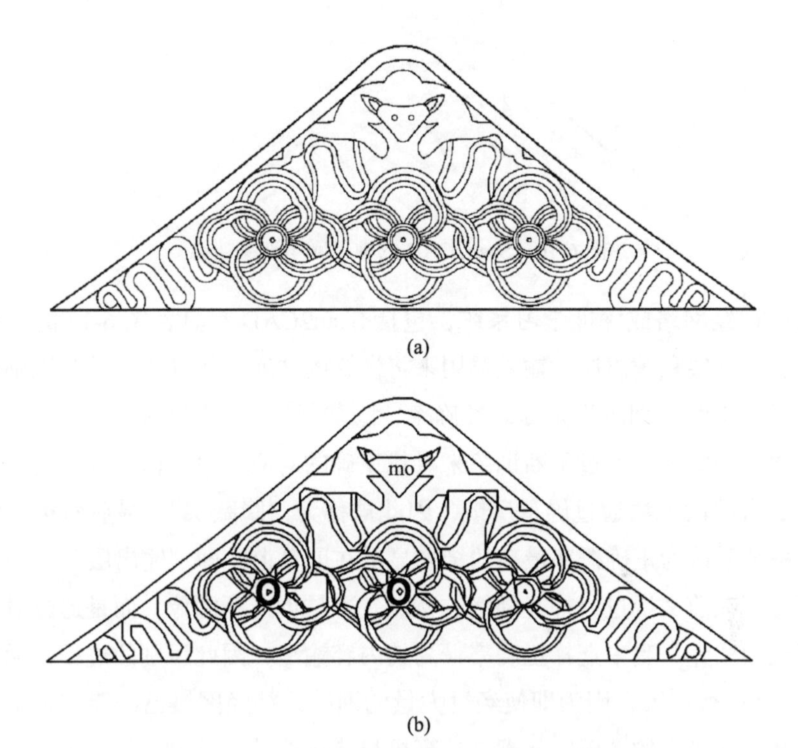

(a)

(b)

图 6-15　Scan2CAD 默认识别率已经好于其他软件

从图 6-15 可以看出，Scan2CAD Pro 对于 CAD 图形的识别率已经高于 Illustrator 及 Vector Magic 等软件平台，同时，这款软件所有的识别结果都是干净单纯的线段，没有填充，经过部分修改就可以使用，一定程度上减少了人工绘制工作。

同时，这款软件还内置了“神经网络”训练功能，可以根据需要识别的内容单独设置学习库，并利用大量已经绘制完成的 CAD 图纸和图片进行训练（图 6-16）。

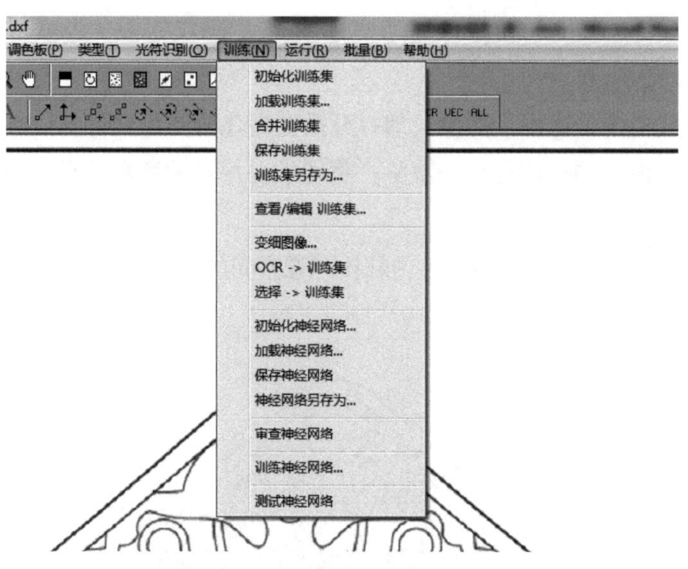

图 6-16 Scan2CAD 的神经网络训练功能

所有神经网络或深度学习系统，包括 Scan2CAD 都具备图 6-17 的结构。即输入层、隐藏层和输出层。输入层用来将训练的“库”集导入，并与识别内容相对应，经过不断地训练识别提高准确率；隐藏层即神经网络的“大脑”，模仿人类思考学习的状态，通过不断训练来寻找正确的对应关系，由于这层的决策和思考均在后台阶段无法通过屏幕反馈，因此被称为“隐藏层”；最后将神经网络经过比对思考后认为正确概率最高的结果显示在屏幕上，即“输出层”[115]。

但是，在前文说过，神经网络的特点并不是创造新图像，而是通过对比，在已经集成的“库”当中选择正确率最高的内容输出，因此识别的过程就无法使用整张 CAD 进行训练。因为即使经过大量的训练，神经网络已经能准确识别点云图，但是作为输出的“库”元素，计算机只能挑选其一输出，而如果我们利用整张 CAD 进行训练，则软件会在输出时直接给出最接近原图的 CAD 图像，然而这就失去了训练的意义。因此在进行深度训练时，应选择斗栱、门窗等有一定固定形制的小型构件进行训练，将这些复杂的重复劳动交给计算机完成。

遗憾的是，现在这个版本的 Scan2CAD 的深度学习功能仅仅支持字符的导入，而无法识别我们给出的“元素”。但是在未来的更新中，作者将拓展深度学习功能用于图元的训练。相信不久的将来，利用深度学习神经网络对图像进行识别，并将小型构件元素甚至整体 CAD 都可以进行对应的转化和输出，届时将极大提高正射点云图转化 CAD 的效率和准确度。

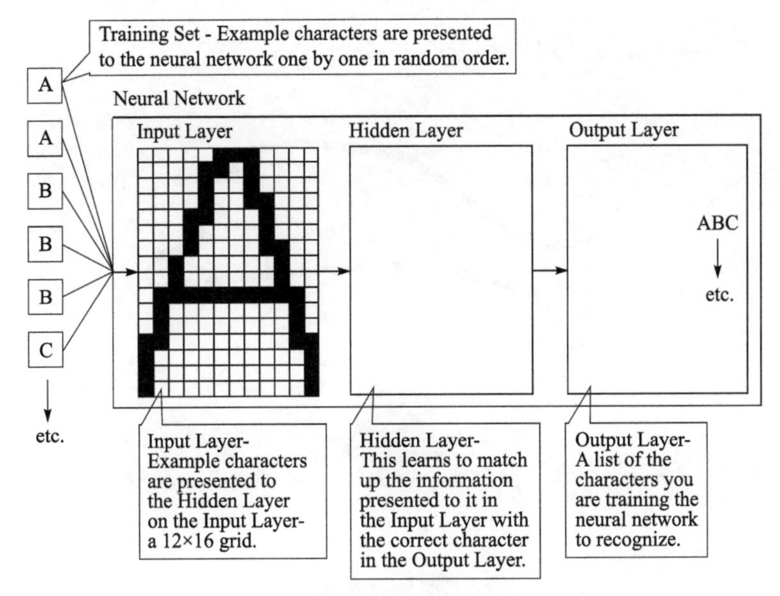

图 6-17　Scan2CAD 的神经网络学习过程

6.2.4.3　深度学习技术的发展潜力

在深度学习方面，谷歌这两年一直走在世界前列。再经过大量从网络获取资料的积累和学习训练后，谷歌于 2017 年推出了一个名为 AutoDraw 的网络工具，可帮助绘画困难者迅速画出简笔画。绘画者可以在寥寥几笔之后，神经网络根据概率推算，发送给绘画者最可能的图形（图 6-18）。这个程序兼具趣味性和功能性，迅速引起了世界风靡。然而这个程序的最大作用是，积极调动了全世界爱好者帮助对神经网络进行训练，完成了训练过程中最困难的“输入”—“判断”的样本采集。

同时，作为更进一步研究，研究者设计了一个名为「sketch-rnn」的生成式 RNN，它能够用简单的笔触描绘出日常物体。虽然简笔画的表现形式较为简单，但是这项研究的重大突破是，神经网络已经将可以组合的元素拆分为非常基本的线条，并根据分析进行组合，简单来说，就是神经网络已经不会选择一个完整的图像进行输出，而是可以自行创作图像了。

从现在的进步速度来看，神经网络和深度学习对于“元素”的使用越来越细，并且已经可以实现一部分元素的“变形”以适应需要。从这个发展趋势来看，用不了多久，利用像素自动绘画格栅图和利用线条自动绘画矢量图的神经网

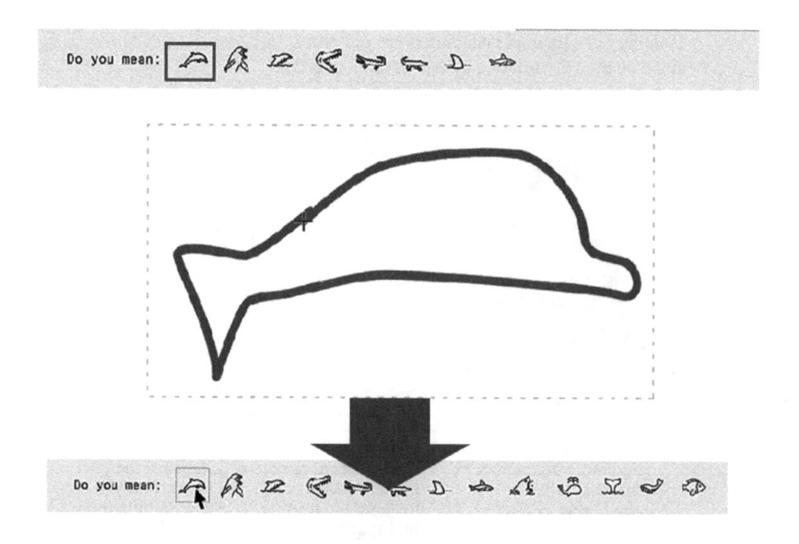

图 6-18 AutoDraw 利用神经网络帮助绘画

络就会出现，而基本元素的学习和训练一旦有所突破，根据图像直接绘制 CAD 图的问题就会迎刃而解，而研究人员所需要的就是大量准备素材对神经网络进行训练。

6.3 三维模型工程图转化研究

正射影像转化为 CAD，尤其是经过人工描摹绘制的 CAD，比传统测量绘制的 CAD 从高程信息上更准确，绘制速度也更快，但是依然需要一张张绘制。如果能够利用点云三维空间丰富信息的优势，建立三维体模型，就可以利用 Revit、AutoCAD、Microstation 等平台直接出图，减少 CAD 绘制流程需要的时间。并且在模型建立后，可以选择任意需要的区域和位置，随时出图，也极大方便了后续应用（图 6-19）。

但是，通过点云建立实体模型，其工作量还是远大于正射影像图，制作难度

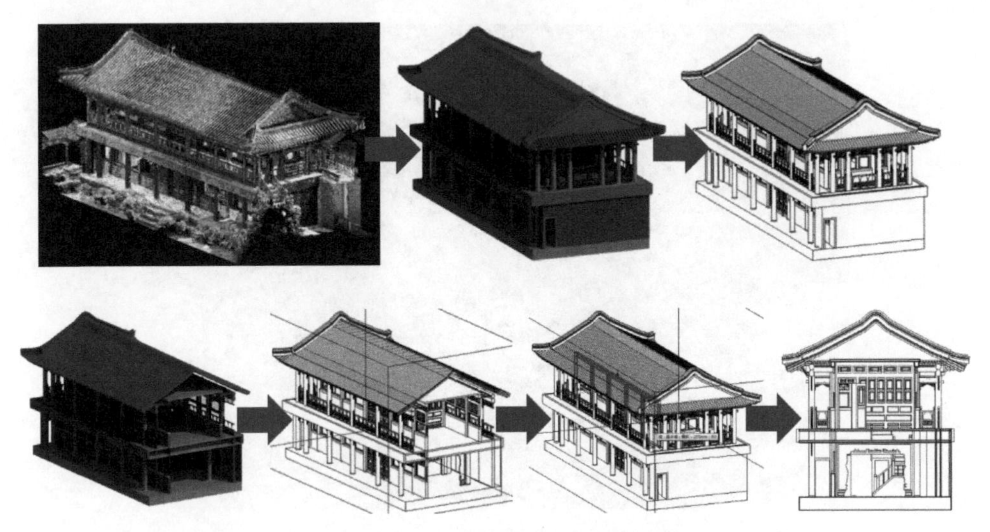

图 6-19　通过点云建立三维模型，可以随时获取 CAD 图纸

也比传统三维建模大。因此，在实际工作中，需要权衡图纸数量与建模时间的关系，以及图纸的用途。从本书的研究来看，图纸效果最好、出图速度最快、效率最高的方法依然是正射影像图。

点云辅助三维模型建造，现阶段主要有以下几种手段。

6.3.1　点云截面线辅助建模

点云数据的最大优点就是完整性和准确性[116]。一个完整的三维点云包含了建筑所有的尺寸信息，而现阶段几乎所有主流点云处理平台都具有点云截面创建线条的功能，可以通过设定截面位置及截取方法，快速获得截面曲线。

但是截面功能对于点云密度和点间距具有较高要求，点间距较大时，算法会自动将线条进行圆滑、焊接和拟合，造成直角或锐角部分的截面线严重脱离实际；同时，有与点云都是不相连的点的集合，在进行拟合估算时，需要选取一定厚度范围内的点云进行截面线计算[117]，厚度过小会导致线段不连贯失去可用性，厚度过大会导致截面线抽取其他部分信息，生成错误的线条（图 6-20）。因此，这种利用截面线进行建模的方法适用于取样特征点范围较大、点云较为完整密集的区域实施。如墙面的建造、柱的生成等，对于空间关系复杂的斗栱、吻兽等并不适合。

经过截面创建的线条可以导入 CAD、3dsMax、Maya、Sketchup 等建筑建模

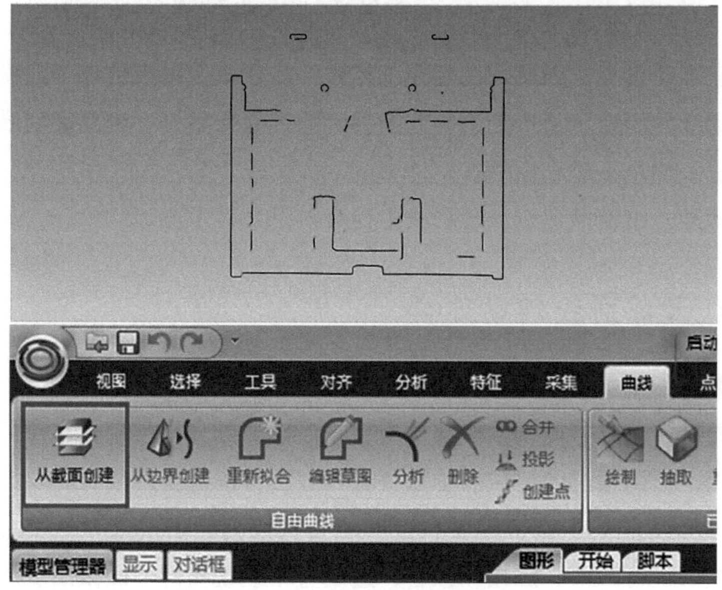

图 6-20　点云截面创建线条

平台，并利用其截面线的尺寸信息建模[105]。但是要想完成完整的建筑模型，需要对点云进行大量截面线的创建，且由于其线段存在修饰美化，因此制作过程较为烦琐，精准度不高。

在 2016 后版本的 3dsMAX、CAD 等平台集成了导入 rcs 点云的功能，并支持大部分原平台处理功能，得益于这些平台建模手段的丰富和自由，截面线建模在这些版本的三维建模平台上拥有了较强的实用性（图 6-21）。

图 6-21　利用 3dsMax 对点云进行截取并建立线段

在传统三维建模平台（Maya、3dsMax）中，建筑领域——包括古建筑领域最常用的建模功能就是“挤出”（Extrude）和“放样”（Loft）。

挤出功能如图 6-22，就是将二维线段赋予厚度信息，变为三维实体的建模功能。在古建筑建模中，可以适用于大部分主要构件的创建，包括墙、柱、门、窗、台等上下形状变化不大，单轴方向造型纯粹的建造。在一栋建筑的三维模型制作中，约 80% 都可以用这种造型手段完成，而在现代建筑中甚至可以达到 95% 以上。

挤出功能方便简单，并完全由线条信息构成其造型特点，非常适合点云数据截面线对三维模型的塑造。在长椿寺的三维模型制作过程中，包括弯曲变形不大的梁架结构都是由点云截面线配合挤出功能完成的（图 6-23）。

“放样”功能则解决了“挤出”功能在深度信息上无法产生变化的问题，其深度信息的产生不再是纯粹的数值，而是利用轴线产生。从两个或多个现有线段对象中创建放样对象，这些线之一会作为路径，其余的线会作为放样对象的横截面或图形（图 6-24）。沿着路径排列图形时，3ds Max 会在图形之间生成曲面。

“放样”功能在带有曲面结构的简单造型中非常有效，中国古建筑中的屋

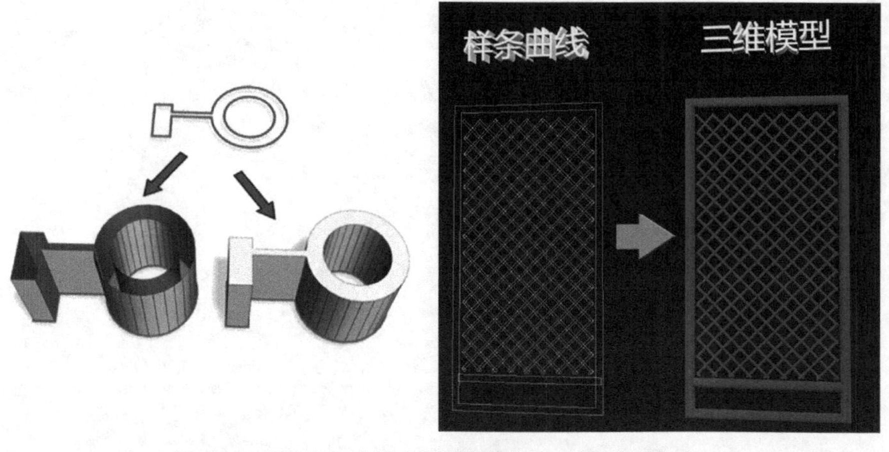

图 6-22 “挤出”功能将深度信息添加到二维线条中

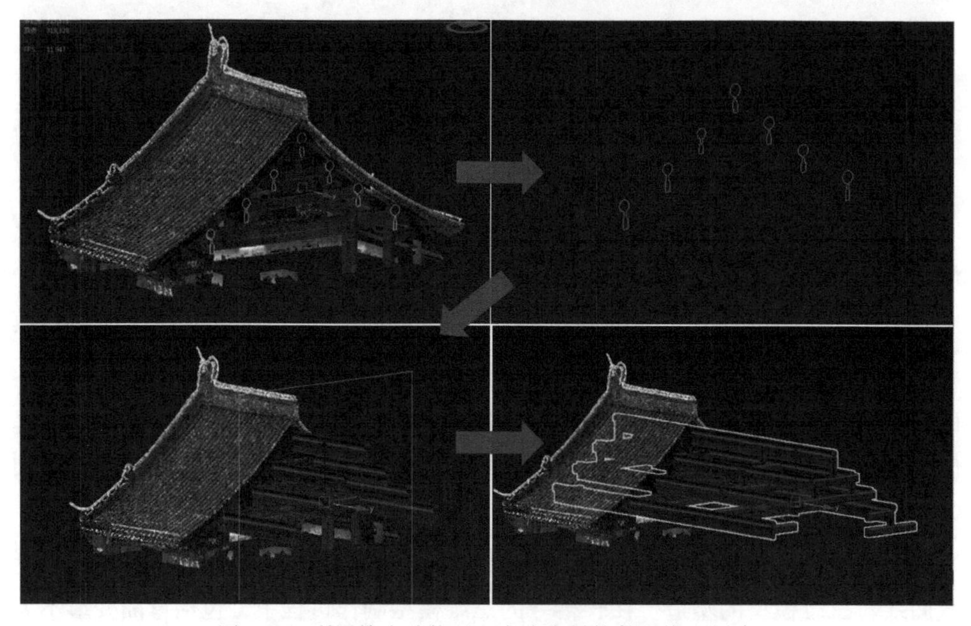

图 6-23 利用挤出功能可以完成大量构件的模型创建

顶、屋脊等都可以利用放样功能制作，其信息来源依旧可以来源于点云截面线（图 6-25）。

从点云中获取截面线，并利用截面线创建三维模型，可以完成绝大多数构件的三维模型工作，并且快捷方便。在自动识别、Nurbs 自动创建、自动分割等多种建模手段依然存在大量错误及功能性问题的现状下，直接从点云截面线中进行人工建模，并控制精度，是现阶段最广泛使用，也是效率最高、成果最实用的建

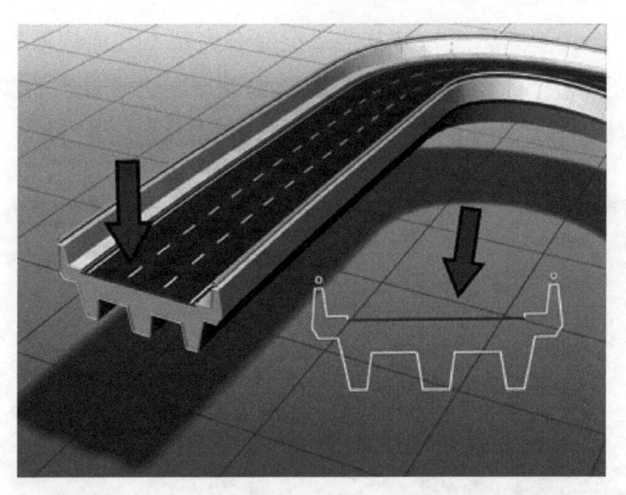

图 6-24　“放样”功能利用两段二维线生成三维模型

图 6-25　一些有曲面变化的构件必须用“放样”功能创建

模方法。虽然手工建造模型在贴图（赋予色彩）阶段会增添不少 UV 贴图坐标调整的工作，但对于模型直接导入 Revit、CAD 等平台并获取 CAD 图来说，其流程足够方便快捷。唯一的限制是 3D 建模工作较为专业，需要具有一定经验的建模人员完成，其学习成本较高。

6.3.2　利用特征拟合辅助建模

特征拟合建模法，又广泛的被称为“CSG（Constructive Solid Geometry）体

素建模法”[118]，其基本思想是将复杂造型分解为基本几何体素的布尔运算集并进行逐步建模的方法。集合体素就是三维建模领域中经常见到的基本几何体，包括长方体、球体、圆柱体、圆锥体和环状体（图 6-26）。

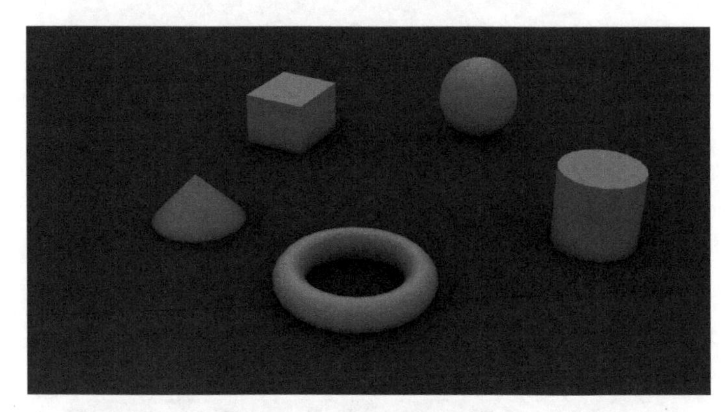

图 6-26　基本几何体素

基本体素之间可以利用布尔运算进行并集、交集和差集处理，塑造出复杂形状[119]。以栌斗为例，可以将栌斗的基本体看为长方体，在布尔运算时减去 4 个圆柱体和两个长方体的复合运算（图 6-27）。通过不断地进行交、并、差集的体素运算，就可以生成复杂的几何构造体，完成模型的创建。

CSG 模型的优点是完全参数化[120]的设置和实体（Solid Geometry）模型的属性：参数化是由于所有的基本体素都是由参数化所构成（球体为半径，长方体为长宽高，柱体为直径和高），因此这种模型的创建都很精准，并且其复杂物体是由基本体素的运算关系产生的，这些运算全部都记录在模型文件中，在模型放大后，其基于关系的记录方式会实时运算而不会产生三角面（Mesh）或多边形（Geometry）模型的碎块感，并且可以通过调整参数方便地修改；而实体属性的优点是在 CAD 系统中，实体是一个属性，在被截面功能或被切割时，会在二维线框图中被正确的内容填充。因此，从古建筑建模与出图的角度来考虑，CSG 是最适合用来建立模型的造型手段。但是 CSG 模型的最大问题是由于基本体素造型有限，操作手段稀少，想要制作较复杂的造型时需要大量烦琐的布尔运算操作，建模效率低下并且无法建造类似吻兽、浮雕等非常复杂的模型；并且，由于在内存和文件中记录了大量操作逻辑，因此当结构造型较为复杂时，时常发生系统卡顿甚至崩溃，对硬件资源的要求较高。因此在实际项目中，CSG 建模通常在出图要求较高的法式制图中，并且要求较多制作时间。

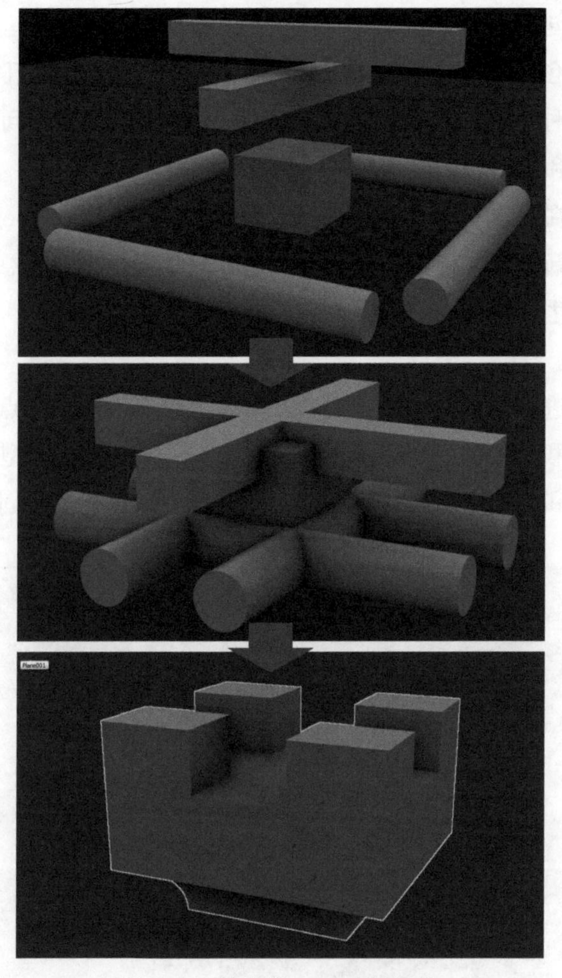

图 6-27　栌斗的 CSG 建造过程

6.3.3　利用关键点辅助建模

在大构架和简单造型的部分，截面建模、CSG 建模都可以完成，但是对于复杂的斗栱及较为复杂的小型构件上，这两种建模都无法很好地应用。其主要原因是造型手段单一，制作过程烦琐。虽然逆向模型经过压缩或 Retopo 后能在一定程度上解决这个问题，但是对于曲面较多但又具有明显建筑特点的构件（非雕塑类），Retopo 之后的逆向模型又过于浪费（Retopo 可以明显改变布线，但是对于大面积平面会以数个小型三角面或多边形组成，而不是简单的单个三角形），因此在一些重要而较为复杂的非雕塑或有机构建上，还应该由人工主导关键点的选择，进行手工创建。

传统的手工创建需要对模型构造命令有较深入地了解，且需要反复调整尺寸，但是还有一种手工 Retopo 工具可以很好地解决重新布线问题，并让三角面有更大的利用率和更简单的结构。

TopoGun 是在影视、游戏、VR 等领域最强大的手工 Retopo 软件，常常被用作逆向模型的重新拓扑和模型制作。他可以在高精度模型上随意选点，并自动将三角形和四边形生成模型面，还可以随意编辑已经完成的模型，非常适合高精度斗栱的模型制作。

选择关键点进行建模较为适合中高复杂度且带有大量关键点和平面结构的建筑模型，其大面积建模效率低于截面线或 CSG 建模，但在造型复杂度上远远胜出，从综合效率和模型精简度的角度来考虑，非常适合斗栱的创建（图 6-28）。

图 6-28　利用 TopoGun 选择关键点建模
（以山西长治大云院大佛殿为例）

6.3.4　以原真性和完整性为基础的复合模型

除了上述三种手工建模方式外，还有逆向封装（Remesh）模型、Nurbs 建模等多种建模手段可以制作基于三维激光扫描的中国古建筑三维模型。这些建模方式各有优点和问题，因此，纯粹用一种建模手段完成完整中国古建筑的模型建造，必然有效率低下、造型不准等各种各样的问题。鉴于模型的最终应用就是 CAD 出图或展示，本书建议针对中国古建筑三维模型的制作以多种手段相结合的复合模型为主。

下表（表 6-1）从中国古建筑角度，对上文中提到的三种建模方式加上逆向封装再压缩的逆向模型方式，共 4 种建模方式的适用进行统计，并以此为基础建立复合模型。

表 6-1　建模方式及对应建模内容

建模方式	建模内容	建模平台
Extrude 挤出建模	柱、台基、墙面、门窗、悬鱼	AutoCAD、3dsMax、Maya、Sketchup
Loft 放样建模	屋瓦、椽檐、梁架、屋脊	AutoCAD、3dsMax、Maya
CSG 建模	柱、台基、墙面、椽檐、梁架（效率高） 屋瓦、门窗、斗栱（效率低）	AutoCAD、Sketchup
关键点建模	斗栱组件	TopoGun、Zbrush
逆向 Remesh	角兽、吻兽、脊兽、雕塑	Geomagic、Zbrush

除了直接输入 Revit 的簇库中需要特殊的导入技巧外，用不同的三维建模方式建模，最终都应转为三角面格式并导入至同一平台，并在导入时选择正确的 Z 轴方向及比例单位。选择的平台需要集成点云显示及限制盒（Bounding Box）等基本功能，用于不同零件的对位与合成，最终统一坐标系并根据需求不同导出成果。这种复合模型的缺点在于建模手段较多，需要掌握多种工具软件的使用，专业程度也较高；但其优点是结合了多种模型的优点，将不需要的面结构极致精简（图 6-29），并根据研究及保护需求保留必需的关键数据。复合模型最终的成果不

图 6-29　三维复合模型及对应建模方法
（以山西长治大云院大佛殿为例）

但可以用于建筑出图、研究等，同时可以应用于VR、影视、游戏等文化产业。它不但具有正向模型精简干练的数据量，同时还具备逆向模型反映现状、高原真性的优势（图6-30）。

图6-30 由点云数据制作的模型拥有真实建筑的形变信息
（以山西长治大云院大佛殿为例）

6.3.5 三维模型转化CAD图纸

制作完毕的三维模型，以.obj或.fbx格式（均为Autodesk文件传输管线）导入Revit或AutoCAD后，就可以利用布局“Layout”功能（AutoCAD）或出图功能（Revit）输出比例正确的CAD图纸。

在Revit里想要输出CAD图，需要建立所有需要的施工图纸框，然后把项目信息、施工说明、平面图、立面图、剖面图和详图排列在这些图框里。直接从Revit中导出CAD专用DWG文件无法获得常规的CAD图，而是三维模型，必须通过建立“图纸”，并将所有需要出图的视角放置在出图框中，才能输出二维的CAD图形（图6-31）。由于Revit的三维模型中可以设置各种图块、簇和三维

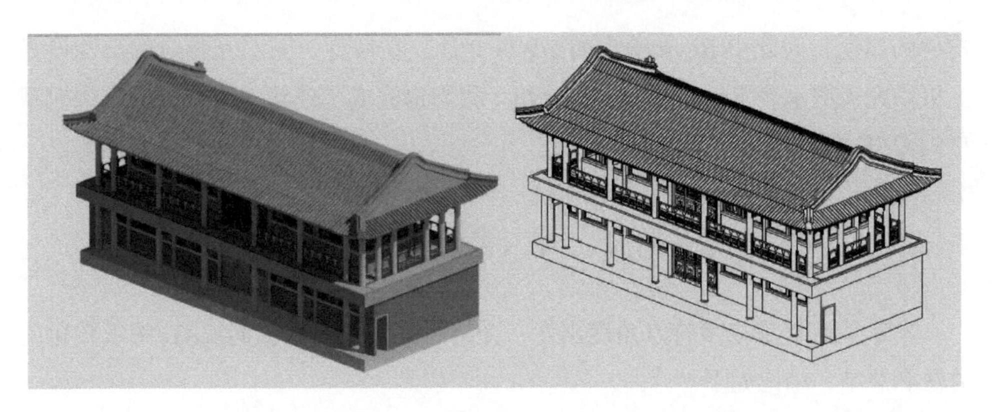

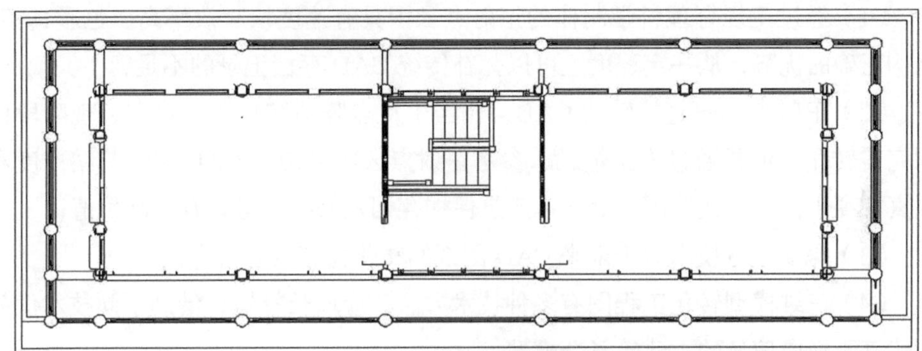

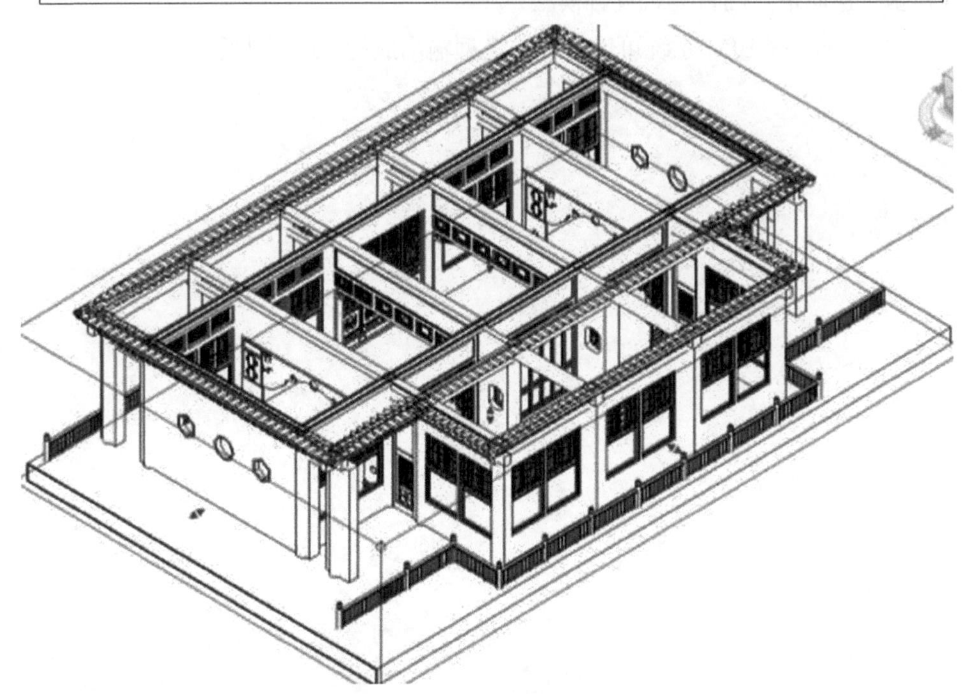

图 6-31　利用 Revit 可以将三维模型输出成标准 CAD 图

构件的属性，因此由 Revit 输出的 DWG 文件，在线型、图层及相应的属性设置上可以完美继承自 Revit。而通过 Revit，我们也完成了建筑三维点云到三维模型再到 CAD 图纸的转化。

6.4 本章小结

本章从流程及技术特点角度出发，介绍了三维点云数据向 CAD 图纸转化的方法和总结，结论如下：

（1）经过正规合理科学制作的正射点云图具有速度快、效率高、色彩真实、比例正确的优势，从一定程度上可以弥补传统 CAD 存档记录的不足；

（2）正射点云图直接转化 CAD，相当于从点阵图转化为矢量图，现阶段做到完美转化，但是通过人工辅助、参考正射点云图绘制的 CAD 图，其精准度和原真度高于传统法式绘图，对于古建筑保护存档及修缮参考具有更高价值；

（3）深度学习技术对于未来 CAD 图纸的转化拥有巨大潜力；

（4）三维模型转化工程图有多种技术方法，应取长补短，借助不同技术优势创建基于逆向信息的古建筑复合模型；

（5）Revit 等 BIM 系统可以将三维模型输出成为 CAD 图纸。

第7章 结语与展望

7.1 主要成果

以三维扫描技术为核心的数字化采集与应用，一直是古建筑保护研究领域的热点之一，具有广阔的前景和丰富的研究价值。将古建筑保护与数字化、信息化相结合，也是实施国家文化创新工程的重要举措。

中国古代文物建筑数量众多、分布广袤，而专业人员极度缺乏是现阶段文物建筑保护工作面临的矛盾之一，如何利用科技手段和数字信息化技术解决古代建筑资料的快速保存、提高古建筑的安全管理效能，是解决当下矛盾的研究重点。随着社会的发展和影响古代建筑安全因素的不断变化，传统的资料获取、保存、分析、研究手段和以二维图纸为主要测绘手段的传统技术手段已满足不了中国古建筑保护及修缮管理的需要，需要利用新技术、新科技来满足不断变化的保护需求，提高传统流程和技术手段的工作效率，改善文物建筑保护及修缮的管理方式。

基于以上研究思路，本书通过对现有数字化技术，尤其是三维几何信息采集技术在中国古建筑保护修缮中的应用进行了整体的研究与探索。研究对包括前期采集、中期数据处理、后期成果应用环节中现有技术手段流程和方式方法进行了梳理和总结，根据实际需求归纳了现阶段工作流程中以三维采集为核心的新技术在古建筑保护应用中的适用程度及应用前景。着眼于纠正现阶段新技术应用过程中普遍出现的技术不适用、成果不实用、数据不通用问题。

尤其在近十年来，随着三维激光扫描技术在国内的大力推进，我国越来越多的古建在保护修缮流程中加入了对该技术的使用，但是相关研究却多针对单个项目或单体建筑的采集做流程性归纳和经验总结，一直缺乏整体能够应用到保护修缮中的方法。现阶段，对于三维激光采集技术在古建筑保护修缮领域的应用，主要缺乏如下几个方面：

（1）对适宜精度和适宜采集方案的探讨：三维激光扫描的测距精度在不断提高，数据量也飞速增长，多数应用研究在对古建筑进行现状信息采集时，是参考仪器参数或依据经验，缺乏科学的依据和理论研究，而唯标称精度为上的使用方式造成大量测绘采集时间的浪费及高精度扫描的滥用，从现阶段古建筑保护的危及程度及测绘量需求巨大的矛盾角度来看，需要尽快研究针对中国古建筑，尤其是针对古建筑保护修缮应用的科学适宜的精度探讨研究；

（2）对大尺寸院落级建筑群的整体控制：由于三维扫描获取的是海量数据，在对单体建筑进行采集时，唯标称精度至上的采集方法还问题不大，但到了以皇家园林为代表的大尺寸、院落级建筑群的整体采集时，就会出现严重的累积误差、拼接误差及数据量过大无法使用。要想解决这个问题就要从多方面入手，首先就是对控制网的布设和相关方法研究，其次是对于数据量的存储和压缩研究，最后是对数据的应用方法研究。然而截止到本书写作期间，针对大尺寸院落级建筑群的整体三维采集及应用方案依然没有适宜而有效的解决手段；

（3）数据的压缩和存储：三维采集数据现阶段普及受到的最大阻碍是数据量过大，普通计算机难以承载，更难以研究和应用。如何在保证完整性和原真性的基础上，对三维数据进行优化及压缩存储，是决定三维采集数据能否得到有效应用的重大问题，现阶段针对数据的压缩研究大多是在算法上对数据量进行删除缩减。而国际上先进的三维存储方案之间却缺乏对比和优选，更缺乏在保持原始信息量的前提下对数据进行压缩的方案，导致现阶段大部分数据压缩方案都是建立在牺牲原真性基础之上；

（4）后期与传统建筑的保护修缮工作脱节，缺乏三维采集数据转化工程图的手段，更缺乏现有手段的统计分析及优选：三维激光采集数据现阶段无法直接转为CAD 工程图是行业内普遍承认的事实，但大部分应用研究都是直接利用人工在点云上对关键点进行测量后直接绘制 CAD，相当于三维激光采集仅仅替代了一部分传统手工测量的工作内容。然而三维激光采集的数据中包含大量有价值的信息，可以通过不同的手段和流程部分转化为工程制图。现阶段采用三维激光采集的古建筑大多具有极高的研究价值或濒临损毁，能够尽可能地利用三维采集获得的建筑信息，减少人工干预才应该是未来三维数字技术在中国古建筑保护应用研究的重点。

基于以上原因，本书分别从扫描精度、扫描布站、数据拼接、数据压缩及优化到最终 CAD 图的转化上进行了较为深入和详尽的研究，对现阶段所存在的问题，利用试验与实践相结合的方法，大量阅读文献、设计专项实验、总结规律，研究解决方案。

7.2 创 新 点

（1）在精度研究方面，本书测试了现阶段影响点云数据的影响因素及影响结果，并发现了由于三维扫描仪在采集和数据解读阶段的问题而产生的三维点云数据的最优精度范围，并通过保护修缮工作所需图纸资料的比例探讨了适宜精度的概念；

（2）在布站方面，将大尺寸院落级控制网布设和碎部测量相结合，提出了中国古建适宜扫描布站方案，并在白成军教授的“构件设计制造误差判断适宜精度”的基础上提出了“工程图纸信息承载上限判断适宜精度”的布站思路；

（3）在数据拼接方面，验证了控制网测量在现阶段自动拼接技术盛行的大环境下，对于测距精度所具备的优势，并验证了点云质量与抽析方式影响点云拼接精度的猜想；

（4）在数据压缩方面，总结了现阶段主流压缩方式和压缩比率，发现了点云数据在不易察觉的情况下被删除优化的信息及其影响，并通过试验验证点云数据观察应用及处理平台的优选方案。并且，在数据压缩方面，本书提出了一种全新的、利用二维图像数据存储三维几何信息以增加数据压缩比率的降维压缩方案，并通过精度测试验证了该方案的可行性；

（5）最后，本书在成果提交环节提出了“现状正射点云图”对比传统工程图的优势，及利用正射点云图进行自动及人工创建 CAD 所面临的问题，总结归纳了利用点云及逆向模型数据创建 BIM 模型的手段，并对比了各个技术手段和平台所适宜创建的古建构件对应关系，最终提出适用于多种成果应用的适用复合模型，及适合通过 BIM 平台转化为三视图的模型，部分解决了数字成果不实用、数据不通用的问题，并提高了现有二维工程图纸的精准度，缩短了工程图纸的绘图时间和绘制难度，从根本上增加了三维采集技术在古建保护修缮环节中的应用范围和适用领域。

7.3 未 来 展 望

由于三维采集技术更新的频率过快，相应产品的不断推陈出新，现阶段许多面临的问题应该都能解决。惯导、GPS及自动前后视的引入已经大大减小了数据拼接的难度、累积误差的问题，一些厂家推出的识别软件甚至已经可以自动在BIM系统中根据点云数据建立现代建筑80%的三维模型，深度学习的飞速发展也让我们看到了点云数据快速转化为工程图的美好前景。限于研究时间有限，本书研究的深度和广度都不尽如人意，在未来继续深入的研究会集中在以下方面：

（1）三维扫描布站高程及Z轴空间上的优化：现阶段所有的布站研究都是将扫描关系定义为平面或有限的六面盒体，缺乏更加细化深入的布站方案研究；

（2）不同测站数据重叠对最终成果的影响缺乏深入研究：现阶段在数据重叠区域对整体成果的影响还处于理想模型阶段，实际点云变化是指数增长的，在数据重叠后是否对建模、出图有深入的影响，是否存在优化空间依然需要继续研究；

（3）利用置换贴图进行压缩存在着流程较复杂、最终数据精度受图像分辨率影响过大的问题，而最新的浮雕贴图由于时间及技术所限没有进行研究，在未来的工作中希望能够对这种可以针对镂空内容的立体模型改变算法进行深入的研究和应用探讨；

（4）深度学习转化CAD缺乏素材，致使这项未来最可能在CAD转化产生突破的技术无法继续深入实验和了解。从现阶段谷歌研究室和世界范围内来看，只要将学习“库”进行足够的构建和细分，理论上达到自动绘图的效果，尤其是法式绘图的效果应该可以实现。

最后，三维激光扫描采集技术是一项蓬勃发展的技术，也是一项随时都能带来惊喜与希望的实用技术，希望在未来能够继续从事相关问题的研究，为保护中国悠久而丰富、精彩而多样的建筑文化遗产做出自己的贡献。

参 考 文 献

［1］ 冀治宇. 中国古建筑文物保护问题及对策浅议［J］. 古建园林技术，2001（3）：55-57.

［2］ 万建怀. 历史文物建筑保护问题探讨［J］. 建筑与文化，2013（10）.

［3］ 段金柱，郑璜. 像爱惜自己的生命一样保护好文化遗产——习近平在福建保护文化遗产纪事［J］. 中国文物科学研究，2015（1）：7-13.

［4］ 梁思成. 中国建筑史（修订本）［M］. 百花文艺出版社，2005.

［5］ Fathi H, Dai F, Lourakis M. Automated as-built 3D reconstruction of civil infrastructure using computer vision: Achievements, opportunities, and challenges[J]. Advanced Engineering Informatics, Elsevier Ltd, 2015, 29(2): 149-161.

［6］ Surveyi N E. Cyrax2500 三维激光扫描系统在建筑中的应用［J］. 2006（1）：4-6.

［7］ 余明，丁辰，刘长征等. 北京故宫修复测绘研究［J］. 测绘通报，2004（4）：11-13.

［8］ Borrmann D, Hess R, Eck D et al. Evaluation of methods for robotic mapping of cultural heritage sites[J]. IFAC Proceedings Volumes (IFAC-PapersOnline), Elsevier Ltd., 2015, 48(10): 105-110.

［9］ 陈日升，张贵忠. 激光安全等级与防护［J］. 辐射防护，2007，27（5）：314-320.

［10］ 陈虹，尹志斌. 激光产品的安全分级与防护［J］. 激光杂志，2010，31（4）：46-48.

［11］ 王永进，周伟强，赵林娟. 无损检测技术在文物保护中的应用［A］. 中国文物保护技术协会第七次学术年会论文集［C］. 2012.

［12］ Boehler W, Marbs A. 3D Scanning and Photogrammetry for Heritage Recording: a Comparison[J]. Proc. 12th International Conference on Geoinformatics, University of Gävle, Sweden, 2004(June): 7-9.

［13］ 赵煦，周克勤，闫利等. 基于激光点云的大型文物景观三维重建方法［J］. 武汉大学学报（信息科学版），2008，33（7）：684-687.

［14］ 邓念武，李萌. 实物逆向工程中全站扫描仪精度分析［J］. 测绘通报，2016（3）：146-147.

［15］ Calin M, Damian G, Popescu T et al. 3D Modeling for Digital Preservation of Romanian Heritage Monuments[J]. Agriculture and Agricultural Science Procedia, Elsevier Srl, 2015, 6: 421-428.

［16］ Athanasiou E, Faka M, Hermon S et al. 3D documentation pipeline of Cultural Heritage artifacts: A cross-disciplinary implementation[A]. Proceedings of the DigitalHeritage 2013-Federating the 19th Int'l VSMM, 10th Eurographics GCH, and 2nd UNESCO Memory of the World Conferences, Plus Special Sessions fromCAA, Arqueologica 2.0 et al.[C]. 2013, 1.

［17］ 张荣，刘畅，臧春雨. 佛光寺东大殿实测数据解读［J］. 故宫博物院院刊，2007（2）：28-51.

［18］ Levoy M, Rusinkiewicz S, Ginzton M et al. The Digital Michelangelo Project: 3D Scanning of Large Statues[J]. Conference on Computer Graphics and Interactive Techniques, 2000: 131-144.

［19］ Guidi G, F Remondino, M Russo et al. A Multi-Resolution Methodology for the 3D Modeling of Large and Complex Archeological Areas[J]. International Journal of Architectural Computing, 2009, 7(1): 39-56.

［20］ Angelini M G, Constantino D, Milan N. 3D and 2D documentation and visualization of architectural historic heritage[J]. XXIII CIPA Symposium, 2011, 8(figure 1): 12-16.

［21］ Remondino F. Heritage recording and 3D modeling with photogrammetry and 3D scanning[J]. Remote Sensing, 2011, 3(6): 1104-1138.

［22］ Guarnieri A, Milan N, Vettore A. Monitoring Of Complex Structure For Structural Control Using Terrestrial Laser Scanning (Tls) And Photogrammetry[J]. International Journal of Architectural Heritage, 2013, 7(1): 54-67.

［23］ Głowacka A, Noszczyk T, Zygmunt M. COMPARISON OF EFFECTIVENESS OF MEASURING CONCRETE WATER DAM WITH TERRESTRIAL LASER SCANNERS: RIEGL VZ-400, Z+F IMAGER 5010[J]. 2014, IEEE(Iv/3): 1367-1376.

［24］ 王莫. 三维激光扫描技术在故宫古建筑测绘中的应用研究［A］. 中国紫禁城学会论文集（第七辑）［C］. 2010：143-156.

［25］ 尚涛，安国强. 基于数字技术的古代建筑保护方法的研究［A］. 中华文化遗产数字化及保护国际研讨会［C］. 2005.

［26］ 臧春雨. 三维激光扫描技术在文保研究中的应用［J］. 建筑学报，2006（12）：54-56.

［27］ 白成军. 三维激光扫描技术在古建筑测绘中的应用及相关问题研究［D］. 天津大学，2007.

［28］ 李长春，薛华柱，徐克科. 三维激光扫描在建筑物模型构建中的研究与实现［J］. 河南理工大学学报（自然科学版），2008，27（2）：193-199.

［29］ 贾东峰，程效军. 三维激光扫描技术在建筑物建模上的应用［J］. 河南科学，2009，27（9）：1111-1114.

［30］ 杨新林，冯冠辉，钱建国. 三维激光扫描仪点云数据在 AutoCAD 中的处理方法研究［J］. 陕西煤炭，2008，27（3）：37-38.

［31］ 孙竞. 浅谈三维影像技术在故宫文化遗产预防性保护中的应用［A］. 2012 科学与

艺术研讨会 [C]. 2012.

[32] 丁延辉，京港澳测绘技术交流会周克勤B T-. 三维激光技术在遗产建筑勘查测绘中的应用 [A]. 2013.

[33] 车尔卓，詹庆明，金志诚等. 基于激光点云的建筑平立剖面图半自动绘制 [J]. 激光与红外，2015 (1): 12-16.

[34] 杜启明. 宋《营造法式》大木作设计模数论 [J]. 古建园林技术，1999 (4): 39-47.

[35] 陈明达. 营造法式大木作制度研究 [M]. 文物出版社，1993.

[36] 赵昆，马生涛. 用数字传承文明——激光三维数字建模技术在秦俑遗址保护管理中的应用 [J]. 四川文物，2007 (1): 91-93.

[37] 王文龙. 古建筑三维重建方法的研究 [D]. 武汉大学，2005.

[38] Uray F, Metin a., Varlik a. 3D Architectural Surveying of Diyarbakir Wall's Ulu Beden Tower with Terrestrial Laser Scanner[J]. Procedia Earth and Planetary Science, 2015, 15: 73-78.

[39] Zaczek-peplinska J, El M. Comparison of point clouds captured with terrestrial laser scanners with different technical characteristic Civil Engineering, Urban Planning and Architecture[J]., 5010(Table 1).

[40] 赵庆阳，刘召永. 浅析三维激光扫描仪的数据建模 [J]. 科技情报开发与经济，2007，17 (12): 201-203.

[41] 余明，丁辰，过静珺. 激光三维扫描技术用于古建筑测绘的研究 [J]. 测绘科学，2004，29 (5): 69-70.

[42] 颜炳玉. 激光对人体的损伤，激光产品的分级标准及安全防护措施 [J]. 应用激光，1987 (4): 30-34.

[43] 初醒悟. 立体角计算公式 [A]. 中国照明学会 [C]. 2005.

[44] 占盛龙. 减小面阵半导体激光器光参数积的方法研究 [D]. 中国科学院光电技术研究所，2007.

[45] 曾焱，李润华，邓华秋. 以激光散射立体角分布测量表面横向形貌参数 [J]. 红外与激光工程，2010，39 (1): 156-159.

[46] 秦玉伟. 激光光斑测量技术研究 [J]. 河南科学，2012，30 (5): 584-585.

[47] 李佳龙，郑德华，何丽等. 目标颜色和入射角对Trimble GX扫描点云精度的影响 [J]. 测绘工程，2012，21 (5): 75-79.

[48] 路杨，汤众，顾景文. 历史建筑的空间信息采集——三维激光扫描技术应用 [J]. 电脑知识与技术：学术交流，2007，2 (8): 254-256.

[49] 国家测绘总局制定. 国家三角测量和精密导线测量规范 [M]. 测绘出版社，1975.

[50] 中国标准出版社. 中国国家标准汇编 (2006年修订-16) [M]. 中国标准出版社，2007.

[51] 周江文，张牙. 一等三角锁与二等网联合平差初步方案 [J]. 测绘学报，1962 (2): 3-8.

[52] 刘自健. 论大规模三、四等三角网的布设 [J]. 测绘通报，1963 (s3): 14-27+59.

［53］ 刘少华，罗小龙，何幼斌等．基于 Delauany 三角网的泰森多边形生成算法研究［J］．长江大学学报（自科版），2007，4（1）：100-103.

［54］ 闫庆武，卞正富，王红．利用泰森多边形和格网平滑的人口密度空间化研究——以徐州市为例［J］．武汉大学学报（信息科学版），2011，36（8）：987-990.

［55］ 吴建华，万洋洋．利用泰森多边形的点实体匹配算法［J］．测绘科学，2015，40（4）：97-100.

［56］ 刘旭春，丁延辉．三维激光扫描技术在古建筑保护中的应用［J］．测绘工程，2006，15（1）：48-49.

［57］ 周克勤，许志刚，宇文仲．三维激光影像扫描技术在古建测绘与保护中的应用［J］．工程勘察，2004（5）：43-46.

［58］ 王其亨．古建筑测绘［M］．中国建筑工业出版社，2006.

［59］ T. D, E. O, A. B 等．A micromachined continuous ink jet print head for high-resolution printing[J]. Journal of Micromechanics and Microengineering, 1998, 8(2): 144-147.

［60］ 刘洋，辛蕊，孙晓明．人眼分辨率和卫星数据分辨率与成图比例尺的适用性分析［J］．黑龙江农业科学，2012（9）：126-129.

［61］ 王芳，赵星，杨勇等．基于人眼视觉的集成成像三维显示分辨率的比较［J］．物理学报，2012，61（8）：254-260.

［62］ Sahin C. Planar segmentation of indoor terrestrial laser scanning point clouds via distance function from a point to a plane[J]. Optics and Lasers in Engineering, Elsevier, 2015, 64: 23-31.

［63］ Lezzerini M, Antonelli F, Columbu S et al. The Documentation and Conservation of the Cultural Heritage: 3d Laser Scanning and Gis Techniques for Thematic Mapping of the Stonework of the Façade of St. Nicholas Church (Pisa, Italy)[J]. International Journal of Architectural Heritage: Conservation, Analysis, and Restoration, 2014, 3058(January 2015): 37-41.

［64］ Hakonen A, Kuusela J M, Okkonen J. Assessing the application of laser scanning and 3D inspection in the study of prehistoric cairn sites: The case study of Tahkokangas, Northern Finland[J]. Journal of Archaeological Science: Reports, Elsevier Ltd, 2015, 2: 227-234.

［65］ 孙新磊，吉国华．三维激光扫描技术在传统街区保护中的应用［J］．华中建筑，2009，27（7）：44-47.

［66］ 王书良，杨新林．三维激光扫描仪点云数据在 AutoCAD 中的处理［J］．山西建筑，2008，34（22）：360-361.

［67］ Kim A M, Olsen R C, Béland M. Simulated full-waveform lidar compared to Riegl VZ-400 terrestrial laser scans[A]. SPIE Defense+Security[C]. 2016: 98320T.

［68］ Zhang Q, Sun X, Wang L. Research of methods to test accuracy of RIEGL VZ-400 laser scanner based on simple six-range analytical method[J]. Geotechnical Investigation & Surveying, 2011, 39(3): 63-66.

［69］ Killing S, Mccoll D. Documenting the Small Craft Collection of the Canadian Canoe Museum: The Development of SmartScan and the Visual Archiver[J]. Transactions of the American

Mathematical Society, 2002, 362(10): págs. 5501-5527.

[70] Janschek K, Tchernykh V, Dyblenko S. SMARTSCAN-Optoelectronic image correction for remote sensing pushbroom cameras[J]. VDI-Berichte, 2003(1800): 39-47+169.

[71] 侯妙乐，吴育华，张向前等. 基于关节臂扫描的文物精细三维信息留取［J］. 文物保护与考古科学，2014，26（3）：94-98.

[72] 吴育华，胡云岗. 试论数据采集与虚拟修复在大足石刻修复中的应用［J］. 中国文物科学研究，2013（3）：33-36.

[73] Hu F G（胡国飞）. Studies on Denoising and Smoothing of 3D Digital Geometry TT- 三维数字表面去噪光顺技术研究［D］. PQDT-Global, 2005.

[74] Lee K H, Woo H, Suk T. Point Data Reduction Using 3D Grids[J]. The International Journal of Advanced Manufacturing Technology, 2001, 18(3): 201-210.

[75] Pauly M, Gross M. Spectral processing of point-sampled geometry[A]. Conference on Computer Graphics and Interactive Techniques[C]. 2001: 379-386.

[76] De Reu J, Plets G, Verhoeven G et al. Towards a three-dimensional cost-effective registration of the archaeological heritage[J]. Journal of Archaeological Science, 2013, 40(2).

[77] 官云兰，詹新武，程效军等. 一种稳健的地面激光扫描标靶球定位方法［J］. 工程勘察，2008（10）：42-45.

[78] 姚吉利，马宁，贾象阳等. 球形标靶的固定式扫描大点云自动定向方法［J］. 测绘学报，2015，44（4）：431-437.

[79] 石宏斌，王晏民，杨炳伟. 一种标靶球的自动探测方法［A］. 中国测绘学会 2013 工程测量分会年会［C］. 2013.

[80] 郭进，刘先勇，陈小宁等. 一种无标记点三维点云自动拼接技术［J］. 计算机应用与软件，2012，29（4）：144-147.

[81] 范瑛. 激光三维扫描的点云拼接技术研究［J］. 山东工业技术，2016（1）：284-285.

[82] Besl P, Mckay N. A method for registration for 3-D shapes[J]. 1992.

[83] Gelfand N, Ikemoto L, Rusinkiewicz S et al. Geometrically stable sampling for the ICP algorithm[A]. International Conference on 3-D Digital Imaging and Modeling, 2003. 3dim 2003. Proceedings[C]. 2003: 260-267.

[84] Béarée R, Dieulot J Y, Rabaté P. An innovative subdivision-ICP registration method for tool-path correction applied to deformed aircraft parts machining[J]. The International Journal of Advanced Manufacturing Technology, 2011, 53(5): 463-471.

[85] Sharp G C, Lee S W, Wehe D K. ICP registration using invariant features[J]. IEEE Transactions on Pattern Analysis & Machine Intelligence, 2002, 24(1): 90-102.

[86] 王建奇. 大规模点云模型拼接与融合技术研究［D］. 浙江工业大学，2012.

[87] 赵威成. 三维激光扫描系统点云数据向 AutoCAD 数据格式的转换［J］. 测绘工程，2010，19（1）：2-5.

[88] Weir D J, Milroy M J, Bradley C et al. Reverse engineering physical models employing

wrap-around B-spline surfaces and quadrics[J]. Proceedings of the Institution of Mechanical Engineers Part B Journal of Engineering Manufacture, 1996, 210(22): 147-157.

［89］ Ahuja S, Waslander S L. 3D scan registration using curvelet features[J]. Proceedings-Conference on Computer and Robot Vision, CRV 2014, 2014: 77-83.

［90］ Alsadik B, Gerke M, Vosselman G. EFFICIENT USE OF VIDEO FOR 3D MODELLING OF CULTURAL HERITAGE OBJECTS[J]. ISPRS Annals of Photogrammetry, Remote Sensing and Spatial Information Sciences, 2015, II-3/W4 (April 2016): 1-8.

［91］ Cox R A K. Real-world comparisons between target-based and targetless point-cloud registration in FARO Scene, Trimble RealWorks and Autodesk Recap A dissertation submitted by[M]. 2015(October).

［92］ 盛业华，张卡，张凯等. 地面三维激光扫描点云的多站数据无缝拼接［J］. 中国矿业大学学报，2010，39（2）：233-237.

［93］ 杨璐璟. 点云数据的压缩算法研究［D］. 中南大学，2014.

［94］ Schnabel R, Klein R. Octree-based Point-Cloud Compression[J]. In Eurographics Symposium on Point-Based Graphics, 2006: 111-120.

［95］ 程效军，李伟英，张小虎. 基于自适应八叉树的点云数据压缩方法研究［J］. 河南科学，2010，28（10）：1300-1304.

［96］ 郑德华. 点云数据直接缩减方法及缩减效果研究［J］. 测绘工程，2006，15（4）：27-30.

［97］ 师振中，王秀英，刘锡国. 逆向工程中点云数据压缩算法的研究与改进［A］. 中国工程图学学会2006年计算机图学、理论图学等专委会综合学术会议［C］. 2006.

［98］ 黄承亮，吴侃，向娟. 三维激光扫描点云数据压缩方法［J］. 测绘科学，2009，34（2）：142-144.

［99］ 权毓舒，何明一. 基于三维点云数据的线性八叉树编码压缩算法［J］. 计算机应用研究，2005，22（8）：70-71.

［100］ 伍军，杨杰，秦红星. 基于广度搜索的增量式点云表面重建［J］. 上海交通大学学报，2008，42（10）：1740-1744.

［101］ Al-kheder S, Al-shawabkeh Y, Haala N. Developing a documentation system for desert palaces in Jordan using 3D laser scanning and digital photogrammetry [J]. Journal of Archaeological Science, 2009, 36(2): 537-546.

［102］ Gallo A, Muzzupappa M, Bruno F. 3D reconstruction of small sized objects from a sequence of multi-focused images[J]. Journal of Cultural Heritage, Elsevier Masson SAS, 2014, 15(2): 173-182.

［103］ 成媛媛，满家巨，全惠云. 基于自适应遗传算法的点云曲线重建［J］. 中国图象图形学报，2006，11（9）：1293-1298.

［104］ Lee I K. Curve reconstruction from unorganized points[J]. Computer Aided Geometric Design, 2000, 17(2): 161-177.

［105］ 卢小平，王玉鹏，卢遥等. 齐云塔激光点云三维重建［J］. 测绘通报，2011（9）：11-14.

［106］ 刘永刚. 法线贴图原理与分析［J］. 艺术科技，2015（9）：29-30.

［107］ 朱晓峻，郭广礼，查剑锋. 基于法线贴图的三维激光扫描数据模型重建［J］. 地理与地理信息科学，2012，28（6）：35-38.

［108］ Welsh T. Parallax Mapping with Offset Limiting: A PerPixel Approximation of Uneven Surfaces[J]. Infiscape Corporation, 2004.

［109］ Gao R, Yin B, Kong D et al. An improved method of parallax mapping [A]. IEEE International Conference on Computer and Information Technology[C]. 2008: 30-34.

［110］ Ni T, Directd N, More T et al. Displacement Map[J]. 2011.

［111］ Doggett, Michael, Hirche et al. Adaptive view dependent tessellation of displacement maps[M]. 2016.

［112］ Apel K. What Is Orthographic Knowledge?[J]. Language, Speech, and Hearing Services in Schools, 2011, 42(4): 592-603.

［113］ Li A, Jin-Yeu T. The rule-based nature of wood frame construction of the Yingzaofashi and the role of virtual modelling in understanding it[A]. Computing in architectural research [Proceedings of the International Conference on Chinese Architectural History][C]. 1995: 7-10 August 1995.

［114］ 中国古代建筑［M］. 上海古籍出版社，2001.

［115］ Ha D, Eck D. A Neural Representation of Sketch Drawings[J]. 2017.

［116］ Gomes L, Regina Pereira Bellon O, Silva L. 3D reconstruction methods for digital preservation of cultural heritage: A survey[J]. Pattern Recognition Letters, 2014, 50.

［117］ 刘睿，卢扬，李大俊. 三维激光扫描系统中的图像轮廓提取［J］. 三门峡职业技术学院学报，2009，8（4）：110-112.

［118］ 饶金通. 古建筑的三维数字化建模与虚拟仿真技术研究［J］. 2006.

［119］ Zvietcovich F, Castaneda B, Perucchio R. 3D solid model updating of complex ancient monumental structures based on local geometrical meshes[J]. Digital Applications in Archaeology and Cultural Heritage, Elsevier, 2014, 2(1): 12-27.

［120］ 陈越. 中国古建筑参数化设计［D］. 重庆大学，2002.

附录 《文物建筑三维信息采集技术规程（DB11/T 1796—2020）》文本

ICS 35.020

CCS L 70

DB11

北 京 市 地 方 标 准

DB 11/T 1796—2020

文物建筑三维信息采集技术规程

Technical specification of three-dimensional information acquisition of heritage buildings

2020-12-24 发布 **2021-04-01 实施**

北京市市场监督管理局 发布

目　次

前　言

本文件按照GB/T 1.1给出的规则起草。

本文件由北京市文物局提出并归口。

本文件由北京市文物局组织实施。

本文件起草单位：北京市古代建筑研究所。北京工业大学、北京市历史建筑保护工程技术研究中心、北京市测绘设计研究院、北京大禹工坊建筑科技有限公司、北京市文物古建工程公司、北京北建大科技公司、北京欧诺嘉科技有限公司、北京麦格天渺科技发展有限公司、上海华测导航技术股份有限公司、上海建为历保科技股份有限公司、上海潮旅信息科技有限公司。

本文件主要起草人：张涛、戴俭、肖中发、李卫伟、胡岷山、刘腾、杨伯钢、孟志义、姜玲、刘科、王中金、任华东、刘雨青、田昀青、钱威、李江、李宁、孙大勇、杨阳、王丹艺、胡睿、田文革、钱林、陈廷武、刘军、李博、李攀、马云飞、辛捡、吴志群、卿照、蒋国辉、李亮、杜雁欣、冯育涛、沈三新、李晓武。

文物建筑三维信息采集技术规程

1 范围

本文件规定了文物建筑三维信息采集作业在技术准备、控制测量、数据采集与处理、成果制作、质量检验与成果归档等方面的技术要求。

本文件适用于文物建筑的三维信息采集作业。历史建筑可参照执行。

2 规范性引用文件

下列文件中的内容通过文中的规范性引用而构成本文件必不可少的条款。其中，注日期的引用文件，仅该日期对应的版本适用于本文件；不注日期的引用文件，其最新版本（包括所有的修改单）适用于本文件。

GB/T 12979 近景摄影测量规范

GB/T 18316 数字测绘成果质量检查与验收

GB/T 24356 测绘成果质量检查与验收

GB/T 50104 建筑制图标准

CH/T 1004 测绘技术设计规定

CH/T 6005 古建筑测绘规范

CH/Z 3017 地面三维激光扫描作业技术规程

CJJ/T 157 城市三维建模技术规范

WW/T 0024 文物保护工程文件归档整理规范

WW/T 0063 石质文物保护工程勘察规范

DB11/T 407 基础测绘技术规程

DB11/T 998 基础测绘成果检查验收技术规程

3 术语和定义

下列术语和定义适用于本文件。

3.1

三维信息采集 three dimensional information acquisition

采用专业的仪器设备及相应的处理技术对文物建筑的空间位置、几何尺寸、形态、色彩、纹理等现状信息的采集。

3.2

总图测绘 general layout surveying and mapping

对文物建筑所在区域的现状地形及古建筑的布局进行测绘的过程。

3.3

独立坐标系 independent coordinate system

国家或北京地方坐标系外的局部测量平面直角坐标系。

3.4

通尺寸 overall size

单体文物建筑的通面阔、通进深、通高等尺寸信息。

3.5

点云密度 point cloud density

单位面积上点的平均数量。

3.6

站位 scan station

使用地面三维激光扫描仪进行信息采集时的站点位置。

3.7

重建的三维模型 three dimensional reconstructed model

根据现场采集的数据，利用不同处理方法制作的三维模型。

4 缩略语

下列缩略语适用于本文件。

DLG：数字线划图（Digital Line Graph）

DPI：图像每英寸长度内的像素点数（Dots Per Inch）

GNSS：全球导航卫星系统（Global Navigation Satellite System）

HDR：高动态范围图像（High-Dynamic Range）

TDOM：真数字正射影像图（True Digital Orthophoto Map）

VR：虚拟现实技术（Virtual Reality）

5 总则

5.1 空间基准

5.1.1 文物建筑三维信息采集涉及总图测绘，坐标系宜采用2000国家大地坐标系或北京地方坐标系，高程宜采用1985国家高程基准或北京地方高程系。采用北京地方空间基准，宜与国家空间基准建立联系。

5.1.2 采用自定义坐标系，宜与2000国家大地坐标系或北京地方坐标系建立联系。采用自定义高程基准，宜与1985国家高程基准或北京地方高程系建立联系。

5.1.3 无法与国家空间基准或北京地方空间基准建立联系，宜根据实际情况建立满足需求的自定义坐标系与高程基准。

5.2 时间基准

时间基准应采用公元纪年、北京时间。

5.3 采集等级

5.3.1 根据文物建筑三维信息采集对象与适用性的不同，将采集作业的采集等级分为特等、一等、二等、三等，由管理单位和技术团队根据项目需求选择采集等级。

5.3.2 采集适用性、采集对象及深度可根据实际情况进行调整。

5.3.3 宜根据采集等级与采集方式设置科学的仪器参数，兼顾经济性与采集效率。

5.4 总体工作流程

文物建筑三维信息采集的作业流程应包括技术准备、控制测量、数据采集与处理、成果制作、质量检验与成果归档等步骤。

6 技术准备

6.1 调研分析

调研分析应包括以下方面内容:

a）收集资料，包括平面布局与建筑形制、礼制等级、建筑装饰和风格特征、构造及工艺技术特点、结构形式、载体的地形、地貌等；

b）进行现场踏勘，包括核对调研资料、查看周边环境及采集对象现状等；

c）分析文物建筑的采集作业难点，包括场地现状、建筑梁架、屋顶等部位；

d）分析周边环境的干扰条件，包括人、车、树、天气等；

e）与管理单位或相关单位取得联系，确认作业条件。

6.2 技术设计

文物建筑三维信息采集项目宜编写技术设计书，编写可参考CH/T 1004，内容宜包括以下方面：

a）项目概述、文物建筑及周边环境现状；

b）已有的测绘资料情况、引用文件及作业依据；

c）技术难点与解决方案；

d）采集等级、采集对象、采集深度、采集范围；

e）主要技术指标、规格仪器和软件配置、作业人员配置；

f）作业流程和进度安排；

g）文物保护措施、安全保障措施、质量控制措施；

h）成果归档要求。

6.3 人员要求

作业人员宜符合下列要求：

a）作业人员经过专门的技术培训，掌握专业设备的操作方法；

b）作业人员学术背景宜涵盖建筑学、测绘学、数字化、文物保护等专业；

c）外业作业，宜由 3 名～ 5 名作业人员操作一台扫描设备；

d）内业作业，作业人员数量宜与外业相匹配。

6.4 仪器要求

6.4.1 应根据技术设计书，选择符合要求的仪器设备。

6.4.2 常用仪器设备主要包括三维扫描仪、全站仪、水准仪、GNSS 接收设备、数码相机、便携式电脑、无人机、存储设备等。文物建筑三维信息采集仪器配置参见附录 A。

6.4.3 仪器设备应符合下列要求：

a）各部件及附件外观良好且匹配齐全，各个部件连接紧密且稳定耐用；

b）使用前进行校验或进行计量鉴定；

c）相关设备的电源容量、存储空间、数据传输、软件等满足运行要求。

7 控制测量

7.1 控制网测设

文物建筑三维信息采集控制网的测设，应符合下列要求：

a）根据文物建筑布局特点、周边地形、已知坐标点、采集精度等条件进行布设；

b）根据测区范围的大小与复杂程度进行整体布设并分级控制；

c）采用闭合控制网，进行平差处理，控制误差传递；

d）控制点之间应相互通透，取得联系；

e）应建立控制点与站位点、站位标靶点、特征点之间的联系；

f）文物建筑的室内布设加密控制点；

g）采集建筑群，根据文物建筑的分布情况进行加密布设。

h）总图测绘应符合CH/T 6005和CH/Z 3017的相关规定。

7.2 平面控制网

采用导线或GNSS的方法布设，应符合DB11/T 407的规定。

7.3 高程控制网

采用水准测量的方法布设，应符合DB11/T 407的规定。

8 数据采集与处理

8.1 一般规定

8.1.1 数据采集应符合下列要求：

a）采用测记法、三维扫描技术、数字摄影技术，采集方法可以结合使用；

b）遵循“从整体到细部”的原则；

c）遵循“成果可追溯、可评估”的原则；

d）数据采集前根据文物建筑的大小、形状、环境条件，编制采集方案。

8.1.2 适用性应符合下列要求：

a）三等采集作业适用于总图测绘、建筑普查、工程量估算、虚拟现实、宣传展示等基础性的深度与精度要求的三维信息采集；

b）二等采集作业适用于法式特征等研究性的深度与精度要求较高的三维信息采集；

c）一等采集作业适用于文物建筑的复建、迁建、修缮、变形监测、跟踪记录等工程性的深度与精度要求最高的三维信息采集；

d）特等采集作业适用于有完整性及高精度需求的文物建筑数字化存档、数字化保护、科学研究、文化传播等。

8.1.3 采集对象及深度应符合下列要求：

a）三等采集作业：

1）采集对象主要为建筑本体及周边环境；

2）采集深度应反映出文物建筑的整体轮廓与控制性尺寸，包括：建筑的位置与通尺寸、柱网、最高点高程、各脊上皮高程、檐口高程、室内各步架举高、地面高程等。

b）二等采集作业：

1）采集对象主要为建筑本体、典型构件；

2）采集深度应反映出文物建筑典型构件的空间位置、形态特征、构造尺寸、色彩纹理等。

c）一等采集作业：

1）采集对象主要为建筑本体、建筑构件、建筑细部；

2）采集深度应反映出文物建筑的吻兽、脊饰、彩画、雕刻、裂缝等构件或细部节点的空间位置、形态特征、构造尺寸、色彩纹理等现状信息；

d）特等采集作业的采集对象及深度与一等采集作业相同，采集范围应全覆盖，包括：建筑本体、建筑构件、建筑细部、文物建筑的周边环境、附属建筑等根据实际需要进行信息采集。

8.1.4　采集等级与指标应符合表1的要求。

表1　文物建筑三维信息采集等级与指标

采集等级	指标					
	建筑采集		构件采集		细部采集	
	通尺寸中误差	色彩纹理	尺寸中误差	色彩纹理	尺寸中误差	色彩纹理
特等	≤20 mm	√	≤5 mm	√	≤2 mm	√
一等	≤20 mm	√	≤5 mm	√	≤3 mm	√
二等	≤30 mm	√	典型构件≤5 mm	√	—	—
三等	≤50 mm	√	—	—	—	—

注："√"表示宜选择的项目，"—"表示不做指标要求。

8.1.5　根据采集成果制作特定比例尺的TDOM或DLG，图像分辨率不宜低于300DPI。采用三维扫描技术获得的单站点云质量指标不宜低于表2的要求。

表2　文物建筑三维信息采集的点云质量指标

出图比例	1∶500	1∶200	1∶100	1∶50	1∶20	1∶10	1∶5	1∶1
单站点间距	40 mm	16 mm	8 mm	4 mm	1.6 mm	0.8 mm	0.4 mm	0.08 mm

8.2　测记法

采用测记法进行三维信息采集，应符合CH/T 6005的规定。

8.3　三维扫描技术

8.3.1　地面三维激光扫描

8.3.1.1　采集对象为建筑时，宜采用地面三维激光扫描，主要流程包括扫描仪精度检验、站位布设、标靶布设、数据采集、色彩纹理采集、数据处理。

8.3.1.2　扫描仪的精度应符合CH/Z 3017的规定，采集等级与精度指标见表3。

表 3 地面三维激光扫描的采集等级与精度指标

采集等级	精度指标		
	通尺寸中误差 mm	仪器测距中误差或点间距中误差 mm	单站最大点间距 mm
特等	≤20	≤5	≤5
一等	≤20	≤5	≤5
二等	≤30	≤10	≤10
三等	≤50	≤25	≤25

8.3.1.3 站位布设应符合下列要求：

a）完整覆盖采集目标区域；

b）站位宜分布均匀；

c）测距距离宜小于 20m，激光入射角小于 30 度；

d）单层建筑檐口以下每开间、每进深设置不少于 1 站，重檐、两层及以上的建筑站位参照相同原则布设；

e）布设室内站位，天花层以下的每开间、每进深轴线网格内设置不少于 1 站，上部站位与下部站位宜交错布设；

f）采集翼角、斗拱等结构复杂或死角部位，可适当增设站位或使用手持扫描仪采集；

g）可采用脚手架、摇臂、升降台等设施进行站位布设与调整。

8.3.1.4 站位数量统计宜符合下列要求：

a）绘制站位布设图，标注站位类型、位置、高度、数量等信息；

b）根据表 4 进行文物建筑的形制要素及规模统计；

表 4 站位数量布设标准参数表

布设位置	形制要素及编码																
	面阔进深		屋顶形制										其他要素				
	面阔 K	进深 J	硬山 W_1	悬山 W_2	歇山 W_3	庑殿 W_4	重檐 W_5	一殿一卷 W_6	六角攒尖 W_7	四角攒尖 W_8	圆攒尖顶 W_9	平顶 W_{10}	前廊 L_1	前后廊 L_2	回廊 L_3	台基 T	护栏 H	楼层 C
站位基数	7	3	2	6	14	12	22	12	16	11	11	2	3	6	16	4	8	11

注：依据表中的站位基数标准参数及公式计算布站数量。表格中，面阔及进深的数量、台基的层数、护栏的层数、楼层的层数均与相宜站位基数成倍数关系，不同的屋顶形制及围廊形制的站位基数是直接累计关系。

c）站位数量应按公式（1）的方法，参照附录 B 典型案例计算：

$$Q_s=K\times 7+（J-1）\times K\times 3+W_i+T\times N_1+H\times N_2+C\times（N_3-1）\cdots\cdots \quad（1）$$

式中：

Q_s——站位总数量；

K——开间数；

J——进深数；

W_i——各屋顶形制的站位基数；

L_1——不同围廊形制的站位基数；

T——台基的站位基数；

N_1——台基层数；

H——护栏的站位基数；

N_2——护栏的层数；

C——楼层的站位基数；

N_3——楼层数。

8.3.1.5 标靶布设应符合下列要求：

a）采用球形标靶；

b）每一站位的标靶数量不少于4个，相邻两站的公共标靶数不少于3个；

c）用于拼接的标靶在有效测距范围内；

d）标靶与站位、控制点、特征点通视；

e）标靶之间均匀布置、高低错落，避免主要标靶在同一直线上。

8.3.1.6 数据采集应符合下列要求：

a）作业前进行仪器检查，符合6.4.3的规定；

b）相邻两站的点云重叠度不小于30%；

c）数据精确、完整，符合8.1.4的规定；

d）绘制略图并记录站位、标靶、控制点、特征点等重要点位的信息；

e）离场前进行数据核验，合格后方可离场。

8.3.1.7 色彩纹理采集应符合下列要求：

a）拍摄全景照片；

b）光线条件柔和均匀；

c）纹理图像的像元大小参照CH/Z 3017的规定；

d）镜头正对目标面；

e）无法正面拍摄全景时，先拍摄部分全景，再逐个正对拍摄，后期进行合成；

f）留存相关的高动态色彩的HDR文件以及JPG、RAW等原始格式文件。

8.3.1.8 数据处理应符合下列要求：

a）数据处理的流程包括数据配准、降噪与抽稀、图像处理、纹理映射、质量检验；

b）根据项目的实际需求与客观条件选择配准方式，存在天花或藻井，可采用特征点、控制点或其他方式进行配准；

c）进行降噪与抽稀处理，不影响特征点的提取与识别，且处理后的点间距符合表 3 的规定；

d）图像处理真实反映材质的纹理、质感、颜色，因视角或镜头畸变引起变形，对图像的变形部分作纠正处理；

e）采用人工方法进行纹理映射时，选用特征突出的点，完成后的图像应与点云模型无偏差；

f）对生成的纹理映射模型进行数据检验。

8.3.2 移动三维激光扫描

8.3.2.1 采集对象为建筑，可采用移动三维激光扫描。

8.3.2.2 设计扫描路径，应符合下列要求：

a）完整覆盖采集目标区域；

b）单次扫描路径总长度不超过 2km，不重叠；

c）多条扫描路径的数据重叠率不小于 20%；

d）采用闭合路径设计进行平差处理；

e）采集目标的特征不明显，应引入控制坐标；

f）通过标靶纸、标靶球、标靶点等辅助设备提高采集精度。

8.3.2.3 数据采集，应符合下列要求：

a）标靶布设符合 8.3.1.5 的规定；

b）记录标靶位置及编号；

c）数据分级保存，记录项目名称，作业时间，线路编号等信息。

8.3.2.4 数据处理，应符合下列要求：

a）符合 8.3.1.8 的规定；

b）删除游离的噪声点；

c）过滤点云表面的噪声点；

d）数据重叠或其他原因引起的点云过厚或过多，可进行抽稀，不应影响特征点的提取与识别；

e）根据实际情况进行多次降噪与抽稀，至符合要求为止。

8.3.3 近距离三维扫描

8.3.3.1 采集对象为构件或细部，宜采用近距离三维扫描。

8.3.3.2 色彩纹理采集应符合 8.3.1.7 的规定。

8.3.3.3 数据处理应符合 8.3.1.8 的规定。

8.3.3.4　近距离三维扫描应符合下列要求：

a）使用补光灯、弱光板等设备辅助采集；

b）数据进行降噪处理；

c）数据拼接，应在对齐特征点后进行平差处理；

d）对数据中的孔洞进行曲率填充，不影响反映文物价值的现状信息；

e）单张贴图分辨率应符合要求，无曝光、色彩偏差等问题；

f）采集目标为碑刻、石刻、表面造型及图案时，符合 WW/T 0063 的相关规定。

8.4　数字摄影技术

8.4.1　采用数字摄影技术进行三维信息采集时，应符合 GB/T 12979、CH/T 6005 的规定和下列要求：

a）在精度、可靠性、可检验性等方面对测量网进行优化设计；

b）物方控制的精度不低于总精度要求的 1/3；

c）图像拍摄方式优先采用正直拍摄；

d）无人机影像采集进行航摄分区的划分和航线布设；

e）无人机航摄作业航向影像重叠度不小于 75%，旁向重叠度不小于 60%；

f）留存相关的高动态色彩的 HDR 文件以及 JPG、RAW 等原始格式文件；

g）现场检查数据质量，合格后方可离场。

8.4.2　无人机进行三维信息采集应布设控制点，并应符合下列要求：

a）控制点均匀布设在航带间重叠位置，对地形变化复杂区域应加密控制点；

b）选择清晰、准确、易识别、易定位、易量测的地物点作为控制点；

c）根据航摄分区设计航线，包括 4 条倾斜摄影航线与 1 条垂直摄影航线。

8.4.3　数据处理应符合下列要求：

a）采用解析法处理图像；

b）采用微分纠正法制作正射影像图。

9　成果制作

9.1　三维模型建立

三维模型包括三维点云模型、三角网模型和重建的三维模型。三维模型的重建应符合 CJJ/T 157 的相关规定和下列要求：

a）利用点云进行三维模型重建，应先对点云进行分割；

b）对于规则的构件，利用已测平立剖面图或实测数据进行正向参照建模；

c）对于球面、弧面、柱面、平面等标准面应根据点云数据拟合几何模型；

d）对于形状不规则的部分，利用点云构建不规则三角网模型，应利用孔填充、边修补、简化和细化、光滑处理等技术手段优化三角网模型；

e）对于表面光滑部分的重建，利用曲面片划分、轮廓线探测与编辑、曲面拟合等技术手段生成曲面模型；

f）点云成果格式采用通用的 TXT、XYZ、PTX、PTS 等格式以及可支持 AutoCAD 使用的 RCS、RCP 等格式；

g）文物建筑的整体点云模型成果应保留单站数据信息。

9.2 TDOM 制作

利用点云模型、三角网模型、重建的三维模型进行 TDOM 制作，并符合下列要求：

a）图纸类型包括平面图、立面图、剖面图、详图等；

b）点云或三维模型可辨识有效信息分辨率应高于打印图纸的点对点分辨率；

c）图片打印分辨率不低于 300DPI，点间距应符合表 2 的规定；

d）采集数据不全，明确建筑结构关系，根据露明部分尺寸推算隐蔽尺寸，反推算的结果应特别说明；

e）根据成果要求选择常用的比例尺，包括 1∶5、1∶10、1∶20、1∶50、1∶100、1∶200、1∶500 等；

f）比例尺、符号、标注等相关内容，应符合 GB 50104 的规定；

g）成果数据格式采用通用的 TIFF、JPEG 等格式和 PDF 文档格式。

9.3 DLG 制作

利用点云模型、三角网模型、重建的三维模型、TDOM 进行 DLG 制作，并执行下列规定：

a）成果数据格式采用通用的 DWG、DXF 等格式和 PDF 文档格式；

b）分为根据文物建筑形制和根据文物建筑现状两种绘制方式；

c）制作文物建筑测绘图，应符合 CH/T 6005 的规定。

10 质量检验与成果归档

10.1 质量检验

10.1.1 一般规定

文物建筑三维信息采集成果的质量检验应符合下列规定：

a）分别对点云数据、三维模型、TDOM、DLG 等成果进行质量检验；

b）质量检验应符合 GB/T 18316、DB11/T 998 的相关规定，采用两级检查、一级验收的模式；

c）应保留规范、清晰、完整的质量检验记录。

10.1.2 质量检验内容

10.1.2.1 点云数据质量检验内容：

a）采集范围与内容是否与项目委托书和技术任务书一致；

b）点云的完整性、真实性；

c）点云密度质量，包括点云密度、单站点间距等指标；

d）数据的格式、文件组织方式。

10.1.2.2 三维模型质量检验内容：

a）实地核对模型的完整性、真实性、细节取舍的合理性；

b）模型的点线面拓扑关系，避免破面、漏面、闪面，以及游离点、边、面等；

c）模型贴图纹理的精细度、真实性、颜色模式及规格；

d）模型的数据格式、文件组织方式。

10.1.2.3 TDOM 质量检验内容：

a）TDOM 的图像分辨率及特定比例尺的点间距指标；

b）影像色调和反差、清晰度和纹理表现、拼接和接边质量、外观质量和影像色彩等；

c）实地核对内容的完整性、真实性、表达的准确性；

d）实地检查图纸尺寸精度；

e）数据格式、文件组织方式。

10.1.2.4 DLG 质量检验内容：

a）总图中坐标系统、高程基准和投影参数；

b）实地核查图纸内容的完整性、真实性、表达的准确性；

c）实地检查图纸尺寸精度；

d）制图标准检查图线、图例、图样画法等内容符合 GB/T 50104 的规定。

10.2 成果归档

成果归档文件应符合 WW/T 0024 的相关规定。成果归档文件主要包括以下内容：

a）成果清单；

b）技术设计书；

c）作业记录；

d）原始数据；

e）制作的成果，包括点云数据、三维模型、TDOM、DLG 等；

f）验收报告；

g）技术总结书；

h）其他相关资料。

附 录 A
（资料性）
文物建筑三维信息采集仪器配置

A.1 仪器配置原则

仪器配置应符合下列原则：

a）符合项目规模、工期、精度指标、采集方法等方面的要求；

b）在检验合格有效期内；

c）作业前应由相关专业机构进行“测距精度评估”和“数据质量评估”，出具评估报告书。

A.2 仪器配置

文物建筑三维信息采集可参照表A.1进行仪器配置。

表A.1 文物建筑三维信息采集仪器配置表

设备类型	适用采集对象	适用采集范围	设备常用精度范围	主要仪器设备
地面三维激光扫描设备	建筑、构件	单体建筑、院落、街区等	1mm-6mm	地面三维激光扫描仪等
移动三维激光扫描设备	建筑	单体建筑、院落、街区等	10mm-50mm	车载雷达、机载雷达、即时定位与绘图（Slam）设备等
近距离三维扫描设备	构件、细部	建筑构件、细部节点、雕刻、纹样、油饰、彩画、壁画等	＜1mm	手持式扫描仪、便携式扫描测量臂、光栅式扫描仪等
数字摄影设备	建筑、构件、细部	单体建筑、院落、街区、建筑构件、细部节点、雕刻、纹样、油饰、彩画、壁画等	--	无人机摄影设备、摄像机、照相机等

附 录 B
（资料性）
地面三维激光站位数量统计的典型案例

下面给出了地面三维激光站位数量统计的典型案例。

山门、配殿、大雄宝殿、大成殿四种典型案例的站位数量统计过程如下：

a）山门为 3 开间 1 进深硬山式屋顶单层，无其它形制要素，计算结果为：

$$Q_S=3\times 7+2=23$$

b）配殿为 3 开间 2 进深悬山式屋顶单层，无其他形制要素，计算结果为：

$$Q_S=3\times 7+(2-1)\times 3\times 3+6=36$$

c）大雄宝殿为 5 开间 3 进深歇山式屋顶单层，无其他形制要素，计算结果为：

$$Q_S=5\times 7+(3-1)\times 5\times 3+14=79$$

d）大成殿为 9 开间 5 进深庑殿式重檐屋顶，其它形制要素为双层台基，一层护栏，计算结果为：

$$Q_S=9\times 7+(5-1)\times 9\times 3+(12+22)+4\times 2+8\times 1+11\times(1-1)=221$$

e）站位数量统计结果，见表 B.1。

表 B.1 典型案例站位布设统计表

编号	建筑名称	法式描述	面阔进深		屋顶形制	其他要素				站位数量（站）
			面阔 K（间）	进深 J（间）	形制 W_i	围廊 L	台基 T（层）	护栏 H（层）	楼层 C（层）	
1	山门	3 开间 1 进深 硬山单层	3	1	W_1	0	0	0	1	23
2	配殿	3 开间 2 进深 悬山单层	3	2	W_2	0	0	0	1	36
3	大雄宝殿	5 开间 3 进深 歇山单层	5	3	W_3	0	0	0	1	79
4	大成殿	9 开间 5 进深 庑殿重檐	9	5	W_4+W_5	0	2	1	1	221